U0144926

嬰幼兒
撫觸與按摩

Baby Massage:
Healing Touch

五南圖書出版公司 印行

作者序

　　嬰幼兒撫觸與按摩牽涉個體皮膚、血液循環、肌肉關節、淋巴系統以及內分泌等生理組織，與觸覺、嗅覺、視覺、聽覺等，多重感官的心理體驗密切相關，同時還涉及潛意識、腦波甚至靈性等超越的經驗。按摩時，施作者的心理狀態、撫觸按摩的時機與場合、用品與材料工具的準備以及光線、聲音、氣味等，都會影響按摩的效果。尤其是嬰兒獨特的生理與心理特性，使得嬰幼兒撫觸與按摩成為一個多領域的跨界學科。

　　本書首先探討嬰幼兒撫觸與按摩的生理學與心理學等相關基礎科學知識，以及實施撫觸按摩的心理與環境的準備。之後，本書具體介紹撫觸按摩的各種基本手法與操作程序，編排方式根據「從上到下、從正面到背面」的原則，並且以圖解說明施作按摩的重點。書中的按摩手法儘量與國際知名組織的名稱一致，方便不同證照背景的讀者能方便使用。由於撫觸按摩尚屬「新興學科」，世界各主要機構對於按摩手法的名稱頗有差異，有時其英文原文就有許多種不同名稱，翻譯成中文更是令人眼花撩亂。有些中文書沒有標英文原文，作者各自翻譯按摩手法的名稱，無從以名稱追蹤比對各家的按摩手法，往往造成讀者的困擾。本書將各家的按摩手法名稱略微整合，方便讀者比較參考。對於同一手法施作於手部與腳部等不同部位時，本書也以身體部位名稱標示出來，以便在文本參照時不會產生疑義。建議我國學者能夠認同名稱統一的概念，希望對撫觸按摩學科的發展有所幫助。

　　在介紹完撫觸按摩的「個別手法」之後，作者編排了嬰幼兒撫觸與按摩的「課程教案」，內容包括本土化的兒歌（童謠）、韻文與故事，希望為教授嬰幼兒按摩的教育工作者提供一個課程規劃的參考。接著介紹「嬰幼兒瑜伽」，許多學者傾向於把「嬰幼兒瑜伽」稱為「緩和運動」，以免讀者認為嬰幼兒緩和運動是一種印度的宗教活動，作者在討論課程活動實務時，也傾向於使用「緩和運動」，在不被誤解的情況下，偶爾也兩詞穿插使用。書籍最後討論「特殊需求幼兒的按摩」與「對症按摩」，包括自閉症、早產兒

與發展遲緩等需求幼兒的撫觸按摩，以及腸絞痛、便秘與長牙嬰兒的舒緩按摩，也整合在撫觸按摩療程中的方法與基本觀念。本書介紹的按摩手法，只有促進健康、提升親子關係的功能，不牽涉醫療相關行為，任何醫療程序請諮詢醫師。

　　本書的完成，感謝五南圖書出版股份有限公司的專業介入，感謝朝陽科技大學幼兒保育系所有夥伴的協助，也感謝家人滿滿的愛與支持，希望本書對嬰幼兒教育提供實際幫助。

王美玲 謹識

朝陽科技大學幼兒保育系

目 錄

第一章　嬰幼兒撫觸與按摩的背景

第一節　嬰幼兒撫觸與按摩的簡要介紹

關於撫觸與按摩，比較通行的說法是，有中國式按摩法、印度式按摩法、瑞典式按摩法、反射式按摩法等，它們都有可追溯的久遠歷史，也有各自獨特的操作手法。

一、中國式按摩法（Chinese Massage）

1. 中國式按摩的歷史

英文的按摩「Massage」這個字是從拉丁文的字根massa而來，意思是撫觸、按摩、推拿、揉壓、提捏等意義。中國式按摩法起源甚早，殷商甲骨文及有關於按摩的記載，距今3,500年。按摩古稱「按磽」或「案杌」等，較有系統的記載是在《黃帝內經》，此書成書於春秋戰國時期（西元前770年至西元前221年）。《黃帝內經·素問·異法方宜論》有「……中央者，其地平以溼，天地所以生萬物也眾，其民食雜而不勞，故其病多痿厥寒熱，其治宜導引按蹻，故導引按蹻者，亦從中央出也。故聖人雜合以治，各得其所宜，故治所以異而病皆愈者，得病之情，知治之大體也。」大意是說，河南洛陽中原一帶，人民多吃不運動，因此有各種小毛病，用按摩可以有效療癒。此外，《道家·鶡冠子·世賢》、《淮南子·人間訓》、《史記·扁鵲倉公列傳》等典籍都有俞跗與扁鵲的記載，這兩位古代名醫也都有運用按摩為人治病的先例。

有學者認為《黃帝內經》或《黃帝（岐伯）按摩經》是黃帝時期之前（西元前2700）的醫書，距今4,800至5,000年。《漢書·藝文志》雖然有記載《黃帝岐伯按摩經》十卷，然而原文已經完全佚失不可考。「中國哲學書電子化計畫」中標註《黃帝內經》成書的時間是戰國至西漢（西元前475年

至西元9年）。可以說，中國式按摩法最早的記載是《黃帝內經》，成書於西元前二世紀左右，距今兩千多年，爲世界最早的有系統按摩著作。

2. 中國式按摩的手法

中國式按摩的手法，在清朝乾隆時期的《醫宗金鑑》有「摸、接、端、提、按、摩、推、拿」八法。發展到現在包括「基本手法」、「複式手法」與「清補法」共三類，約有四十種手法。**基本手法：**包括推、拿、按、摩、掐、揉、搖、捏、撚、擦、搗、抹、運、搓、扯、滾、點等手法。**複式手法：**包括黃蜂入洞、揉耳搖頭、猿猴摘果、雙鳳展翅、蒼龍擺尾、鳳凰展翅、二龍戲珠、赤鳳點頭、運水入土、按弦搓摩、打馬過河、水底撈月、開璇璣、總收法等手法。**清補法：**分爲「清法」與「補法」兩大類。

(1) **推法**：又分爲直推、旋推、分推等三種手法。

　① 直推法是用3鉗指（拇指、食指、中指）的指腹沿皮膚做直線推動。

　② 旋推法是用拇指指腹沿皮膚做順時針或逆時針的旋轉推動。

　③ 分推法是用雙手拇指指腹，從特定穴位或反射點向兩側推動。

　④ 合推法是用雙手拇指指腹，從特定穴位或反射點兩側向中央推動。

(2) **拿法**：是用2鉗指（拇指、食指）或3鉗指（拇指、食指、中指）的指腹，在特定穴位或反射點做一按一放的週期性揉捏動作，拿法單手或雙手操作皆可。

(3) **按法**：又分爲指按與掌按，是用手指或手掌在特定穴位或反射點做按壓，方向通常由上向下、先輕後重，逐漸施力按壓。

(4) **摩法**：又分爲指摩與掌摩，是用手指或手掌在身體各部位或特定穴位的表皮上，做順時針或逆時針旋轉的按摩。

(5) **掐法**：是用一手手指指尖或兩手相對應手指的指尖，由淺到深力度漸增，來回做深度按壓的動作。

(6) **揉法**：又分爲指揉、掌根揉與魚際揉，是用食指與中指的指腹、掌心、掌根、大魚際（掌面根部靠近小指一側的肌肉部位）或手肘，在特定穴位上，做順時針或逆時針緩和的旋轉按摩。嬰幼兒按摩以指揉爲宜。

(7) **搖法**：是以肢體關節爲中心，順勢做輕巧旋轉肢體的運動。

(8) **捏法**：有兩種，一種是將食指與中指並攏，用二指腹與拇指指腹將施術部位做提捏的動作。一種是將食指第一指節側面與拇指指腹將施術部位做提捏的動作。

(9) **撚法**：是用拇指與食指指腹相對捏住皮層，在對稱方向做來回的揉搓運動。

(10)**擦法**：是用指腹、掌面、掌根、大魚際（掌面根部靠近小指一側的肌肉部位）或小魚際（掌面根部靠近拇指一側的肌肉部位）在身體的表皮上，做輕快的直線來回推擦運動。

(11)**搗法**：是用中指指端，或屈曲的食指與中指第二關節，在身體各部位或特定穴位上，做有規律的上下扣擊動作。

(12)**抹法**：又分為指抹與掌抹，是用拇指的指腹或手掌在特定穴位或額頭等面積較小的部位上，做直線或弧線的往返動作。

(13)**運法**：是用拇指或食指與中指的指腹在特定穴位上，做直線或環狀推按。

(14)**搓法**：是用雙手掌面在身體各部位或特定穴位上，做相反方向來回摩擦的動作，有時隨身體部位的型態，手法需略微轉動。

(15)**扯法**：是用拇指與食指指腹相對捏住皮層，或用屈曲的食指與中指第二指節內側相對捏住皮層，將施術部位做一提一放的提捏動作。

(16)**滾法**：是將手指略微屈曲，手掌呈扇形，在身體各部位或特定穴位上，做輕快有節奏的滾動按壓動作。

(17)**點法**：是用中指指端，或屈曲的食指與中指第二關節，在身體各部位或特定穴位上，用力按壓施術部位。

二、印度式按摩法

1. 印度式按摩的歷史

根據維基百科，印度的「吠陀時代」在西元前1500年至西元前500年。《吠陀經》應該是在吠陀時代逐步發展出來，而「阿育吠陀」是《吠陀經》的一部分。「阿育吠陀」（Ayurveda）是生命知識的意思，古印度文Ayur意思是「生命」，Veda意思是「知識」，阿育吠陀可以說是古印度的醫學或生物技術。印度式按摩法起源於阿育吠陀，伴隨宗教活動在民間普及開來。

印度式按摩與中國式按摩在民間的應用，可以看出這兩類按摩的差異，許多印度媽媽每天會為新生兒做按摩，持續3個月甚至一年。而上一代的中國媽媽在自己或孩子不舒服時，會幫孩子按摩特定穴道來減輕症狀。因此，對應用層面而言，中國式按摩重在身體療癒及健康保健，而印度式按摩重在舒緩情緒。

2. 印度式按摩的手法（Indian Massage）

　　印度式按摩的主要概念是「離心手法」，從心臟向四肢方向按摩，其手法主要是用手掌的力量，隨人體的氣脈從丹田先上行再下行，最後在頭部收尾，其中氣脈的概念與中國氣功相近。阿育吠陀按摩時手掌力道強勁，在皮膚上的熱氣有消除疼痛與舒緩的效果，配合使用各種溫暖的精油，更增進舒緩的效果。

　　整體而言，印度式按摩似乎較重視氣脈，與中國式按摩在方法上差異甚大。許多專家認為印度式按摩是世界油壓按摩的始祖，然而印度式按摩似乎較少有系統地記錄與統整按摩的手法。

三、瑞典式按摩法（Swedish Massage）

1. 瑞典式按摩的歷史

　　瑞典式按摩源於1830年代，由瑞典擊劍教練靈格（Per Henrik Ling, 1776-1839）創始。由於他在擊劍時手肘受傷，後來發展成風溼症。據傳他根據血液和淋巴循環系統，創造出一套按摩方法，並以其中的叩撫（Tapping or Percussion Strokes）按摩手法治好了自己的風溼疼痛，後來並發展出一個「醫療體操」（Medical Gymnastics）的方法，並在1850年代由泰勒博士兩兄弟（Dr. Charles and Dr. George Taylor）帶到美國推廣，成為在美國最受歡迎的按摩方法，從而擊劍教練Ling也被譽為「瑞典按摩之父」。在1970年代美國人麥可羅（Vimala Schneider McClure）在印度學習到民間按摩方法，並結合瑞典式按摩，在1986年由道恩斯（Audrey Downes）成立國際非營利組織IAIM，並推廣到世界各地。

2. 瑞典式按摩的手法

　　瑞典式按摩強調的是以深層的壓力施加在肌肉，刺激血液流動以達到放

鬆、紓壓，並增進身心健康的效果。其主要概念是「向心手法」，從四肢向心臟方向按摩，其手法包括輕撫、揉捏、摩擦、叩撫、振動、關節活動等六種手法。嬰幼兒按摩不一定要用到全部的手法，尤其是新生兒或特殊需求幼兒，需要視情況選擇比較溫和或較爲刺激的按摩手法。[1]

(1) 輕撫（Effleurage）：淺層或深層的滑動撫觸，能暖化皮膚表層肌肉。

(2) 揉捏（Petrissage）：以提捏的手法撫觸深層的皮膚組織。

(3) 摩擦（Friction）：撫觸肌肉纖維，摩擦可放鬆妨礙動作的疤痕組織。

(4) 叩撫（Tapotement）：輕拍或輕劈肌肉組織，依撫觸的節奏與力道，可能產生刺激或沉穩的作用。

(5) 振動（Vibration）：以振動或搖動肌肉組織，對身體產生刺激或沉穩的作用。

(6) 關節活動（Joint motion）：拉動肢體關節做全範圍的運動，以減輕動作的阻礙。

四、反射式按摩法（Reflective Massage）

反射式按摩法包括腳底、手掌按摩及耳朵按摩，以腳底按摩法較爲系統化。中醫的腳底按摩利用刺激腳底穴道，產生與穴道推拿相似的療效。中國的穴道推拿，相當於西方的反射式按摩，華佗（西元145年至208年）將「觀趾法」納入其著作《華陀祕笈》中，稱之爲「足心道」。「足心道」在唐朝時傳入日本，元朝（西元1271年至1368年）時傳入歐洲。西元1582年阿德慕斯與阿塔提斯兩位醫師（Dr. Adamus & Dr. A'Tatis）在歐洲中部推廣反射式按摩。現代西方的腳底按摩起源於美國的威廉・費茲爵羅醫師（Dr. William Fitzgerald, 1872-1942）的「區域療法」（Zone Therapy）。他的方法被包爾斯醫師（Dr. E. F. Bowers）寫在《每日雜誌》（*Everybody's Magazine*）中並大加推崇。因此，「區域療法」的腳底按摩逐漸受到大眾

---

[1] Bagshaw, J., & Fox, I.. *Baby Massage for Dummies*, Indianapolis, Indiana: Wiley Publishing Inc., 2005.

歡迎。

反射式按摩法是經由刺激器官或腺體的反射點或反射區以疏通循環障礙，促進血液循環，確保內分泌正常與平衡，維持器官及系統間的功能協調，提升細胞與組織之活力，減緩老化，加速代謝，維持旺盛的生命力。

五、現代西方按摩

1. 國際嬰幼兒按摩協會（IAIM, International Association of Infant Massage）

美國人麥可羅（Vimala Schneider McClure）結合瑞典式按摩與印度式按摩，建立了國際嬰幼兒按摩協會（IAIM），培育出許多人才，並成了立許多專業按摩組織。這些組織成員開始導入解剖生理學、心理學、腦神經科學以及其他相關科技，改變了傳統按摩的面貌，共同將現代西方按摩推展到全世界。根據國際嬰幼兒按摩協會的資料，IAIM的創辦人麥可羅在1973年到印度的一個孤兒院當志工，在工作過程中發現，印度母親有為嬰幼兒進行按摩的傳統，並把這些技法世世代代傳給她們的兒女，在日常生活中為家庭中的成員進行按摩。這樣的按摩對嬰幼兒情緒具有安撫的效果，強化親子間的非語言溝通，並增進親子間的依附與親密感。同時，麥可羅在孤兒院中看見年長的孩子經常為年幼的孩子按摩，這種養育方法讓她相當震撼。後來麥可羅染上瘧疾，發高燒到意識模糊，許多印度婦女聞訊都前來照顧，輪流為她按摩身體並輕輕唱著歌謠，好像在對待一個小寶寶一樣，直到她退燒為止。病癒之後麥可羅告別孤兒院準備回美國，在回程的路上又看見一個非常簡陋的小屋前面的泥土地上坐著一個年輕的母親，一邊哼唱歌曲，一邊按摩膝上的幼兒，她意識到孩子最珍貴的禮物是愛與安全感，這麼貧窮的媽媽都可以給孩子這樣滿滿的愛，孩子在母親的撫觸中如此放鬆與滿足地酣睡，這是媽媽給孩子最好的禮物。麥可羅在印度的見聞，奠定了她後來推廣按摩的行動與心理基礎。在1976年麥可羅第一個孩子出生之後，她有系統地幫孩子做撫觸按摩，並且發展成為一門課程。在課程開設幾年之後，麥可羅開始培訓講師（Instructor）與訓練師（Trainer）來做教學，並成立國際非營利組織、即國際嬰幼兒按摩協會（IAIM），目前在40個以上的國家設有分

會，培育出許許多多的撫觸按摩訓練師[2]。

2. 國際校園按摩協會（MISA, The Massage in Schools Association）

　　國際校園按摩協會（MISA）有兩位創辦人：米亞・埃姆莎特（Mia Elmsäter）是瑞典人，希葳雅・赫圖（Sylvie Hétu）是加拿大人。米亞於1971年就讀大學體育系，1984年接受蒙特梭利培訓並經營一家幼兒園三年，在1986年通過IAIM培訓成為嬰幼兒按摩合格講師，1987年通過培訓成為嬰幼兒游泳的合格講師。1990年以講師與訓練師的資格在瑞典開創撫觸按摩培訓中心。米亞曾擔任IAIM的教育委員會委員（Member of Educational Committee），以及IAIM國際與瑞典董事會成員，執掌IAIM國際中心長達18年。希葳雅於1976年就讀大學營養系，畢業於加拿大蒙特利爾大學，獲得教育學士學位，後來經過三年的華德福教育（Waldorf Education）培訓，於1996年成為華德福教師（Steiner Teacher），之後她在托嬰中心、幼兒園及小學工作五年多。1983年希葳雅通過IAIM培訓成為嬰幼兒按摩講師，並於1989年成為合格培訓師，並在加拿大開創撫觸按摩培訓中心。希葳雅也曾擔任IAIM的國際教育委員會委員，並擔任IAIM主席長達12年。2000年米亞與希葳雅共同在美國成立國際校園按摩協會（MISA），並推動國際校園按摩課程（MISP）。[3]

3. 國際嬰幼兒按摩訓練中心（IIIM, International Institute of Infant Massage）

　　國際嬰幼兒按摩訓練中心（IIIM）的創辦人是瑪麗亞・瑪西雅斯（Maria Mathias），她在1984年成為IAIM培訓師，訓練嬰幼兒按摩的講師。1992年在美國新墨西哥大學醫學中心（University of New Mexico Medical Center）的兒科擔任首席嬰幼兒按摩專家，在此期間治療過許多重病的嬰幼兒。瑪麗亞・瑪西雅斯於1995年創立國際嬰幼兒按摩訓練中心（IIIM）並擔任校長至今。2005年開始在臺灣、韓國等地設立IIIM的分支機構，培育嬰幼兒按摩講師人才。[4]

---

[2] 國際嬰幼兒按摩協會（IAIM）：http://www.iaim.org.uk
[3] 國際校園按摩協會（MISA）：http://massageinschools.com
[4] 國際嬰幼兒按摩訓練中心（IIIM）：http://infantmassageinstitute.com

第二節　按摩的生理與心理學

　　爲什麼要爲嬰幼兒按摩呢？美國邁阿密大學（Miami University）的菲爾德（Tiffany Field）教授隨機挑選20個早產兒進行撫觸按摩，持續10天，每天45分鐘，另外隨機挑選20個早產兒接受標準療程。結果孩子出院時，接受撫觸按摩的孩子體重比沒有接受的孩子多出47%，這些孩子更有活力、更加警覺。這個體重的優勢在孩子八個月之後還是存在，並且孩子的認知與運動技能都得到了更好的發展。杜克大學（Duke University）的軒伯格（Saul Schanberg）教授是菲爾德教授的合作者，他對老鼠進行實驗，發現母鼠的撫觸對幼鼠的正常發展是不可或缺的，即使母鼠與幼鼠只是短暫分開，幼鼠體內一種生長發育的酶（ODC）也會大幅降低。而研究者用毛刷撫觸幼鼠之後，發現撫觸對幼鼠ODC的分泌有幫助，可以讓幼鼠正常分泌生長激素。撫觸幼鼠不但讓幼鼠正常生長，並且降低壓力症狀。麥吉爾大學（McGill University）米尼（Michael Meaney）教授的老鼠實驗發現，壓力症狀下的老鼠會釋放較多的糖皮質激素（Glucocorticoid），這種激素會殺死腦細胞、損害海馬迴，使個體學習與記憶能力嚴重受損，甚至可能導致失憶症與老年痴呆症。對於一般人而言，短期壓力可以使身體分泌腎上腺素（Adrenaline）與皮質醇（Cortisol），從而讓人保持警覺與活躍，觸動免疫系統，有助於抵抗病菌使傷口癒合。長期的壓力會使人容易罹患慢性疾病，例如呼吸、代謝、消化或細菌感染等疾病，並且提高罹患心臟病的機率。[5]

　　1977年進行一項實驗結果表明，在像餵奶或者換尿布之類的日常照顧活動中加入按摩的環節，可以幫助促進寶寶生長發育，提高語言和社交技能。我們在實踐中發現，這種積極的撫觸會使寶寶感覺到被愛，增加他的安全感。撫觸按摩可以有效緩解個體的壓力症狀，增進大腦的活力，快樂健康且心態正面的人平均壽命也比較長，因此撫觸按摩對身心健康都有幫助，是一種值得大家推廣的活動。

　　不論是計畫懷孕還是非預期的懷孕，無論做了多少準備，新手父母們通

---

[5]　Medina, J.著，大腦當家——靈活用腦12守則，學習工作更上層樓，洪蘭譯，臺北：遠流出版社，2009。
　　Medina, J.著，0～5歲寶寶大腦活力手冊，洪蘭譯，臺北：遠流出版社，2012。

常仍然相當焦慮，懷疑自己沒有能力照顧好小孩。也不管是人工受孕，或者是領養的孩子，父母為孩子按摩是一個增進親子關係的好方法。每天花幾分鐘的時間幫孩子按摩，讓孩子和父母都能夠得到放鬆，大大增加親子之間的連結（Bonding），並且這些按摩的感受會讓孩子一生都銘記在心。

　　現在的父母都非常忙碌，沒辦法花很多時間和孩子相處。事實上，與孩子相處的品質，比所花的時間長短更為重要。因此，為嬰兒按摩的過程中所產生的親子連結和依附的關係，對孩子來說是最好的禮物。當你專注地為孩子進行按摩的同時，孩子接受的是你全神貫注的愛與注意力，一種真實的愛與愉快的感受。把你的按摩當作給孩子的一個禮物，那麼孩子也會把它（按摩）當作一個禮物收下。

　　在印度、非洲和美洲的許多原住民文化裡，媽媽往往把孩子一直帶在身邊，和我們當代的文化模式相當不同。這些傳統媽媽對孩子的需求非常地關注，時時刻刻去滿足孩子的需求。這種親子之間非常親密的連結，都是透過這些撫觸來達到。傳統的母親由於沒有剖腹生產和麻醉藥，每個人都經歷過生產的辛苦過程。傳統的孩子都是喝媽媽的奶，不像現在都用人工的配方奶粉。媽媽能夠體驗孩子吸吮，孩子透過哺乳獲得營養和抗體，媽媽的子宮也能收縮良好，讓母子雙方都健康快樂。因此，科技讓母子之間的連結關係產生了巨大的改變，我們也慢慢地放棄了過去文化中的這些珍貴遺產。然而，這些餵養模式的改變往往是由於父母本身的時間限制和成本效益的考慮，甚至是基於醫院跟醫護人員的人力與獲利的考慮，而做出剖腹生產的決定。

　　母子間的接觸對於親子的連結是非常重要的，而且新生兒依附期時間很短，是非常珍貴的過程。現代社會中的父母越來越忙碌，為了給孩子舒適的生活，父母的工作往往非常繁忙，並且壓力很大、很焦慮。因此父母本身會傾向選擇比較節省體力與時間的照顧模式，他們也覺得自己需要休息，照顧孩子這個部分就交給專業人員或者祖父母，因而親子之間的接觸自然比較少。因此，現在的父母尤其需要刻意重視跟孩子之間的連結，透過撫觸與按摩去增加連結，營造一個高品質的親子關係。父母今天投入大量心力在孩子的身上，將來也會看到孩子因為自己的投入而茁壯發展，從而會覺得很安慰、收穫很多。

　　高品質親子關係的關鍵在於產生一個安全的親子依附與連結的關係。在這樣安全依附的親子關係中，父母對孩子的需求感知非常敏銳，時時刻刻關

注孩子的需求。有些父母受過西方教育，會認為「親子依附」這個想法有些嚇人，畢竟我們希望孩子長大是獨立發展，而不是一直依附在父母身邊，難怪父母擔心親子依附會慣壞孩子。事實上親子依附不是一種依賴關係，而是讓孩子在安全放鬆的環境中，發展成健康獨立的個人。

增進親子依附與連結的親子關係方法，包括：為孩子實施撫觸按摩、餵食母乳、避免親子間的疏離、跟孩子同睡一間房間、用背巾將孩子背在身上、孩子出生之後，立刻跟孩子有肌膚與肌膚的接觸、孩子哭的時候立刻給予回饋，了解孩子的需求、孩子餓的時候要隨時去餵食，而不是僅按照餵食時間。以上親子依附的基本原則不是一個個必須遵從的鐵律，父母需要用自己的判斷與直覺去了解孩子的需求。例如，可能母親沒辦法餵食母奶而讓孩子喝配方奶，或因為客觀因素無法和孩子睡在同一個房間，仍然可以是一個與孩子有很好的連結的父母。親子依附與連結的關鍵因素是父母的態度，對它影響最大的是父母與孩子相處的品質，每一個父母都有能力以自己的方式滿足孩子依附的需求。

親子依附與連結的親子關係的好處是：孩子能夠比較信任父母，孩子長大以後感覺比較敏銳，比較能夠了解別人的心態；這些孩子長大以後會比較獨立、能共情有同情心，能夠跟其他人合作；在安全的親子依附關係中長大的孩子不會一直哭，在心理上覺得比較安全，精神狀態比較好，而且比較能夠專注於學習；親子依附關係比較好的孩子比較有自信，父母的感覺也會比較敏銳、比較了解孩子、父母跟孩子之間的親密關係會比較深。因為孩子感覺自己受到尊重、需求能夠被滿足，因此在安全依附下成長的孩子會比較快樂。[6]

一、個體發展

新生嬰兒約兩至三個月會抬頭，六個月開始會爬行，他們的動作方式影響媽媽抱持的方式。孩子六到八個月開始萌發物體恆存概念，一歲左右會行走並講一些簡單的詞彙。兩歲時孩子有了自我意識，清楚自己不是媽媽的一部分，因此會拒絕他人、有自己的意見。在進行按摩時，施作者都需要根據

[6] Bagshaw, J. & Fox I.著，*Baby Massage For Dummies*, 2011.

孩子的身心發展狀況，適當地調整方法與心境。

　　嬰兒的運動神經系統發育爲從上到下、從中心往邊緣發展，亦即從頭部開始發展到腳部，從軀幹開始發展到四肢。個體的胚胎在懷孕前四週從一條單一的神經細胞發展成腦部和脊髓神經，此時的腦部只發展出前腦、中腦與菱腦（又稱後腦）三部分。在胚胎第五週開始，菱腦結合中腦發展成小腦與腦幹，而前腦發展成端腦與間腦，前者形成大腦兩個半球，而後者一部分發展爲丘腦、上丘腦、下丘腦、乳頭體等，負責保持體內系統的穩定狀態，以及警覺與交配等功能，另一部分發展成邊緣系統，俗稱「爬行動物腦」，主要掌管安全與恐懼等強烈情緒，執行吃、喝、睡眠與繁殖等核心生命功能。邊緣系統包括負責短期記憶的海馬迴與掌管社會行爲、控制性行爲的杏仁核。

　　腦幹包含原本的中腦以及由後腦發展出來的腦橋與延髓，掌管心跳、呼吸與睡眠等生理功能，以及胃口、疼痛感反應等功能。腦幹上端的中腦實施最高階的功能，接收處理危險的訊號，並發出反射動作的命令，將訊號發給大腦皮質去做有意識的思考：是否眞正有危險。小腦會繼續發展一直到出生後兩歲左右，結合大腦的前庭系統主管對重力的感知與運動功能。

　　大腦分爲左右兩個半球，中間由胼胝體連結起來，執行思考、控制、學習與情緒識別等意識活動與高階技能。大腦外部是皮質區，由灰質與白質構成。大腦前端有額葉，負責認知功能與肌肉控制，執行未來規劃、注意力集中及管制行爲以符合社會規範等。大腦額葉通常在青春期才發展完成，有的人甚至在成年期前期才發展完成，因此對自身的行爲管制與人生規劃是兒童與青少年較爲缺乏的。大腦後端有枕葉，負責視覺訊號的處理。枕葉上方有頂葉，負責觸覺、壓覺與痛覺訊號的處理。大腦兩側的顳葉負責聽覺訊號的處理，其中的威爾尼克區（Wernicke's Area）負責聽覺語言與閱讀等書面語言。

　　神經系統有中樞神經系統和周圍神經系統兩大類。上述腦部和脊髓神經構成中樞神經系統，負責處理訊號。周圍神經系統包括軀體神經系統和自主神經系統。軀體神經系統的感覺神經纖維可將感覺器官接收到的視覺、觸覺與嗅覺等訊號傳送到中樞神經系統。而中樞神經系統下達指令，讓運動神經纖維將指令傳到骨骼肌，而產生特定的動作。自主神經系統的主要功能是控制內臟平滑肌的運動，並調節內分泌腺分泌激素。自主神經系統又包括交感

神經系統與副交感神經系統。交感神經系統的主要功能是應付個體威脅，決定「戰與逃」（Fight or flight）。當個體受到壓力或危險時，交感神經系統就會讓血壓上升、心跳加快、呼吸加速、體溫升高、集中注意力保持警戒，達到積極備戰的狀態。副交感神經讓人休息放鬆，促進消化並啟動睡眠以保持體力，因此個體呈現放鬆休息的狀態。

具體來說，交感神經系統有副神經節，節後神經元是內分泌細胞，分泌激素進入血液中，將大量血液送往目標器官以應付危機，並減少消化等器官的血流，同時促使腎上腺素分泌進入心肺等器官，讓心跳與呼吸加速。副交感神經系統促進可體松的分泌，讓人心跳變慢、呼吸減緩，並且降低血糖與汗腺活動、增加皮膚與內臟的血流。

現代人生活與工作壓力巨增，在該休息睡覺的時候，交感神經還處於亢奮狀態，因此副交感神經無法啟動睡眠，因而造成失眠。長期下來可能造成自律神經失調，無法調節神經系統讓自己放鬆休息，有些人會半夜心悸醒來。因此，本來應付危險的交感神經系統反而成為慢性壓力，造成自律神經失調的症狀。在撫觸與按摩過程中，透過施加於皮膚與肌肉的感受，個體得到放鬆，緩和交感神經系統的活動，讓副交感神經系統產生調節作用，增進身體的健康與心理的平衡。

個體在出生前到兩歲這個階段，大腦皮質會增生一倍，在這段期間，大腦呈現高度的可塑性。同時個體從一歲開始對突觸進行修剪，對於較少用到的突觸予以移除，以增加大腦的效率。為了更進一步增加神經系統的效能，膠細胞會生長在腦神經的軸突上，產生一層絕緣物質包覆神經細胞的軸突，使神經的傳導效率提高，稱為「髓鞘化」。髓鞘化之前，個體大腦可塑性較高，而傳導效率較低，可以無意識地從環境學習很多事物，卻無法做出精確迅速的肢體動作。在神經軸突的髓鞘化之後，神經系統傳導效率較高。此時個體可以做出精確迅速的肢體動作，但大腦可塑性也降低了。

神經軸突的髓鞘化過程首先發生在感覺系統，其次為運動系統的髓鞘化，最後才達到大腦額葉與頂葉的區域。神經元軸突髓鞘化之後，大腦皮質的神經元迅速產生連結，身體各項功能逐漸發展成熟，個體能做出精細準確的動作。髓鞘化發展的走向，在縱向上是從腦部到雙腳、橫向是從中心到兩側，時間大約需要12-18個月。孩子出生後首先完成的是腦幹的髓鞘化，此時還不能迅速轉動眼球，能夠做的自主性動作非常有限，只能轉動頭部。

0-2個月左右完成眼睛及嘴巴的髓鞘化，此時個體的眼睛可以追蹤物體，並且看見較遠的距離。有精準的吞嚥及吸吮的控制能力，並且脖子可以支撐頭部。2-4個月左右完成手臂及胸部的髓鞘化，此時個體可以兩手支撐抬起上半身，並可從俯臥翻身變成仰臥。4-6個月左右完成軀幹的髓鞘化，此時個體可以翻身，有支撐下能夠坐著，可以腹部貼地滑動身體。6-8個月左右完成大腿的髓鞘化，此時個體可以爬行，可以無支撐自己坐著。8-10個月左右完成小腿的髓鞘化，此時個體可以扶著物體支撐站立。10-12個月左右完成腳與腳掌的髓鞘化，此時個體可以從扶著物體走路到放開手走路，可以攀爬及踮腳尖走路。

　　感官的訊號由神經細胞的樹突接收，經過細胞體，將訊號經由軸突傳遞給鄰近的神經細胞或組織。軸突的末端有一個空隙，稱為突觸，神經傳導物質通過離子通道，將聲音、光線、熱與機械等訊號轉變成電流訊號傳遞出去。因此「感覺」（Sensing）是從下到上的過程，其功能在於接收與傳遞外部刺激。「知覺」（Perception）是從上到下的過程，大腦組織與詮釋這些訊息，並結合到外部情境而產生意義。

二、嬰幼兒發展的里程碑

　　撫觸按摩牽涉人體生理與心理的基礎知識，必須廣泛了解嬰兒的身體結構，心理反應牽涉內分泌與神經傳導物質，也跟生理學有關。了解個體發展對於施作撫觸按摩的人是很重要的，家長應該了解孩子目前發展的階段，才能針對孩子的需求做最好的配合。例如，孩子在學走路的時候可以幫他按摩腳和腿、學坐的孩子可以幫他按摩背部和臀部。新生兒容易便秘，長牙的嬰兒牙齦會腫脹疼痛，可以配合這些發展階段的需求給予適當的撫觸按摩。孩子六個月開始在發展手部精細動作，可以幫他按摩手指與手腕；到七、八個月時孩子學爬行，幫他按摩手臂、背部、腰部與臀部肌肉，以舒緩肌肉的疲勞。

　　嬰幼兒發展的專家表示，嬰兒在每一個階段都有特定的任務要完成，以便進入下一個階段。如果嬰兒在某一階段的任務沒有達成，對於整個嬰兒到成人的生涯都會是一個問題。嬰兒的發展有幾個方面，第一是要學習信任。第二是對自己感覺良好。第三是在各個發展階段都能夠處理自己的壓力，例

如分離焦慮。第四是覺知自己身體的各部分，開始使用自己的身體。第五是能夠表達自己的情緒。

1-2個月新生兒仰臥、俯臥時頭稍可抬起。會反射性抓握，抓住放入手中的物品。聽到聲音會轉頭，能夠注意別人的臉。3個月會撐起上身、俯臥時頭抬起90度。手臂可揮動、雙手可移在胸前接觸。能發出「啊」、「嗚」等牙牙學語聲、笑出聲音，也會自動對人笑。4個月協助坐起時會抬頭；可以固定、翻身、側躺。伸手取物、可將手抓住的物品送入嘴巴；偶爾模仿大人的聲調、會注意其他孩子的存在。5個月被拉著坐起時，會稍用力配合頭不會後仰。兩手能抓緊小物品，會因高興而尖叫。6個月完全會翻身、坐著用雙手可支撐30秒。手會去玩弄繫在玩具上的線、會敲打玩具、拍手。開始出現母音「ㄚ」、「ㄧ」、「ㄨ」的聲音；自己會拿餅乾吃。

嬰兒在7個月會匍匐前進，即肚子觸地式爬行；抱起會在大人腿上亂跳。坐著時，手會各拿一塊積木、換手將積木從一手移至另一手。能正確轉向音源；會設法取較遠處的玩具。8個月可以坐得很好、雙膝爬行；手像耙子一樣抓東西、放手。會發出「爸」、「媽」、「搭」的聲音、注意聽熟悉聲音；會玩躲貓貓。9個月看到陌生人會哭、扶著東西可維持站的姿勢、可前進後退爬行。能以拇指合併四指夾物、以食指觸碰或推東西；會隨著大人的手或眼神注視某件物品。10個月扶著物體邊緣會移步、站著時會設法坐下；雙手可各拿一塊積木做敲打、套的動作。模仿大人說話聲、對自己名字有反應。會抓住湯勺、可拉下頭上的帽子。11個月可以獨自站10秒、牽著一隻手可以走。鉗指（大拇指、食指抓精細物品）會把小東西放入杯子或容器中；會揮手表示「再見」。知道別人的名字；以手指出要去的地方或想要的東西。12個月嬰可以單獨走幾步、蹲著可以站起來；能以拇指和食指尖拿東西。有意義地叫爸爸、媽媽，以搖頭點頭表示要或不要，不流口水；會和其他小孩一起玩。

嬰兒在13-14個月可維持跪姿、會側行數步、走得很穩，會轉身。一隻手同時撿起兩個小東西、可重疊兩塊積木、可將瓶中物倒出。模仿未聽過的音、會用一些單字。知道大部分物品名稱、熟悉且位置固定的東西、東西不見了會找。堅持要自己吃東西、模仿成人簡單動作，如：打人、抱哄洋娃娃等。會脫襪子，嘗試自己穿鞋而不一定能穿好。15-16個月可獨自趴著、手扶地站立、隨音樂做簡單跳舞動作、扶欄杆爬三格樓梯。會打開盒蓋、拿

筆亂塗、已固定較喜歡用哪邊的手。會說10個單字、會說一些兩個字的名詞。在要求下，會指出熟悉的東西、會遵從簡單的指示。睡覺時要抱心愛的玩具或衣物。出去散步時，能注意路上的各種東西。自己拿杯子喝水、自己用湯勺進食（會撒出）。17-18個月可以自己坐上嬰兒椅、扶著腳可站立、一腳站立另一腳踢大球。可疊三塊積木、模仿畫直線、可認出圓形，並放在模型板上。會哼哼唱唱、至少會用10個字。了解一般動作的意義，如「親親」或「抱抱」等。被欺負時會設法抵抗或還手、有能力主動拒絕別人的命令。會表示尿片溼了或大便了、午睡不尿床。19-21個月可以彎腰撿東西不跌倒、手心朝上拋球、由蹲姿不扶物站起。模仿摺紙動作、會上玩具發條、模仿畫直線或圓形線條。會說「謝謝」、會用語言要求別人做些什麼。回答一般問話，如：「那個是什麼？」了解動詞+名詞的句子，如「丟球」。對其他孩子會表示同情或安慰；會區分東西可不可以吃、會打開糖果包裝。22-24個月可以自己單獨上下椅子、原地雙腳離地跳躍、腳著地帶動小三輪車。球丟給他時會去接、可一頁一頁翻厚書、疊高6-7個積木。會重複字句的最後一兩個字、會講50個詞彙。知道玩伴的名字、認得出電視上常見的物品。幫忙做一些簡單的家事、會咒罵玩伴或玩具。脫下未扣釦子的外套、會用語言或姿勢表示要尿尿或大便。

　　25-30個月可以用整個腳掌跑步並可避開障礙物、可倒退走10步、不扶物單腳站1秒以上。模仿畫橫線、可依樣用3塊積木排直線、可一頁一頁翻薄書。懂得簡單的比較（多、少）、所有權（誰的）、了解位置（上、下、裡面、旁邊）等觀念、稍微有一點「過去」的觀念。知道在什麼場合通常都做什麼事。會去幫助別人、會和其他孩子合作做一件事或造一個東西。在成人協助下會用肥皂洗手並擦乾。雙腳較遠距離跳躍、向前翻跟斗、單腳可跳躍2次以上。疊高8塊積木、會用打蛋器、玩黏土時會給自己的成品命名。會使用「誰？……哪裡？……做什麼？……」的句子、會用「這個、那個」等代詞。知道「明天」意味著不是「現在」、會回答「誰在做什麼」的問句；對幼小的孩子會保護、會告狀。31-36個月可以一腳一階上下樓梯、單腳可平衡站立、會騎小三輪車、會過肩投球。模仿畫圓形、用小剪刀，不一定剪得好。會正確使用「我們」、「你們」、「他們」；會用「什麼」、「怎麼會」、「如果」、「因為」、「但是」。會回答有關位置、所有權及數量的問題、會接熟悉的語句或故事；會找藉口以逃避責任、

自己能去鄰居小朋友家玩。自行大小便、能解開一個或一個以上之鈕釦。[7]

三、情感與依附

1. 哈洛依附實驗

　　依附（Attachment）實驗中最為人熟知的就是哈洛（Harry F. Harlow）的依附實驗。哈洛發現小猴子會不斷去擁抱絨毛猴媽媽模型，即使是為了獲取食物而靠近鐵絲網猴媽媽模型，餵食完畢之後，小猴子很快又回到絨毛猴媽媽模型身邊。這個實驗展示出，嬰兒的生存需求滿足之後，依附與安適也是重要的基本需求。從猴子的依附實驗可以看出，鐵絲網的猴子跟絨毛的猴子相較，猴子對絨毛材質的依附傾向比較高。所以我們在按摩的時候，如果媽媽用純棉的毛巾或紗布巾給嬰兒躺臥，孩子會比較舒適、比較有安全感。[8]

2. 安斯沃思陌生情境實驗與鮑比依附理論

　　另一個與依附有關的實驗是安斯沃思陌生情境（Ainsworth Strange Situation）實驗，這個實驗是在1969年由瑪莉‧安斯沃思（Mary Ainsworth）根據鮑比（John Bowlby）的依附理論（Theory of Attachment）而設計的實驗，用來觀察1歲到4歲的幼兒與照顧者之間的依附關係，觀察的重點是安全依附。鮑比的依附理論認為，幼兒人格的健全發展與母親間親密關係有持續的關聯，幼兒必須在出生6個月之內形成依附關係，孩子在6個月到3歲期間對母親有強烈的依附需求，這期間缺乏母愛或「母親形象」的中心人物，會造成依附關係的剝奪，從而造成孩子安全依附的缺失。安斯沃思根據鮑比依附理論的概念提出四種依附類型：

---

[7] Bagshaw, J., & Fox I., *Baby Massage for Dummies*, Indianapolis, Indiana: Wiley Publishing Inc., 2005.
　　Montessori, M.著，童年之秘，李田樹等譯，臺北：及幼文化出版社，2003。
　　Montessori, M.著，發現兒童，吳玥玢等譯，臺北：及幼文化出版社，2001。
　　Montessori, M.著，吸收性心智，魏寶貝等譯，臺北：及幼文化出版社，2005。
[8] Shaffer, D.著，發展心理學，張欣戊等譯，臺北：學富文化出版社，2010。
　　Atkinson, R.著，西爾格德心理學（下），曾惠敏等譯，臺北：桂冠出版社，2004。

(1) **安全型依附**：媽媽在場時，幼兒表現安全與愉悅；媽媽離開時幼兒表現出悲傷，當媽媽重新回到幼兒身邊時，幼兒即獲得撫慰。

(2) **迴避型依附**：媽媽在場時幼兒沒有安全與愉悅的表現，媽媽離開時幼兒也不會表現出悲傷，當媽媽重新回到幼兒身邊時，幼兒遲遲未上前尋求撫慰。

(3) **抵抗型依附**：媽媽在場時，幼兒一直緊靠媽媽身邊，不願離開媽媽去探索環境，當媽媽重新回到幼兒身邊時，幼兒有緊靠媽媽或抗拒媽媽撫慰的現象。

(4) **混亂型依附**：對於親子分離或重聚無一致的態度，幼兒表現茫然困惑的情緒。

3. **面無表情實驗**（Still Face Experiment）

在1975年，綽尼克（Edward Tronick）等人在兒童發展研究協會（Society for Research in Child Development）發表了一個面無表情實驗[9]。一開始嬰兒與媽媽正常互動，孩子很開心。忽然媽媽變成面無表情，嬰兒的感情就瞬間改變了，首先是驚訝，然後用各種方法逗媽媽，希望回到原來的互動模式。在反覆嘗試失敗之後，孩子開始看旁邊，不去看媽媽的臉。孩子一再退縮，不產生任何親子互動，最後放聲大哭。面無表情實驗發現，即便是很小的嬰兒，都已經具備許多社會認知的基礎，孩子了解人們面部表情與情緒之間的緊密聯繫。嬰兒透過假笑試圖逗媽媽開心，希望影響媽媽，讓她重新投入親子的交流關係中。這都顯示嬰兒已經能夠規劃並執行目標導向的社會行為。這個實驗不斷被反覆驗證，終於成為一個量測法，用來量測不同文化或性別的個人，對於溝通方式、人際關係的知覺、依附方式，以及評估母親產後憂鬱症對嬰兒的影響。面無表情實驗也被用於研究聽障兒、唐氏症、自閉兒的案例，以及父母有憂鬱症等心理疾病對孩子的影響。

從面無表情實驗可知，在撫觸按摩的過程中，影響到孩子感覺的不只是按摩手法牽涉的觸覺、聲音與氣味，按摩者的心情與情感投入，對孩子而言才是最重要的。親子間的依附牽涉的是馬斯洛需求層次理論（Maslow's Hierarchy of Needs）中最基層的安全需求，其重要性遠超過按摩手法與環

---

[9] Adamson, L. B., & Frick J., The Still Face: A History of a Shared Experimental Paradigm, Infancy, 2003, 4 (4), 451-473.

境的營造。如果在實施按摩之前母親的緊張與焦慮無法平復，撫觸按摩的紓壓效果是不會產生的。因此施作者在實施撫觸按摩之前要先靜坐片刻，讓焦躁的心情平靜下來，甚至可以觀想正面的事物來營造一個有利於親子依附與連結的情緒與心境。

4. 新生兒的依附

蒙塔納羅（Silvana Q. Montanaro）在《生命重要的前三年》一書中指出，個體在胚胎期到出生前3年的發展，對其一生的發展至關重要。胎兒在子宮裡是靠胎盤、臍帶和羊水得到營養和安全的感覺。生產是個體和媽媽最大的分離。出生以後1個月之內，個體唯一可以消化的食物只有母乳，而且母親的體溫、聲音對其來說都是一個新的環境經驗，他必須依附在母親身上一陣子才能茁壯成長。嬰兒在出生8、9個月之後才能夠獨立生活，吃大人的食物。蒙塔納羅認為孩子在8至9個月之前完全仰賴父母的供給，稱為「體外懷孕期」。體外懷孕期的嬰兒有五個立即的基本需求，一是與母親直接接觸的需求；二是有必須遵守的生理節奏，比如說喝奶，睡覺等，三是有秩序感餵食、更衣的環境都是重要的，而且執行的程序要用重複性的動作。四是沒有阻礙的視線和留足夠的空間做各種肢體動作。五是孩子用他的所有感官去探索環境的需求。

蒙塔納羅把出生6到8週的嬰兒和媽媽稱為「共生期」。因為在這個期間新生兒所有的營養安全等都要靠媽媽供應。而新生兒吸吮母奶的時候，媽媽的子宮會收縮，慢慢地回到正常的大小位置，將會減少子宮出血和感染的危險，因此雙方都可以遠離危險，嬰兒與母親從供應與照顧的關係轉變為相互需求的共生關係。共生期期間有三種型式的接觸：第一種接觸是「擁抱」，媽媽只要把新生兒抱在懷裡，對雙方都是一種依附與滿足的心理。第二種接觸是「撫觸」，媽媽幫孩子穿衣服、洗澡、換衣服、照料還有按摩，或者做靜置撫觸，多增加孩子跟媽媽的感情交流。第三種就是「餵食」，媽媽餵母奶或者提供配方奶，給孩子補充營養。如果嬰兒在共生期期間得到正面的感受，那麼孩子對環境會比較信任，對外在世界會覺得安全，因而能夠放鬆心情，能夠迅速成長。因此6到8週的共生期對嬰兒有深層的意義，會影響孩子的一生，對母子二人來說都是非常重要的。

當胎盤還在子宮裡面的時候，母體會製造荷爾蒙來阻止乳房製造乳

汁。在分娩以後，母體會分泌「泌乳素」，乳房會接受到訊息，開始產奶。初乳裡面不含脂肪，比較容易消化，而其蛋白質含量是平常人乳的七倍，且富含抗體。因此初乳就是孩子對抗周遭傳染疾病的一個重要的防禦系統。紐約北岸大學的曼哈斯特醫院（North Shore University Hospital in Manhasset, New York）的凱莉史密斯（Kelly Smith）醫生認為，孩子出生的時候，小腸黏膜的吸收力很強，母乳是孩子最好的營養素。其他的動物性蛋白質透過腸道吸收後，會讓孩子產生一些過敏的症狀，而母乳裡面的蛋白質有一些只出現在人奶當中，結晶氨基酸對人類神經系統的發展具有特殊重要性。因此，餵食母乳除了提供營養之外，還有撫觸按摩及感覺統合的功效，更有增加抗體、抵抗疾病的功能，值得大家努力推廣。[10]

四、制約作用

有關制約（Conditioning）作用，最為大家所熟知的就是巴甫洛夫（Ivan Pavlov, 1849-1936）的實驗，當狗看到實驗者準備的食物自然會流口水。當實驗者搖鈴鐺與餵食無關時，搖鈴的聲音並不會使狗流口水。但是，若實驗者在餵食的時候都同時伴隨著搖鈴鐺，最後狗就會將鈴鐺的聲音連結到餵食，因而聽到鈴鐺聲就會流口水。在實驗剛開始時，食物是非制約刺激（UCS），鈴鐺的聲音是制約刺激（CS），兩種刺激所產生的流口水是非制約反應（UCR）；當狗將鈴鐺聲連結到餵食而流口水時，只有鈴鐺聲的制約刺激就可以產生流口水的非制約反應。

行為主義心理學創始人華生（John B. Watson, 1878-1958）認為，人和動物是沒有差別，都可以受制約的調控，因此可以設計並控制環境刺激來左右個體的反應。斯金納（B. F. Skinner）的操作性制約（Operant Conditioning）又稱為操作學習理論，屬於行為主義的學習理論。操作學習是讓個體在外在環境的刺激中，針對其自發反應中的特定反應予以增強，就

---

[10] Montanaro, S. Q.著，生命重要的前三年，魏渭堂、吳錦鳳譯，臺北：及幼文化出版社，1995。

Gopnik, A.著，搖籃裡的科學家，黃馨慧等譯，臺北：信誼出版社，2012。

Gopnik, A.著，寶寶也是哲學家，陳筱婉譯，臺北：商周出版社，2010。

Aamodt, S.著，兒腦開竅手冊，楊玉齡譯，臺北：天下出版社，2012。

能將特定自發反應與該刺激建立連結。例如，在小朋友活動區域放置幾種不同顏色的按鈕，例如，紅、黃、藍、綠、黑、白六種顏色，如果當孩子按到綠色按鈕時，給他一個棉花糖，按其他按鈕時，則不給棉花糖，孩子經過學習之後，去按綠色按鈕的比率就會比較高。

　　我們在撫觸按摩時，如果讓環境、物品、氣味、聲音、光線、色彩等，都維持定的狀態，這樣的狀態就會造成制約作用，嬰兒心裡自然會明白照顧者即將為他實施撫觸按摩。而撫觸按摩的愉快經驗又會連結到這些制約上，從而孩子感受到這些制約狀態時，就會產生愉快的心情，讓撫觸按摩的效果更加強化。事實上，不但孩子會受到環境氣氛的影響，即便是營造環境的成人，也會受到自己所營造的環境而心情輕鬆快，孩子自然學到放鬆愉悅的心境，同時從成人的輕鬆心態中得到安全感。讀者可能不喜歡撫觸按摩和制約作用結合在一起，本文僅是簡單介紹心理學的相關知識，作為實施按摩者的學識基礎，並無鼓吹制約的意思，然而家長所營造的環境、音樂、氣味、燈光與觸感等，都會對嬰兒產生制約作用，建立按摩活動的儀式感。如果寶寶從來沒有被按摩過，他可能要花點時間適應。最開始可以連續三到四天都進行按摩，這樣你和寶寶都會慢慢熟悉這樣的撫觸。一旦家長對按摩足夠自信，寶寶也覺得很舒適時，就可以變成日常慣例，或者一週至少按摩三次。家長可以跟隨書中介紹的方法進行日常按摩，但最重要的是，一定要注意到寶寶的喜好。用寶寶感到平穩安定的按摩手法，在整個按摩過程中要和寶寶進行頻繁的眼神接觸。[11]

第三節　皮膚與感官的科學

　　當我們實施撫觸按摩時，不只是施加壓力在皮膚表面上，我們的真皮層、肌肉、血管、關節與淋巴系統等，都會受到撫觸按摩的影響。甚至在靜置撫觸時，施作按摩者手掌的遠紅外線都會對嬰兒身體產生影響，因此在了

---

[11] Shaffer, D.著，發展心理學，張欣戊等譯，臺北：學富文化出版社，2010。

Atkinson, R.著，西爾格德心理學（下），曾惠敏等譯，臺北：桂冠出版社，2004。

Iacoboni, M.著，天生愛學樣：發現鏡像神經元，洪蘭譯，臺北：遠流出版社，2009。

解個體發展以及依附與制約等相關心理學議題之後，必須再討論解剖生理學中與皮膚和感官相關的議題。

一、皮膚與觸覺

人體由大量的功能化細胞（Cells）所構成，相似功能的細胞組合成組織（Tissues）。人體組織分為上皮組織（Epithelial tissue）、肌肉組織（Muscle tissue）、神經組織（Nerve tissue）及結締組織（Connective tissue）等四種。相同功能的組織結合成器官（Organ），同樣目的的器官又組合成系統（System）。例如，消化系統是由肝臟、胰臟、腸、胃等器官所構成的系統。

上皮組織由一層或多層上皮細胞所構成，分為被覆上皮（Covering Epithelium）與腺上皮（Glandular Epithelium）。被覆上皮覆蓋身體與器官的內外表面，將不同的器官分隔開來；而腺上皮則構成腺體，分泌激素等。其中被覆上皮是無血管（Nonvascular）皮質，需要透過結締組織取得養分。被覆上皮依形狀又分為扁平（Squamous）細胞、立方（Cuboidal）細胞與柱狀（Columnar）細胞三種。如肺與血管需要透過被覆上皮交換氧氣或過濾物質，因此由扁平細胞構成；汗腺管壁需要透過被覆上皮釋放汗液，因此由立方細胞構成；胃則需要透過被覆上皮製造並分泌胃液等物質，以促進消化吸收，因此由柱狀細胞構成。上皮細胞有方向性，區分為上方（Apical）與下方（Basal），具有選擇性穿透（Selective Permeable）的功能，以利物質的單向釋放。腺上皮又分為內分泌腺（Endocrine Gland）與外分泌腺（Exocrine Gland），內分泌腺將身體分泌的腎上腺素等激素注入血液中，而外分泌腺將汗液與尿液等物質排出體外或注入特定器官。

皮膚保護身體免受感染、可合成維生素D、並透過汗腺與血管調節體溫與體內水分。一般人皮膚重量約3-5公斤、面積約2平方公尺。皮膚與毛髮、指（趾）甲、汗腺、皮脂腺等，共同構成皮膚系統〔或稱外皮系統（Integumentary System）〕。事實上，毛髮、指甲、牙齒都是由皮膚細胞轉變而成。皮膚系統有三層，最外層是表皮（Epidermis），由多層扁平狀上皮構成；第二層是真皮（Dermis），負責皮膚功能的執行，例如，排汗、血液循環、觸覺等；第三層是皮下組織（Hypodermis/Subcutis），主要

是脂肪組織。表皮層有角質細胞（Keratinocyte），由堅韌纖維狀的角蛋白
（Keratin）所構成，為外皮組織提供保護。人體全身角質細胞每4-6週全部
替換一次。表皮層的第二種細胞是黑素細胞（Melanocyte），可合成黑色素
（Melanin），並為皮膚染上顏色。黑人與白人的黑素細胞數量大約相等，
其差異主要在於蜘蛛狀黑素細胞分支，其伸展範圍的大小決定了黑色素分泌
的數量。表皮層的第三種細胞是朗格漢斯細胞（Langerhans cell），是一種
由骨髓製造的樹突狀細胞，遷移到表皮之後，其樹突環繞在角質細胞，可
將入侵的細菌等吞噬，方式與白血球類似。表皮層的第四種細胞是觸覺細
胞（Tactile cell）或稱梅克爾細胞（Merkel cell），位於表皮層與真皮層之
間，其末端與神經末梢結合，成為觸覺的受體細胞。手掌與腳掌的厚皮膚
（Thick skin）由五層表皮層構成，而一般身體的薄皮膚（Thin skin）則由
四層表皮層構成。厚皮膚最外層是角質層，接著是透明層、顆粒層、棘層與
基底層。透明層是透明的角質細胞，薄皮膚沒有透明層，因此只有四層。顆
粒層有活的角質細胞，快速製造角質層，由於表皮層細胞養分需要真皮層供
應，越往外層則養分供給越不足，形成死亡的細胞並逐漸脫落。基底層介於
表皮層與真皮層之間，為細胞再生或有絲分裂之處，可以說是表皮細胞的製
造廠。

　　皮膚的觸感來自於周圍神經系統的感覺神經接收器，包括溫度感受器
接收溫度訊號；接觸感受器接收接觸、壓力與振動等訊號；光感受器接收光
波訊號；化學感受器接收化學物質訊號；另外有痛覺感受器專門負責痛的訊
號。在撫觸按摩過程中，這些感覺神經接收器處理按摩者手掌的溫度與手指
施加的壓力，形成特定的觸覺感受，這些訊號透過離子通道，成為電流訊號
傳遞到大腦頂葉的觸覺皮質區。

二、視覺、嗅覺與聽覺

　　視覺是最強而有力的感官，人體的感覺受體細胞有70%跟視覺有關。
在觀察與認識事物的過程中，大腦皮質有半數細胞參與其中，因此視覺
也是最複雜的感官。光線首先穿過透明的角膜（Cornea），並穿過瞳孔
（Pupil），藉由虹膜（Iris）的控制可將瞳孔縮小或放大。光線經過瞳孔穿
越晶狀體（Lens，又稱水晶體）投影在視網膜（Retina）。視網膜上數百

萬的視覺受體細胞將光波的刺激轉化成電流脈波傳送到丘腦（Thalamus）
與大腦視覺皮質等區域。視覺受體細胞有兩類，即柱狀視覺受體細胞
（Rods，又稱棒狀）、椎狀視覺受體細胞（Cones）。椎狀受體細胞有紅、
黃、藍三種，只有在光線超過門檻值（Threshold）才被激發。椎狀受體細
胞單獨連接到神經節（Ganglion），在光線明亮之下，提供非常精細的彩色
視覺。椎狀受體細胞和嗅覺受體細胞一樣有飽和的問題，長久時間看同一顏
色的物體或聞同樣味道的氣體，這些受體細胞都會因為飽和而使得感官疲
乏。柱狀受體細胞在低光線之下就能被激發，數百個柱狀細胞集合在一起連
接到一個神經節，提供物體的粗略輪廓與背景的訊息。柱狀視覺受體細胞
只能辨識黑白與灰階，對色彩的反應不敏銳。人體視覺可見的光波範圍大
約在400-760奈米左右。位於法國著名葡萄酒產地波爾多的波爾多大學，邀
請世界最著名的54位品酒師進行測試，事先將白葡萄酒染色成紅葡萄酒的
顏色，結果大多數品酒師都以為是紅酒。因此，腦神經科學家馬迪納（John
Medina）聲稱，「視覺是眾感官之王」。早期靈長類動物只有藍色和綠色
兩個視覺感受器，後來發展成現在人類擁有的紅、綠、藍三種感受器。靈長
類在擁有紅色感受器之後，對於果實是否已經成熟可食的判斷更加精準，
大大增加遺傳的優勢。科學家發現，視覺常常影響我們其他感官的訊號，
當許多感官訊號互相矛盾時，大腦會加以調整與整合。例如，當影像做出
「Ga—Ga—Ga」的嘴型，而錄音檔用「Ba—Ba—Ba」的聲音時，張開眼睛
時多數人會聽成「Da—Da—Da」，有些人會聽成「Ah—Ah—Ah」；閉上
眼睛時，大家都會聽成「Ba—Ba—Ba」。當我們在享受精油的香氣時，或
感受撫觸按摩的舒適感時，通常會不自覺閉上眼睛，減少視覺這個強烈感官
的影響。我們的視覺與聽覺訊號共同產生的意義，最後是由大腦統整之後
才做出判讀的。研究顯示視覺也影響認知與記憶，當我們聽到一段錄音訊息
時，三天之後平均會記住10%的訊息，而當我們看一張照片獲得訊息時，三
天之後平均還會記住65%。[12]

　　嗅覺感官是透過化學感覺受體，將空氣中的化學訊號轉成電流傳導到大

[12] Medina, J.著，大腦當家——靈活用腦12守則，學習工作更上層樓，洪蘭譯，臺
　　北：遠流出版社，2009。
　　Medina, J.著，0～5歲寶寶大腦活力手冊，洪蘭譯，臺北：遠流出版社，2012。

腦。嗅上皮（Olfactory Epithelium）有數百萬嗅覺感覺神經元。當氣體分子碰觸這些神經元，訊號經過軸突彙整到嗅小球（Olfactory Glomerulus），嗅小球的訊號被僧帽細胞（Mitral Cell）的突觸接受，透過嗅束（Olfactory tract）傳送給大腦的嗅覺皮質（Olfactory Cortex）。嗅覺皮質一面將訊號送往大腦額葉做理智的意識辨認，另一方面將高強度訊號高速送往杏仁核、海馬迴等邊緣系統做情緒辨認，迅速觸發記憶以便應付危險。我們身上有四千萬左右不同的嗅覺感覺神經元，可以辨識一萬種以上的味道。許多企業都利用嗅覺對情感的作用來影響顧客的消費經驗，例如，星巴克（Starbucks）禁止員工擦香水，也謝絕客戶帶食物進入店裡，主要是要確保顧客進入店裡之後，聞到的是濃郁的咖啡香味。嗅覺除了對我們的情感產生作用之外，對認知與記憶也有影響。研究發現，如果戲院裡的空氣中散發著爆米花（Popcorn）的香味，觀眾記住電影情節會增進10%-50%。

　　聲音是一種空氣的壓力波，聲波的頻率決定聲音的高低，聲波的振幅影響聲音的大小。當聲波進入聽覺系統，這機械振動被聽覺系統轉變成電流傳導到大腦。耳朵外部的耳廓是軟骨與皮層組織，將聲波導入外耳道。聽覺系統分為外耳、中耳與內耳。外耳與中耳由空氣傳遞機械振動，中間有耳膜隔開，聲波進入外耳、穿過耳膜，在中耳將聲波訊號放大，然後傳到內耳。中耳將聲波訊號放大的機制只有哺乳類動物才具有，爬蟲類中耳只有一個骨頭，在演化成哺乳動物之後，除了原有的錘骨（Malleus）之外，在下頷骨兩塊骨頭退化成砧骨（Incus）和鐙骨（Stape），三塊骨頭共同造成槓桿結構，將外耳聲波訊號放大，傳至內耳的液體中。中耳與內耳之間的隔膜稱為前庭窗，學名叫做卵圓窗（Oval Window），鐙骨接觸這個卵圓窗後，將訊號從氣體壓力波傳遞成液體壓力波。內耳充滿液體，聲波進入內耳之後傳遞速度變快，並且將機械振動轉變成神經傳導的訊號。內耳有兩個迷路（Labyrinth，又稱為迷宮），膜迷路（Membrane Labyrinth）稱為耳蝸（Cochlea），將機械振動轉變成電流訊號，而骨迷路（Bone Labyrinth）包含三個互相垂直方向的環狀耳骨，負責身體平衡的功能，當我們頭搖動的時候，內耳的液體會對這些環狀耳骨施加壓力波，並將訊號傳送至大腦。耳蝸內有三個腔室，其基底膜（Basilar Membrane）上有長短不同的纖維，當基底膜受液體振動時，不同頻率的聲音會對長短不同的纖維造成共振，並將訊號傳送至大腦聽覺皮質等區域。

三、骨骼與肌肉

　　我們的身體由206塊骨頭形成支架，支撐人體的姿勢與動作。骨骼細胞每7-10年全部重新替換一次，因此骨骼與身體其他組織一樣，是由非常活躍的細胞所構成。一般老人每年會損失1-2%的骨骼細胞。骨骼的外層是密質骨（Compact Bone），裡面一層是鬆質骨（Spongy Bone），最中央是骨髓（Bone Marrow），紅色骨髓製造血球細胞，而黃色骨髓則儲存脂肪。在骨骼重建的過程中，破骨細胞（Osteoclast）將磷酸鈣降解，經由血液吸收，此時破骨細胞自動消滅，然後由成骨細胞（Osteoblasts）將骨細胞（Osteocyte）重建。當我們運動或搬重物的時候，骨骼會留下微小裂縫，此時破骨細胞將損傷的骨細胞清除之後，由成骨細胞重建起來，因此運動除了強化肌肉之外也會強化骨骼。

四、神經傳導物質與荷爾蒙

1. 內啡肽（Endorphin）：又稱腦內啡，是由腦下垂體和丘腦下部所分泌的氨基化合物（肽），具有類似嗎啡特性的神經傳導物質。可以控制痛苦的情緒與疲憊的身體，讓人們感到愉悅。當我們運動完畢、大吃一頓或墜入情網時，腦部分泌腦內啡，讓我們感到身心非常舒服。撫觸按摩讓身體進入深部放鬆狀態，可刺激內啡肽的分泌。寶寶在長牙或者因腹絞痛而躁動不安時，按摩可以緩減症狀與疼痛，給孩子自然的止痛劑，無須使用醫藥。

2. 乙醯膽鹼（Acetylcholine）：乙醯膽鹼在體運動神經系統中能夠控制肌肉的收縮；在心臟組織中則能夠抑制神經傳遞、降低心臟速率。乙醯膽鹼可以影響個體運動、學習與記憶。阿茲海默症（Alzheimer，又稱老年痴呆症）就是因為神經細胞缺乏乙醯膽鹼。

3. 多巴胺（Dopamine）：多巴胺影響個體動作、學習以及愉快的情緒，強迫症與精神分裂症都與多巴胺分泌過量有關。因此精神病藥物具有降低多巴胺活動的效果，而成癮藥物則增加多巴胺神經元活動。

4. 催產素（Oxytocin）：催產素由腦下垂體分泌產生，能夠抑制壓力荷爾蒙皮質醇的分泌。在分娩陣痛時催產素的分泌達到高峰，造成母親與嬰

兒之間奇妙的親密感，可以說是一種跟「依附」與「連結」有關的荷爾蒙，讓人產生溫暖與信任的感覺。產婦餵母乳也會造成催產素分泌的增加，進一步強化親子依附與連結的關係。

5. 可體松與褪黑激素：在白天清醒的時候，人體分泌清醒的荷爾蒙——可體松（Cortisone），俗稱皮質素。在晚上睡覺的時候，人體松果體分泌睡眠的荷爾蒙——褪黑激素（Melatonin）。嬰兒需要長時間的睡眠，因為睡眠時腦部活動頻繁，有助於大腦神經的發展。可體松是有名的壓力荷爾蒙，在「戰與逃」的情境，身體適時地分泌可體松，可協助對抗壓力。然而長期壓力會造成可體松的持續攀升，不斷強化交感神經並壓抑副交感功能，造成焦慮、心悸、失眠等症狀。失眠與焦慮又會讓焦慮更嚴重，造成惡性循環。可體松同時也會影響下視丘的飲食與渴望中樞，造成暴飲暴食的習慣。褪黑激素主要是由松果體分泌，研究發現視網膜、腸胃道與皮膚等，都會分泌褪黑激素。視網膜感測到環境中的光線，並傳遞信號給松果體，在夜間沒有光線的時候，松果體會製造褪黑激素。現代人廣泛使用夜間照明，褪黑激素的分泌受影響，可能也是致病的原因之一。

五、靜置撫觸與遠紅外線

遠紅外線（Far Infrared, FIR）：一般是指波長15-1000μm的電磁波，為不可見光，生物體的遠紅外線以熱的型式存在。特別是波長4到14微米範圍的遠紅外線與人體的水分子產生共振，對生物體生長與發育有正面影響。人體有70%是由水分所組成，遠紅外線促使水分子產生共振，使大的水分子團中的氫鍵斷裂，變成獨立細小水分子，因而更容易擴散進入細胞內，促進生化相關的反應。遠紅外線所釋出的能量，大部分都被皮膚的淺層組織所吸收，再以非輻射的方式釋出熱能，並傳送到更深層的組織，產生許多有益的醫療效應。在臨床醫療上的效果，包括：紓解壓力、增進睡眠品質、止痛與幫助傷口癒合、消除疲勞、治療小兒腸痙攣等。人體配戴玉石珠寶，都可以發射遠紅外線，有益於身體健康。市售的遠紅外線發射材料，雖然有較強的遠紅外線強度，然而可能因伴隨輻射原料而致癌，購買時務必小心，筆者建

議以天然玉石爲佳。將遠紅外線加入乳液或面膜等美容用品，可增進皮膚的血液循環，然而卻影響產品的香味。手掌心的遠紅外線波長在9微米左右，因此，按摩時的靜置撫觸可以藉由手掌心傳遞遠紅外線給幼兒，讓幼兒血管的血流增加，在生理上增進其身體的免疫力，在心理上可以增加安全感與親子連結。在靜置撫觸過程中幼兒可能自然入睡，身體分泌的生長激素會使生理發展更加健全，從而使幼兒的情緒較爲穩定，對其智力發展也有幫助。

六、緩和運動與瑜伽

約翰‧梅狄納（John Medina）博士在《大腦規則》（*Brain Rules*）一書中指出，在能夠提升大腦效能的因素中，最顯著且明確的因素就是運動。想要讓孩子變得更聰明，就要讓孩子有充分的運動。緩和運動與嬰幼兒瑜伽是最適合嬰兒的活動，在印度已經實施數千年，廣泛受民眾歡迎。在撫觸按摩活動中加入嬰幼兒瑜伽，是一個最佳的親子活動模式。

嬰兒渴望與周圍環境互動與溝通。瑜伽可提供撫觸、運動及韻律的刺激，以及深度放鬆後的沉靜。在練習瑜伽的過程中，嬰兒感受深情的撫觸與親子連結的樂趣，有助於建立安全愉悅的親子依附關係。母親與嬰兒間的依附關係、正面感覺與積極互動，使得成人對照顧嬰兒產生信心，逐漸建立相互的信任與理解。在餵食過程中，嬰兒熟悉母親的聲音、氣味與觸撫，從而建立安全感。餵食母乳也爲經歷難產或苦於產後憂鬱的母親提供療癒、解除緊張、放鬆身體，體驗寧靜愉悅的育兒樂趣。

瑜伽的姿勢有助於刺激各種內分泌腺，有些瑜伽姿勢對於骨酪肌肉之伸展強化有幫助。練習瑜伽也可促進坐立行走的肢體對稱性，使脊椎不再緊繃，全身可以柔軟活動。平衡對稱的姿勢可以確保關節運動順暢，從而增進心、肺、消化和神經系統等體內重要器官的健康。雖然嬰兒瑜伽的伸展及動作較爲簡易，然而成人在從事嬰兒瑜伽之前，必須具備對瑜伽的基本了解，以確保嬰幼兒的安全與健康。

撫觸按摩與瑜伽動作刺激肌膚上各種感官的感受器，促進嬰兒神經系統的發展、改善血液循環與體液流動、維持荷爾蒙平衡、刺激細胞生長、強化肌肉、確保背脊直挺與脊椎柔軟度、保持脊椎與關節的靈活性。嬰兒瑜伽的

其他益處包括：強健嬰幼兒的體魄、改善消化系統、減輕嬰兒腹痛、使身體系統達到平衡與和諧、協助嬰兒從反射動作階段過渡到自主運動階段、刺激各種感官的發展、安撫嬰兒情緒、改善睡眠、加強親子間之溝通。觸覺刺激亦可促進腦部及神經系統的發育，提升嬰兒未來面對挑戰之能力。

第二章　嬰幼兒撫觸與按摩的準備

第一節　心理的準備

一、施作按摩者自身的心理準備

　　有一個關於恐懼的實驗，研究者給初生的小猴看蛇的照片，起初小猴並沒有恐懼的反應，但是當小猴看見母猴害怕蛇所產生的恐懼表情之後，小猴也開始怕蛇了。可以看到，母猴的恐懼情緒對小猴產生了影響。現代人長期處於壓力之下，如果家長的焦慮不斷擴散，也可能會影響到孩子的心理健康。所以父母在焦慮狀況不是很嚴重的時候，可以先做深呼吸來放鬆自己，並練習微笑來放鬆臉部表情，給孩子看見自己平靜愉快的表情，自己的心情也可以很快平復下來，然後抱一抱、拍一拍孩子來穩定他的情緒。如果家長自己情緒已經飽和，例如很生氣或很挫折的時候，可以把孩子交給其他的家人照顧，自己先休息一下，或是把孩子放在搖籃裡面，等待自己的情緒慢慢平復。

　　施作按摩者（照顧者）在為寶寶實施按摩之前，應該使自己心情沉靜放鬆，以免寶寶會感受到其情緒而受到影響。尤其是親子間肌膚有接觸的時候，嬰兒更會感受到父母緊張焦慮的情緒，因此需要在按摩之前花些時間來釋放壓力，以獲得最佳的按摩效果。暫時不要去想家庭中的雜事以及其他煩惱，把所有的注意力都放在按摩和寶寶身上。將身上的首飾都移除，剪短指甲避免劃傷寶寶嬌嫩的皮膚。把按摩所需要的物品都集合在一起，放在施作按摩的地點附近、方便取用的位置，以確保能全神貫注於按摩和寶寶的反應，使施作者和寶寶雙方都能感受到撫慰和愉悅。練習放鬆時首先將雙手手指相扣，置於上腹部，閉上眼睛，並深深吸一口氣，便可以感受到腹部肌肉的擴張。屏息幾秒，然後慢慢地呼氣。接著用雙肩向後畫幾次圈，然後再向前畫圈。這可以幫助舒緩背部、肩膀以及脖子的緊張感。用力的搖晃雙手，

按摩時要確保你的姿勢舒服，特別是在身體前傾時也能保證背部直立。

　　按摩時如果是採取跪姿，施作按摩者跪坐在地板上，膝蓋下墊條毛巾。為了更加舒服，可以在小腿和屁股之間放置一個軟墊，屁股坐在軟墊上。如果是採取盤腿坐姿，施作按摩者可以盤腿坐在軟墊上。將寶寶放在施作者的正前方，可以先輕撫幾下寶寶以確認姿勢舒服。也可以採取伸腿坐姿，施作按摩者坐在一個軟墊上，雙腿張開向兩側伸展，寶寶躺在施作按摩者的兩腿中間。當施作按摩者俯身向前按摩時，試著保證背部直立。為了保持背部挺直，施作按摩者可能需要2個軟墊或毛巾，特別是要按摩寶寶頭頂的時候。在溫柔撫觸寶寶的同時，透過充滿愛意的眼神來和寶寶溝通，給寶寶積極的回應，以建立親密的親子依附。[1]

二、時間與場地的選擇

　　適合按摩的時機是孩子清醒、情緒正常的時候。照顧者要為孩子實施按摩，需要了解孩子的活動週期。孩子醒來一會兒之後處於「安靜清醒期」，孩子清醒且警覺，活動量較小。然後孩子進入「活動清醒期」，清醒且活動量大，對環境刺激反應良好。在活動一段時間之後，孩子可能又會呈現「安靜清醒期」的狀態，準備進入睡眠狀態。如果環境刺激較多，孩子過度活動之後，可能因為飢餓、疲倦或情緒因素，而呈現哭泣狀態。孩子進入睡眠循環後，第一階段是「安靜睡眠期」，孩子進入熟睡狀態、肢體活動很少，不容易受環境干擾或驚醒。第二階段是「快速動眼睡眠期」（REM-Rapid Eye Movement），此時孩子在做夢，有較多的肢體動作，比較容易被吵醒，接著進入第三階段「醒睡轉換期」。在「醒睡轉換期」孩子甦醒，但是還沒完全清醒，在環境安靜無擾時，往往再次入睡。如果環境稍有刺激，孩子可能就醒來，開始進入清醒期。孩子在哭泣的時候，應該先滿足孩子的需求，不適合進行按摩；孩子餵食完畢三十分鐘之內應避免按摩；孩子在睡眠的時候不要去干擾他，不要進行按摩。[2]

---

[1] Bagshaw, J., & Fox, I., *Baby Massage for Dummies*. Indianapolis, Indiana: Wiley Publishing Inc., 2005.

[2] 鄭宜珉等，嬰幼兒按摩，華格納，2014。

　　撫觸按摩的時間，最好是寶寶處於警醒狀態的時候，嬰兒在清醒警覺時，對周圍的事物充滿好奇，並且情緒平穩、精神充沛。如果早上是忙碌的家庭時間，那可以在下午再按摩寶寶。很多人喜歡於沐浴後在溫暖的房間中做按摩。基本原則是根據寶寶的「情緒線索」來決定，如果他對著你微笑，開心而放鬆地看著你的話，那麼就是正面的情緒線索，說明寶寶是願意按摩的。如果他哭鬧，轉身離開，用手擋住臉或者睡著，那麼就是負面的情緒線索，就是他在對按摩說「不」。讓寶寶躺在柔軟的毛巾上做按摩，這樣可以避免把按摩油沾到衣服或地毯上。在按摩結束時，可以用毛巾把寶寶包住再抱起來。

　　撫觸按摩的時間長度大約是20到30分鐘，緩慢柔和地為寶寶做一套全身按摩。匆匆忙忙會適得其反，寶寶會感到不安。一旦施作按摩者和寶寶都熟悉了按摩的過程，就可以更省時間。按摩的力道應該平穩而溫柔，深沉而緩慢。同樣力道要根據寶寶的反應決定，觀察寶寶的反應，對按摩的力道做出相應的調整。過輕的按摩力道會使寶寶不悅易怒，但是如果寶寶的皮膚變紅，就要減輕按摩的力道。

　　撫觸按摩的場地最好是溫暖的房間，嬰兒的體溫流失得非常快，而且按摩油的使用也會加快體溫流失，所以房間必須保持在一個可以讓寶寶感到舒適的溫度，26℃是比較合適的溫度。如果施作按摩者在房間裡穿短袖也不會感到冷，這個房間的溫度就比較適合按摩。如果天氣比較炎熱，你可以把寶寶帶到室外按摩，只要在陰涼處就好。在一個穩固的平面上鋪好毛巾，讓寶寶躺在毛巾上，這樣可以提供一個良好的按摩姿勢。地板是一個很不錯的選擇；這樣施作按摩者可以坐下來按摩，同時也不必擔心寶寶跌落。環境的

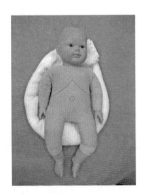

圖2-1-1　讓寶寶躺在毛巾上，以便有良好的按摩姿勢

氣氛應該是安靜平和的，避免強烈的光線視覺刺激，及電視、收音機等噪音干擾，讓寶寶享受沉浸在按摩的舒適感受中。親子之間也能更高效地進入彼此的內心，進行非語言的交流溝通，密切關注寶寶的喜好、及時回應寶寶的需求。

三、如何觀察嬰兒的情緒線索

父母和寶寶之間的溝通和依附關係非常重要，而此依附關係的建立，仰賴照顧者對於「寶寶線索」（Baby Cues）的了解。寶寶線索包括嬰幼兒的投入線索（Engaging Cues）、退縮線索（Withdrawing Cues，或稱游離線索）等。細心解讀寶寶線索並適當地回應，是親子關係緊密和諧的起步。[3]

1. 投入線索：嬰兒眼神明亮、眼睛睜得很大；先看其他地方，然後又回頭看按摩者微笑；一直看著按摩者，眼神和表情很有精神，這些都是眼神和表情的投入線索。嬰兒發出咕咕聲、笑聲或滿意地吸吮，這些是聲音的投入線索。嬰兒安靜放鬆躺著，手和腿部動作順暢平緩；伸展的肢體，向按摩者伸展手腳，這些是肢體的投入線索。

2. 退縮線索：嬰兒醒著卻閉上眼睛；打呵欠、快睡著的樣子、看其他地方皺眉頭、做出痛苦的表情，這些是眼神和表情的退縮線索。打嗝、嘔吐、毛躁不安、哭泣，這些是聲音的退縮線索。嬰兒試圖爬起來、試圖翻身、背部弓起來、身體僵硬、不平順且失控的動作、封閉的肢體型態、想要掙脫、用手推開或用腳踢開按摩者，這些都是肢體的退縮線索。

其他的嬰兒反射線索包括：

1. 把頭或者臉轉開：孩子2個月大之後，把頭或者臉轉開時，表示孩子已經受到過度的刺激。成人一直逗寶寶玩，不斷試圖得到孩子的注意力，寶寶在刺激飽和之後就會把頭轉開。有時候嬰兒玩自己的手跟腳，或者是開始哭起來了，這是因為孩子不想要那麼多刺激，父母應該尊重孩子的感覺，在旁邊靜靜地等待孩子把頭轉回來。

---

[3] Latvala, C., 11 Important Baby Cues. http://www.parenting.com/article/11-important-baby-cues.

Adamson, L. B., & Frick J., The Still Face: A History of a Shared Experimental Paradigm. *Infancy*, 2003, 4 (4): 451-473.

2. 微笑：嬰兒出生6到8週以後，當洗完澡、接觸到溫暖柔軟的毛巾時，會感覺非常舒服，因此就會反射地微笑，這種微笑是身體舒適的直覺反應。嬰兒在第一次微笑的時候，家長也要對孩子微笑，給他正面的回應，讓他知道微笑是在反映一種很好的感覺，同時也能夠讓他了解這是與人正面回應的一種方式。

3. 臉部表情模仿：孩子在3到6個月之後會模仿人們臉部的表情，例如，恐懼、驚訝、悲傷等。當孩子看到一個陌生情境的時候，會回頭看看媽媽。如果這時父母是一種沮喪或恐懼的表情的話，那麼孩子的焦慮和壓力也會增加，甚至可能會開始緊張並哭泣。因此父母心裡有壓力的時候，小孩子也會感受到壓力。

4. 背部弓起來：嬰兒在飢餓的時候手會握拳；在孩子吃完奶、很輕鬆的時後手會張開，這是嬰兒自然的身體語言。尤其是嬰兒剛出生幾週，身體不舒服大哭的時候，他會把背部弓起來，或者扭動自己的身體，試圖找到一個比較舒適的姿勢或位置。餵食母乳的嬰兒，如果吃夠了奶、想要離開媽媽的身上的時候，孩子就會弓起背部，試圖離開吸奶的位置。但是孩子出生後4、5個月把背弓起來時，就完全不是這個意思。因為4、5個月的嬰兒開始要學翻身，這時候把背部弓起來是要翻身，而剛出生幾週的嬰兒把背部弓起是一種不舒服的訊息，家長要分辨清楚。所以新生兒如果是在嬰兒床或在推車上，孩子把背部弓起來時，父母可以把他抱起來，或者將孩子移動位置，讓他身體舒服一點。

5. 尋乳反射（Rooting Reflex）：當照顧者接觸嬰兒臉頰的時候，孩子的臉會向接觸的方向轉過來，讓照顧者進行餵食，這是嬰兒基於生存本能與生俱來的反射動作。如果媽媽身體靠近嬰兒的時候，孩子的臉會本能地轉過來，試圖找媽媽的乳房來吸吮乳汁。

6. 驚嚇反射：嬰兒從出生開始，如果遇到很大的聲音、很亮的光線或是嬰兒的頭被搖晃一下，都會產生驚嚇反射。這種驚嚇反射的特性是，孩子整個身體抽搐一下，手和腳先往外伸張，然後迅速再縮回來的動作，往往伴隨著驚嚇後的哭泣。3到6個月以後的孩子就比較少產生驚嚇反射。雖然驚嚇反射並不會真正傷害到小孩，但是會讓小孩子害怕和哭鬧，影響孩子的情緒與安全感。所以像子宮一樣的環境是最好的 —— 聲音很小、光線柔和的環境。

7. 餓的哭泣：孩子要讓我們知道他不舒服、累了、餓了或者是痛了，最快的方法就是哭泣。新生兒哭的聲音大部分都差不多，所以不容易分辨孩子到底是餓了還是不舒服。一般來說，嬰兒醒來的時候就會餓，所以會哭、想要食物、需要餵食。餓的時候的哭泣聲是短的、不是很大聲的哭泣。哭聲每次維持大約一秒，如果照顧者沒有反應的話，他會越哭越大聲。2個月之內的新生兒飢餓哭泣時，媽媽盡量快速為孩子餵食。過去有些長輩的想法，認為故意要讓孩子哭一會兒，才不會慣壞孩子，這是錯誤的觀念，這會讓孩子感覺無助，對孩子沒有什麼好處。照顧者聽到孩子餓的哭泣聲應該立刻反應，並餵食且安慰孩子，孩子知道一直有人在身邊照顧他，會產生安全感，親子連結也會比較好。

8. 痛的哭泣：嬰兒的疼痛哭泣聲不會從小聲到大聲，而是比較連續的大聲哭泣，時間是飢餓哭泣聲的兩倍長。首先照顧者必須檢查孩子是不是尿布溼了，是不是太熱或太冷？如果孩子是在車子裡的安全座椅上，他有時候會因太熱而哭泣。照顧者應從頭到腳看看孩子是不是衣服的哪個地方，或者是尿布夾到孩子的皮膚讓他疼了。

9. 疲倦的哭泣：嬰兒2到3個月的時候哭聲會比較多樣，孩子有時候會有疲倦的哭泣。疲倦的哭泣聲音沒有那麼強烈，可能伴隨著揉臉的動作。照顧者必須要了解，孩子如果已經醒來好幾個小時，那麼他可能是累了，所以哭的原因有可能是想要睡覺。這時候可以把孩子抱起來搖一搖，放在嬰兒床或搖籃中，輕輕搖一搖，輕輕摸一摸孩子的頭，唱一首輕柔的兒歌給他聽，孩子很快就會睡著。

10. 牙牙學語聲：2到3個月的嬰兒會發出跟父母的語音高低相仿的聲音。在4到6個月以後，孩子會嘗試混合使用子音和母音，發出各種類似語言的聲音。照顧者透過這些類似語言的聲音，可以辨別孩子是快樂、生氣、悲傷、抗議、滿足或是熱切期待。這時候照顧者要不斷地告訴孩子，自己現在每天進行中的各種活動，譬如說：「我在準備溫熱的水讓你洗澡。」或說：「看看那邊的蝴蝶。」暫停一下，看著孩子微笑，讓他反過來對你講話，鼓勵孩子模仿你的聲音講話。也可以嘗試用嬰兒手語伴隨口語，向孩子傳達日常生活中的事物，多元的表達模式對孩子的認知發展及情緒有幫助。

第二節　嬰幼兒抱持法

　　學習嬰幼兒抱持法的目的，是要了解基本抱持與舉起孩子的動作及其適用時機，以及學習如何讓嬰兒主動放鬆。本節介紹不同的安全抱持方式與姿勢，包括螺旋形舉起、用人偶練習多種抱持姿勢、對於安全考慮的姿勢、嬰兒頭部支撐及成人的正確舉起動作，有助於成人放鬆，並以正確姿勢實施抱持的活動，可與舉起相結合的簡易動作，特定抱持動作適用的情況。抱持嬰兒時成人保持放鬆的重要性，有助於達成放鬆的簡易方法，各種站立及行走中的放鬆技巧。

　　放鬆地接觸嬰兒，是為嬰兒按摩做柔軟體操練習的基本重點，學習如何無壓力地抱持嬰兒，乃是父母親與嬰兒健康快樂的關鍵。每種抱持動作皆為一系列微幅的擺動、下沉、轉動或舉起等動作的組合，具體情況視嬰兒年齡而定。安全使用抱持動作的原則是仔細觀察嬰兒，以免引起驚嚇（莫羅氏反射）。父母親在抱持嬰兒的過程中，如何安全抱起嬰兒，而不會對照顧者的背部造成壓力。嬰兒從地面移動到照顧者腿上，再轉移到照顧者胸前，一直到照顧者呈現站姿，抱持法協助照顧者對其移動嬰兒的方式感到安全與自信。抱持法對嬰兒前庭發展也有幫助，例如，將嬰兒轉方向時，是刺激前庭系統的良機。照顧者將嬰兒從目前的方位，以螺旋形的路徑轉移到另一個方位。抱持法刺激前庭系統的過程，也呼應了嬰兒經產道誕生的旅程，對經剖腹產出生的嬰兒尤其重要。

一、媽媽的伸展體操（Moves for Mum）

(一) 手臂伸展（Arm Stretches）

1. 手指張開，雙手向上抬高，越過頭頂向上、向外側伸展。
2. 雙手在背後十指交握，向下方伸展，下巴抬起，然後手從背後往上抬高，前額順勢向下靠向地面，如果照顧者的雙手無法在背後伸直也沒關係。
3. 左手手掌平貼在身體左側，右手臂舉過頭頂，向身體左側伸展。換邊伸展，右手手掌平貼在身體右側，左手臂舉過頭頂，向身體右側伸展。

功效：以上三個動作均可釋放肩膀及上半身的壓力、強化手臂、打開胸腔。

溫馨提示：記得盡量打開胸腔，手指尖向外伸展，並且深呼吸，這個伸展的動作，可以幫助親餵母乳的媽媽身體放鬆。

(二) 肩膀轉動（Shoulder Rolls）

1. 兩手手掌分別輕放在對側肩膀上，將手肘抬起來。
2. 輕輕轉動肩膀，讓肩膀自然帶動手臂畫大圓圈。
3. 轉動肩膀時，可以兩肩同時向前轉或向後轉，也可以左右肩輪流向前或向後轉。

功效：放鬆上背部及肩膀、打開胸腔、強化手臂。

(三) 和緩扭轉（Gentle Twists）

1. 面向前方，採取坐姿或者跪姿，胸部向上抬起，肩膀放輕鬆。
2. 左手放在右膝蓋上，右手放鬆放在背後。
3. 在吐氣時慢慢的朝右方轉動身體，隨著脊椎的扭轉，身體緩緩地做伸展運動。
4. 做幾次輕鬆的呼吸之後，慢慢將身體扭轉回來。
5. 換邊再做一次。

功效：伸展脊椎、打開胸腔。

(四) 前彎（Forward Bend）

1. 坐在地上、兩腿向身前伸展，腳放鬆，腳趾尖指向天空。
2. 手掌分別置於大腿上，背部打直，身體慢慢向前傾、雙手沿著腿向前滑動到腳部。
3. 深呼吸，下背部保持柔軟，肩膀放鬆。
4. 慢慢恢復坐姿，手指張開，雙手向上抬高，越過頭頂向上、向外側伸展。

功效：伸展大腿後側、伸展腰背部。

二、放鬆抱持與小搖擺行走法（Relaxed Holds and Walks with Mini Dips and Swings）

(一) 向前直立抱法（Forward Upright Hold）

1. 嬰兒與照顧者同樣面向前方，把嬰兒抱起來，使嬰兒的身體直立，背對著照顧者。
2. 右手從嬰兒的右側腋下繞過去，手掌與前臂支撐孩子的胸腔，形成一個欄杆的形狀。
3. 左手從嬰兒背後，越過胯下托住孩子，支持寶寶的體重，形成一個座位的形狀。
4. 抱持嬰兒時，左右手可以交換，以減輕手臂肌肉的疲勞。

功效：小嬰兒喜歡看人的臉，這個姿勢有助於嬰幼兒與人社會性的互動。

溫馨提示：從孩子出生之後，其頸部稍微可以支撐力量，就可以使用向前直立抱法來抱持嬰兒，一直到寶寶太重、照顧者無法做這個抱持法為止。抱持嬰兒時要注意別傷到手腕，如果抱孩子時覺得手腕痠痛，可以改用「老虎爬樹抱」，或者手握拳，讓嬰兒坐在前臂上，不要坐在手掌上。這個向前直立抱法是練習嬰兒瑜伽的基本姿式。

(二) 趴臥式抱法（Prone Hold）

1. 嬰兒與照顧者同樣面向前方，以向前直立式抱法抱起寶寶。
2. 將右手手臂稍微放低，右手掌與前臂仍然支撐著孩子的胸腔，寶寶的身體正面朝下，可以讓身體呈一個向上的角度，不一定要讓寶寶完全水平俯臥。孩子會將頭部仰起來，使得臉朝向右前方。
3. 抱持嬰兒時，左右手可以交換，以減輕手臂肌肉的疲勞。

(三) 搖籃抱法（Cradle Hold）

1. 讓寶寶的臉朝上，左手從嬰兒的右側腋下繞過去，手掌支撐寶寶的頸部與肩背部分。
2. 右手從嬰兒正面胯下越過背後，托住寶寶的臀部，支撐寶寶的重量，形

成一個座位的形狀。

3. 也可以使用前臂代替手掌支撐寶寶做搖籃抱法，以減輕照顧者的負擔。

4. 抱持嬰兒時，左右手可以交換，以減輕手臂肌肉的疲勞。

功效：安撫寶寶情緒、刺激前庭系統。

(四) 老虎爬樹抱法（Tiger in the Tree）

1. 寶寶的臉朝下、頭靠在照顧者自然彎曲的左手手肘內側，寶寶的腿在照顧者左手臂前端處。

2. 左手臂跨越寶寶的左肩，左手掌輕輕握住寶寶右大腿，左手前臂對角線般的穿過寶寶的身體，支撐嬰兒的重量。

3. 右手越過寶寶的胳下托住孩子，右手手掌輕握自己左手前臂外側。

4. 抱持嬰兒時，左右手可以交換，以減輕手臂肌肉的疲勞。

功效：安撫寶寶情緒，並減輕腸絞痛。

溫馨提示：從孩子出生之後就可以使用老虎爬樹抱法來抱持嬰兒，一直到寶寶太重、照顧者無法做這個抱持法為止。可以慢慢把手臂打得更開一些，為寶寶加強支撐的力道。

(五) 消防員抱法（The Fireman's Hold）

1. 嬰兒臉朝向照顧者，寶寶的身體靠在照顧者的肩膀上。

2. 右手扶住寶寶背部，左手前臂托住寶寶臀部。

3. 寶寶身體正面貼靠在照顧者胸前，形成穩固的支撐。

4. 抱持嬰兒時，左右手可以交換，以減輕手臂肌肉的疲勞。

功效：安撫寶寶情緒，疏緩脹氣。

溫馨提示：照顧者可以設法調整姿勢，利用消防員抱法將孩子重量的一部分分散到自己的肩膀等處。照顧者完全可以這樣抱著寶寶，一直到他1歲以後，甚至是寶寶更大的時候也沒問題。

(六) 滾動放鬆抱法（Rolling Relaxed Holding）

1. 寶寶臉朝下，橫向趴在照顧者的大腿上。

2. 照顧者用雙臂支撐寶寶的頭頸和腿，手掌朝上貼著寶寶的身體正面。

3. 輕輕地捲起手臂，讓寶寶的身體向上滾動，慢慢滾到照顧者的身上。

功效：刺激前庭系統。

溫馨提示：滾動放鬆抱法可以站著抱，也可以坐著抱。照顧者也可以用趴臥式抱法，讓寶寶滾向照顧者的身體。

三、舉抬法（Lifts）

(一) 螺旋式抬舉、放下（Spiral Up and Down）

1. 讓嬰兒仰躺在地上。照顧者探跪姿，右手（慣用手）手指伸向寶寶正面左側腋下，手掌根部在寶寶胸口位置。
2. 以左手扶住寶寶身體，慢慢轉動寶寶的身體，使其向上滾動到照顧者的右手臂上。向上螺旋完成時，寶寶的臉朝下（照顧者的前臂在寶寶的胸前）。
3. 接著以相反方向滾動寶寶，回到原來的位置。以左手扶住寶寶身體，慢慢地轉動寶寶的身體，使其向下滾動到地面（瑜伽墊）上。向下螺旋完成時，寶寶的臉朝上，躺在地面的瑜伽墊上。
4. 如果照顧者的慣用手是左手，則上述步驟左右相反。

(二) 舀起再螺旋式抬舉（Scoop Spiral Up）

1. 照顧者首先採取立姿，然後腰向下彎低，膝蓋保持彎曲，下背部放鬆。
2. 讓嬰兒仰躺在地上，照顧者右手（慣用手）手指伸向寶寶左側腋下，手掌根部在寶寶胸口位置。
3. 以左手扶住寶寶身體，慢慢轉動寶寶的身體，像用湯匙舀東西那樣，把寶寶舀起來，使其向上滾動到照顧者的右手臂上。
4. 螺旋式的舉起寶寶使其背向照顧者，照顧者的前臂在寶寶的胸前。
5. 如果照顧者的慣用手是左手，則上述步驟左右相反。

(三) 照顧者帶著寶寶站起來（Carer Up to Standing with Baby in Arms）

1. 左手抱住嬰兒，讓寶寶坐在左大腿。
2. 右手虎口打開，手向右側伸直，手掌平貼地面。

3. 左腳向前，膝蓋呈90度角，左腳腳底平貼地面，右手支撐身體重量。

4. 右腿呈跪姿，腳跟勾起，腳趾抓地。

5. 臀部離開後腳跟，脊椎直立起來，呈高跪姿。

6. 吸氣，盆骨上抬並放鬆，帶著寶寶一起站起來，收右腳呈直立狀態。

7. 右腳向後跨一步，吐氣，右腿膝蓋彎曲，恢復到高跪姿。

8. 臀部向後腳跟坐下，右手虎口打開，手向右側伸直，手掌平貼地面，右手支撐身體重量。

9. 左腳向後撤，從單膝跪地變成雙膝跪地的姿勢，然後恢復到坐姿，收回右手。

10. 如果照顧者的慣用手是左手，則上述步驟左右相反。

功效：保護背部、強化核心肌肉群。

溫馨提示：照顧者抱著嬰兒時，察覺自己站起或坐下的姿勢是非常重要的。保持正確的姿勢能夠保護背部，並強化核心肌肉群。

(四) 拉拉仰臥起坐（Self Lift）

1. 嬰兒仰臥平躺在地面。

2. 照顧者雙手向寶寶伸出，手指頭輕觸嬰兒手指，提示要讓寶寶拉著照顧者的雙手自己坐起來。

3. 讓寶寶抓住照顧者的手指，輕輕的給他一個向上的力量，使他能抬起身體。

4. 再慢慢放鬆力量讓寶寶恢復到仰躺的姿勢。

溫馨提示：這個動作比較適合4個月以上的寶寶。做這個動作時，一定是要寶寶主動拉住照顧者的手，想要坐起來，照顧者只是給予力量的支撐。寶寶的身體抬起來的時候，如果頭向後仰，那麼就應該停止這個活動，不要再繼續了。

(五) 飛向月球（Zoom to the Moon）

1. 嬰兒與你同樣面向前方，以向前直立式抱法抱起寶寶。

2. 照顧者採跪姿，雙手手掌穿過嬰兒腋下，環抱寶寶的胸部，抱起寶寶。

3. 將嬰兒身體稍微向前傾，讓寶寶下巴向下沉，使頭部重量得到支撐。

4. 臀部離開後腳跟，脊椎直立起來，呈高跪姿。

5. 在吸氣中將孩子舉起到自己的胸前，或者舉到超過頭的高度。

6. 在呼氣中慢慢將孩子放下。

功效：這個動作是寶寶非常喜歡的動作，同時也能幫助媽媽強化肌力。

溫馨提示：舉起孩子時要吸氣，寶寶的身體和自己的身體保持對齊，以免造成背痛。

四、放鬆行走法（Relaxed Walks）

(一) 駱駝式行走（Camel Walk）

1. 嬰兒與照顧者同樣面向前方，把嬰兒抱起來，寶寶的身體直立，背對著照顧者。也可以用其他讓照顧者感覺舒適的方式抱著寶寶。

2. 照顧者張開胸腔，肩膀保持放鬆。

3. 屈膝，將身體重量慢慢從腳後跟轉移到腳趾。

4. 向前邁出一步，同時收緊腹部，以腹部肌肉帶動臀部，微微向前後轉動，使得骨盆向前與向後傾。

5. 重心移到另一隻腳的同時，將骨盆恢復到正常位置。

6. 再邁出另一隻腳，同時做臀部向前後轉動的動作，使得骨盆向前與向後傾。

7. 在前進的過程中，找到適合自己動作與步伐的節奏。

功效：幫助收緊骨盆、強化核心肌肉群。

溫馨提示：在做動作時，要注意打開胸腔、肩膀保持放鬆。這個動作是骨盆後傾位的練習，有助於收腹縮腰。

(二) 鋼索行走（Tightrope Walk）

1. 嬰兒與照顧者同樣面向前方，把嬰兒抱起來，寶寶的身體直立，背對著照顧者。也可以用其他讓照顧者感覺舒適的方式抱著寶寶。

2. 照顧者身體站直，一隻腳放在另一隻腳的正前方，慢慢向前走，腳跟對著腳尖，走在一條直線上。

3. 在做走步的動作時要伸直雙腿，將注意力放在骨盆部位，骨盆肌肉向上提，肚臍往脊椎方向收縮，牽動所有核心肌肉群，眼神柔和注視前方。

4. 然後放鬆，再以同樣方法走下一步。

功效：增強平衡能力、幫助收緊骨盆。

溫馨提示：注意要慢慢地行走。[4]

(三)閉合式／交叉式行走（Closing / Crossover Walk）

1. 嬰兒與照顧者同樣面向前方，把嬰兒抱起來，寶寶的身體直立，背對著照顧者。也可以用其他讓照顧者感覺舒適的方式抱著寶寶。

2. 照顧者身體站直，一隻腳向前跨到另外一隻腳的外側，以類似走鋼索的方式，然而腳步是交叉著慢慢向前走。

3. 保持身體平衡，肩膀放鬆。

功效：增強身體平衡、維持良好姿勢、幫助強化腹部與背部肌肉。

五、按摩者的姿勢

(一) 跪姿（Kneeling Pose）

1. 膝蓋下墊條毛巾，跪坐在地板上，臀部輕觸腳後跟。

2. 為了更加舒適，可以在小腿和臀部之間放置一個軟墊或枕頭，臀部坐在軟墊上。

3. 脊椎要伸直，即使身體向前傾時，也要保持背部直挺。

---

[4] 英國Birthlight培訓手冊。

圖2-2-1　跪姿

(二) 盤腿（Easy Sitting Pose; Sukhasana）

1. 兩腳交纏，盤腿坐在軟墊上。
2. 若無法做兩腳交纏的盤坐，也可以採用小腿交疊的半盤腿。或者簡單將兩腳向內彎曲，小腿輕貼地面，舒適地坐著。
3. 將寶寶放在照顧者正前方。
4. 照顧者可以先輕撫幾下寶寶，以確認姿勢舒服。
5. 若有腳發麻的情形，可以左右腳換邊盤坐，坐姿以舒適為原則。

圖2-2-2　盤腿坐姿

(三) 搖籃坐姿（Cradle Sitting Pose）

1. 坐在軟墊上，兩腳掌並攏，膝蓋彎曲並向兩側伸展張開。
2. 寶寶仰躺在照顧者兩腿中間，嬰兒頭部輕靠在照顧者腳掌後方，臉朝向照顧者。照顧者微笑看著寶寶，保持眼神接觸。
3. 準備2個軟墊或毛巾，用來支撐照顧者下背部，以保持背部挺直，或者選擇牆壁作為支撐，特別是當照顧者需要按摩寶寶頭頂的時候。

溫馨提示：按摩時要確保姿勢舒服，特別是在身體前傾時能保持背部直立。如果照顧者在地板上幫寶寶做按摩，試著找到最適合自己的姿勢。在溫柔按摩的同時，用充滿愛的注視和寶寶交流，給寶寶積極的回應。

圖2-2-3　按摩者的姿勢──搖籃坐姿

(四) 伸腿坐姿（Stretch-legged Sitting Pose）

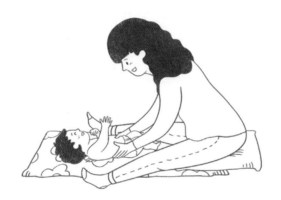

1. 坐在軟墊上，雙腿略微張開，兩腳向前伸展。
2. 寶寶躺在你兩腿中間，臉朝向照顧者。照顧者微笑看著寶寶，保持眼神接觸。
3. 準備2個軟墊或毛巾，用來支撐照顧者下背部，以保持背部挺直，或者選擇牆壁作為支撐，特別是當照顧者需要按摩寶寶頭頂的時候。

溫馨提示：伸腿坐姿（Stretch-legged Sitting Pose）又稱跨騎坐姿（Straddle Pose）。按摩時要確保姿勢舒服，特別是在身體前傾時能保證背部直立。如果照顧者在地板上幫寶寶做按摩，可以試著找到最適合自己的姿勢。在溫柔按摩的同時，用充滿愛的注視和寶寶交流，給寶寶積極的回應。

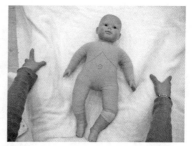

圖2-2-4　伸腿坐姿

(五) 疊腳坐姿（Cross-legged Sitting Pose）

1. 坐在軟墊上，雙腿向前伸展，小腿交叉，例如：左腳伸直、右腳跨在左腳上。
2. 讓寶寶橫向趴在你的兩腿上，頭部在較高的腳（例如：右腳）上面，寶寶的臉貼著右大腿，或者寶寶的右手跨過照顧者的右大腿。右手托住寶寶下巴。
3. 準備2個軟墊或毛巾，用來支撐照顧者下背部，以保持背部挺直，或者選擇牆壁作爲支撐。

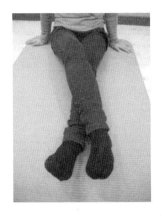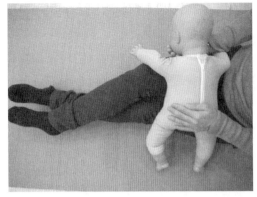

圖2-2-5 疊腳坐姿

第三節 施作撫觸與按摩的時機

找到適當的時間給寶寶按摩是成功按摩的關鍵。很多父母會用按摩來哄他們的寶寶入睡。在寶寶睡覺前，可以安排一次按摩，這將有助於寶寶入睡。當寶寶穿好睡衣時，將他放進小床，或者擁抱著他，用你所知道的按摩動作來幫助寶寶放鬆。按摩的動作要短而且簡單，最好每次都是一樣的順序。當寶寶已經入眠後就停止按摩。考慮按摩時間時，首先需了解寶寶如何回應按摩的刺激，年齡是影響寶寶回應方式的一個關鍵因素。有些嬰兒對刺激非常敏感，但一般而言，年齡較大的嬰幼兒較喜歡按摩。

出生前幾週的新生兒，按摩的力度最好保持在最溫和的力道。如果寶寶對刺激非常敏感，開始的幾個星期可以只用「靜置撫觸」，或隔著衣服進行溫和的撫觸。如果出生幾個星期的寶寶喜歡洗澡，可以在洗澡前給寶寶按摩。如果寶寶不喜歡洗澡，就不要在洗澡前給寶寶按摩。如果寶寶非常不喜歡洗澡，就只能在寶寶沒有洗澡的日子進行按摩。如果寶寶難以入睡，請避免在休息時間或睡覺前進行按摩。如果照顧者當天很忙碌、有很多客人或按摩力度太高，應該考慮暫停按摩；應選擇周圍安靜並且照顧者放鬆的時候進行按摩。在寶寶有一定的按摩經驗後，才可以在換尿布的時候同時進行按摩，因為非常幼小的寶寶在換尿布和脫衣服的時候會有壓力，如果再施加按摩便會刺激太多，反而造成孩子不舒服。

給寶寶實施按摩1-3個月之後，寶寶會逐漸適應撫觸按摩，而不會感到

不舒服。如果寶寶還是不適應，就使用較不刺激的按摩手法，寶寶會漸漸適應，在按摩的時候可以放鬆。請記住，放鬆不意味著睏倦，有可能寶寶在按摩後放鬆警覺然而還是會想玩，使用正確的按摩技術有利於寶寶放鬆和快速入睡。如果寶寶沒有因為撫觸按摩而感到不舒服，照顧者可以在寶寶換尿布之前都為寶寶進行按摩；在早晨照顧者要開始忙碌之前，可以先給寶寶洗澡和按摩，讓寶寶感到放鬆，寶寶和照顧者的一天有個美好的開始；洗澡和按摩也有助於增加照顧者和寶寶之間互動。

一、小睡時融入按摩

　　嬰兒一次不能連著睡很長的時間，他們的睡眠週期比成人短，夜晚經常醒來。當嬰兒還小的時候，「整夜睡眠」是指5個小時左右的睡眠。因為有些嬰兒很難重新入睡，因而父母也經常會有睡眠問題。寶寶需要的睡眠時間因年齡而異，平均而言，出生3個月的寶寶每天需要15到18個小時的睡眠、出生3到6個月的寶寶每天需要13到16個小時的睡眠、6個月到2歲的幼兒每天需要12到14個小時的的睡眠。嬰兒與成人不同，白天睡覺的寶寶夜間睡眠品質更佳，沒有小睡的寶寶會更累，夜晚更難以入睡和熟睡。新生兒會頻繁入睡，經常在每一次餵食後入睡，每次大概2-4小時，取決於寶寶餵食配方奶或者母乳。當寶寶逐漸長大，則更少需要小睡。寶寶約6到9個月的時候每天需要小睡兩次，一次在早上，一次在下午。12個月的嬰兒每天只須在下午睡個長覺。

　　如果想在睡覺前給寶寶進行按摩，一定要選擇合適的時間。寶寶不需要很長時間就能發展每日常規。寶寶通常每天都在同一個時間睡覺，可以遵照以下幾項因素來判斷寶寶睏了：寶寶的意識已經開始模糊了、開始揉眼睛、開始仰望上空、很容易沮喪。照顧者需要提前計畫好按摩時間，以便按摩不會占用寶寶的休息時間，否則會導致寶寶保持清醒的意識狀態，正確使用按摩可以引導寶寶進入睡眠。不建議每次睡覺前給寶寶按摩，因為這會使寶寶習慣於這種方式入睡，甚至開始依靠按摩入睡。有時嬰兒拒絕睡覺，照顧者可以嘗試為寶寶建立習慣，例如，大約在寶寶應該睡覺的時候，透過按摩使他放鬆。其他使寶寶入睡的方法，例如，輕輕地搖一搖寶寶，使用背帶，或者帶寶寶坐嬰兒車散步。透過給寶寶按摩或使用背帶，使寶寶自然入睡，有

利於減少寶寶午睡前的吵鬧。小睡前的按摩僅使用離心式按摩，向心的按摩動作太過於刺激。腹部和胸部是嬰兒高度敏感的區域，因此把這些部位放在最後面按摩或者省略不做。

寶寶睡醒後是一個非常好的按摩時間，不過要注意的是，並不是所有的嬰兒都一樣：寶寶可能會喜歡所有的按摩手法，也可能中途感到厭煩甚至感覺太刺激。照顧者要隨時關注寶寶的狀態。為了降低按摩的刺激力度，只在身體的背面或正面按摩一次，甚至可以在小睡之間按摩，例如，當寶寶從睡夢中醒來後，可以按摩身體的正面；當寶寶從午睡中醒來，則可以按摩他的身體背面。如果想在短時間給寶寶進行快速按摩，只需要給寶寶進行來回掌擦法按摩，甚至可以讓寶寶穿著衣服按摩。

一般而言，不要叫醒熟睡中的寶寶當然是最好，不過有時候必須帶寶寶去親友或保母家，或者帶孩子去參加親子課堂時，必須叫醒寶寶，這時候可以使用按摩叫醒寶寶。首先須注意，當要用按摩叫醒寶寶的時候，寶寶平躺正面睡著是最安全的。用按摩輕輕喚醒寶寶須注意：寶寶在睡覺時，把手輕輕放在寶寶的胸口保持一、兩分鐘，同時用甜美溫柔的聲音呼喚他。緩慢地對嬰兒的整個身體按摩，可以重複三到五次。當寶寶醒來看到媽媽的時候，媽媽要確保臉上有溫柔的笑容，同時溫柔地注視著寶寶。如果寶寶醒來時想哭，就要立即停止按摩並抱起他。如果寶寶喜歡別人撫摸他的臉部，可以使用兩頰旋轉推按法和眼周旋推法給他按摩。隨後使用前額開卷法按摩寶寶的額頭，以擁抱來結束按摩。

二、洗澡時融入按摩

幫寶寶洗澡或與寶寶一起洗澡，是一個融合遊戲、肌膚接觸、溫暖和按摩於一體的好辦法。安全地享受與寶寶一起洗澡的相關技巧非常重要。在帶寶寶進入浴缸之前先檢查水溫，準備好洗澡需要的物品，放在浴缸周圍，如洗髮精、毛巾、嬰兒車或者嬰兒座椅（方便照顧者進入和離開浴缸的時候放置寶寶）、浴巾（一條給寶寶、一條照顧者使用）、肥皂、浴缸玩具。如果打算給寶寶一個浴後按摩，請在按摩的附近，例如旁邊的桌子上，放置尿布和要換的衣服。如果是要幫新生兒洗澡，要有家人或者助手在旁邊幫忙。事先檢查浴缸周圍的窗戶，確保寶寶可以用手觸及的東西都是安全的。肥皂泡

容易使孩子滑倒，要徹底清洗浴缸或使用止滑墊。

　　給嬰兒的第一次洗澡都是非常有壓力的，寶寶被放在裝有一小桶水的浴缸裡，他的哭泣可能會讓家長覺得自己是不稱職的父母。照顧者可以透過和寶寶一起洗澡來減輕壓力，許多新生兒都很喜歡這樣的經驗。溫暖的水溫、媽媽的心跳聲和溫柔聲音的結合，會使寶寶感覺回到子宮裡。要注意必須在寶寶的臍帶自然脫落之後，再給他一次完整的沐浴。如果不確定應該在什麼時間，請諮詢主治醫師或者兒科醫生。第一次和寶寶一起洗澡，媽媽可能會神經緊張、心情錯綜複雜，因為寶寶的肌膚由於塗了肥皂而變得溼滑，且頭部又難以控制。不過，隨著練習的增加，會變得舒適愉快。因此在第一次和寶寶一起洗澡時，最好有一位助手可以抱寶寶進入浴缸和替他塗肥皂。進入浴缸之前，先放入2/3的水，並檢查水溫是否過熱或過冷。把寶寶放在媽媽的胸部時，請記得觀察水位，如果水太靠近寶寶的嘴巴和鼻子，記得舀掉一些。將嬰兒車或者座椅放在浴缸附近，並將嬰兒毛巾放在座椅裡面。在媽媽洗澡之前，可以將嬰兒放在座椅內，媽媽先自己進入浴缸。如果是分娩後的第一次洗澡，請在自己洗澡幾分鐘後，再帶寶寶一起洗澡，這樣會更加舒服。請家人或者幫手將寶寶輕輕地放在你的胸部。寶寶會感受到媽媽的情緒，如果媽媽放鬆平靜，寶寶也會如此。輕輕抱住寶寶，讓寶寶放鬆。伴侶或者幫手在毛巾上擦上肥皂，再輕輕擦拭寶寶的身體。在一旁放置小水瓢，方便沖洗寶寶的身體。在嬰兒剛出生不久，洗寶寶的身體正面可能比較困難。如果需要的話，可以在換尿布的時間用紗布擦洗寶寶的肚子。花幾分鐘的時間幫寶寶揉揉背。當要離開浴缸時，請家人或者幫手先將寶寶抱出來，馬上放在嬰兒車裡，用毛巾包裹嬰兒（像繭一樣）給他溫暖。

1. 給洗澡後的新生兒按摩

　　洗澡結束後，可以帶寶寶到一個平坦的地方，嬰兒仍然包裹著毛巾，照顧者使用溫柔的手法為他按摩。寶寶還沒有按摩到的身體部位，記得用毛巾包著避免著涼。因為是給新生兒按摩，所以只能在寶寶的身體正面進行離心式按摩，並且時間不宜過長。另外，在按摩時用溫柔甜美的聲音和寶寶說話，還要有充足的眼神交流。

　　洗澡後按摩的步驟：(1)將寶寶的腿輕輕移出毛巾外面，用拉太妃糖法來熱身，手掌從寶寶的髖關節滑到腳踝，接著用腳趾揉捏法進行按摩。(2)

輕輕移出寶寶的手，用手部擠轉式進行手臂按摩。這種短時間的按摩對大多數新生兒來說已有足夠的刺激，事先要準備乾淨的尿布和換洗的衣服，放在按摩的場地附近，結束的時候可以立即為寶寶穿上尿布和衣服。

2. 幫學步兒以上大年齡寶寶一起洗澡

隨著寶寶年齡增長，當孩子有一定的頭部控制能力時，可以在洗澡的時候和寶寶多一些眼神交流和玩耍。媽媽彎曲膝蓋，把寶寶的背靠在大腿上，這樣的姿勢對寶寶和媽媽都非常的好，可以讓寶寶更好接受到媽媽的笑容和愛意，還有助於清洗寶寶的腹部。媽媽進入浴缸後，再把寶寶抱起來。在浴缸裡放置顏色鮮豔和浮動的玩具給寶寶玩，鼓勵他玩到水花飛濺。當寶寶6個月大甚至更大時，讓他躺在媽媽的腿上，臉部朝外，這會讓寶寶感覺自己像是一個大孩子。寶寶和媽媽保持胸部對胸部，讓孩子感覺手腳在水中浮動，全身放鬆地結束按摩。

3. 給比較大的寶寶進行洗澡後按摩

這種類型的按摩將取決於寶寶的按摩經驗，和媽媽是想讓孩子睡覺還是接受刺激。要確保在按摩過程中使用毛巾給寶寶保暖，建議要根據媽媽的本能直覺和寶寶的情緒線索來進行按摩。對於比較大的孩子，可以開始根據孩子的反應嘗試不同的按摩手法。每一次盡量使用兩到三種手法，方便透過寶寶的感覺，判斷他比較喜歡哪一種按摩手法。

三、換尿布時融入按摩

1. 為新生兒換尿布

對於新生兒來說，換尿布通常是很有壓力的一件事。一切事情對新生兒來說都是新奇的。他們不知道為什麼每隔一個小時左右就要脫衣服、翻來覆去、擦洗屁股、穿衣服。主要的技巧包括：確保換尿布需要的物品都在附近，包括尿布、濕巾、尿布疹膏、乾淨的衣服。使用平靜、舒緩的聲音，緩慢的移動。如果媽媽很焦慮急躁、感覺給寶寶換尿布很有壓力，那寶寶也會有相應的不良情緒。使用溫暖的毛巾擦拭寶寶，寶寶將會較少哭泣。在附近放置毛絨絨的玩具和音樂玩具，方便在換尿布前後可以和新生兒互動玩耍。一邊換尿布、一邊吟唱童謠。如果寶寶可以接受，將按摩融入換尿布的過程

中。對於新生兒，每一次盡量只使用一到兩種按摩手法，按摩方向採印度式的離心方向。可以根據寶寶的實際接受情況再進行調整。一開始的時候，可以等待寶寶換尿布完畢和穿好衣服後再進行按摩。除了腳趾揉捏法，其他按摩手法都可以在新生兒穿好衣服後再進行。也可以在換尿布的時候按摩寶寶的臉部，一開始寶寶可能會不喜歡，所以要保持耐心，可以經常在換尿布後進行臉部按摩使寶寶習慣。

2. 為較大孩子換尿布

照顧者和比較大的寶寶之間已經有了很多次換尿布的經驗。為繼續保持換尿布的美好經驗，保持親子互動和打發無聊時間。當寶寶能夠坐起來的時候，可以一隻手撐著他，讓他坐著換尿布，藉此機會可以按摩背部。為寶寶學會站立做準備，需要多進行腿部按摩。按摩最後讓寶寶在地上平躺著，拉住寶寶的手臂，輕輕拉他站起來，告訴他：「現在你長大啦！」透過遊戲讓學步兒認識自己身體部位的名稱。例如，問孩子：「你的手在那裡呀？」當孩子抬手回應時，可以用手部印度擠奶式和瑞典擠奶式來獎勵孩子。

四、每日例行按摩

一天中有很多可以按摩寶寶的時間，如睡覺前後、洗澡和換尿布的時間。透過每日例行按摩，幫寶寶建立一日按摩流程，成為一個具有制約作用的家庭儀式。寶寶可以透過常規儀式，很快熟悉按摩並且獲得安全感，知道接下來要做什麼、會學習什麼新事物。重要的是，按摩儀式需要每日例行活動，並且必須是積極的，讓寶寶保持良好感覺。將按摩融入日常生活的儀式中，可以與寶寶創建更加愉快的體驗。家裡融入按摩的日常儀式，包括：每次洗澡後為寶寶按摩；當寶寶發展達到一定里程碑，給他熱情按摩鼓勵；使按摩成為睡眠儀式的一部分；將唱歌與遊戲融入按摩，使換尿布的時間更加愉悅。

在許多次不同時間和地點的按摩後，照顧者應該有了自己的想法。照顧者可以發揮自己的創意，選擇不同的場合進行按摩，例如，帶寶寶去公園野餐，鋪開毯子就可以為寶寶按摩；在候診間等待醫生的時候，也可以給寶寶按摩，可讓寶寶側躺在照顧者的大腿上，在飛機上按摩寶寶，比較大的寶寶

可以讓其躺在大腿上，臉部朝外，用一隻手按摩寶寶的背。聽電話的時候，
也可以把寶寶放在大腿上，進行背部按摩。如果寶寶在餐廳大哭，可以把他
帶離嬰兒餐椅，坐在你的腿上進行背部按摩。如果在超市排隊長時間等候，
請讓寶寶坐在購物車上，使用手背輕撫和手指輕撫為寶寶按摩；用背帶抱著
寶寶時，可以用前額畫大圈圈法和開卷法按摩寶寶眼部；長途旅行坐在車上
時，可以讓寶寶坐在汽車座椅上，媽媽坐在旁邊按摩寶寶的腿、手和臉部。

第三章　身體前側的撫觸與按摩

第一節　舒緩腳和腿（Soothing the Feet and Legs）

　　如果寶寶第一次接受按摩，按摩者可能需要先從腳或腿開始，因為腿部在平日換尿布及洗澡等照護活動已經習慣被碰觸，比較不容易過度刺激寶寶。按摩前先詢問寶寶是否願意接受按摩，準備好按摩油，並且確定寶寶的情緒是否正處於焦慮或過度刺激。當按摩寶寶的雙腿時，最好在完成一條腿所有腿部的按摩手法之後，再換到另一條腿進行按摩。

一、腳部拉太妃糖（The Taffy Pull）

　　拉太妃糖的按摩手法對按摩者和寶寶來說，是一個很好的按摩開始手法。因為它只會按摩到肌肉的表層。這個手法非常簡單，也不會過度刺激寶寶。此外，它有助於放鬆荷爾蒙的分泌，因此，如果寶寶在按摩過程中睡著了，也不要感到驚訝，還是可以繼續進行按摩。手法一定要慢慢地、輕輕地，並且隨時準備給醒來的寶寶一個溫暖的微笑。

　　腳部拉太妃糖是腳部撫按（Effleurage Stroke）的手法，有嬰兒仰臥和嬰兒俯臥兩種方式。撫按（Effleurage）又譯為撫推，是一種輕柔滑過皮膚的手法，筆者認為此手法也可以應用在手部。任何一種撫按手法都可以預熱表層肌肉，也可以搭配按摩油使用。用按摩油的目的是讓寶寶放鬆與舒緩，而不僅僅是將油塗抹在寶寶身上。撫推可以鎮靜和舒緩神經系統，並且是開始和結束按摩的好手法。以下是腳部拉太妃糖手法的步驟：

1. 按摩者左手掌心向內，輕輕貼在寶寶右臀部外側。
2. 左手掌溫柔的由寶寶右腿外側向腳踝方向滑動撫按，請注意手掌心朝向寶寶。
3. 當按摩者的左手達到寶寶的右腳腳踝，用右手沿著寶寶右腿內側向下滑

動撫按。

4. 換邊操作，右手掌心向內，輕輕貼在寶寶左臀部外側。

5. 右手掌溫柔的由寶寶左腿外側向腳踝方向滑動撫按，請注意手掌心朝向寶寶。

6. 當按摩者的右手達到寶寶的左腳腳踝，用左手沿著寶寶左腿內側向下滑動撫按。

7. 兩手交替操作撫按，手部動作保持節奏流暢。

溫馨提示：請注意，一次只能按摩一條腿，完成一條腿的所有按摩手法之後，再按摩另一條腿。如果按摩者發現寶寶的皮膚表面有一點發紅，這可能是肌肉緊張被釋放出來的表現。按摩時使用溫和的輕壓，否則寶寶會感到癢。按摩者可以從自己的身體上找一個肉厚的部位來練習不同手法力道。

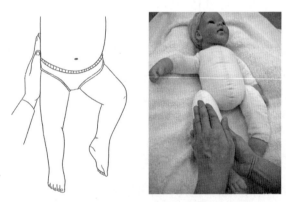

圖3-1-1　腳部拉太妃糖（The Taffy Pull）

二、腳部揉麵糰（Kneading Dough）

　　腳部揉麵糰是一種腳部揉捏（Petrissage）手法，有嬰兒仰臥和嬰兒俯臥兩種方式。揉捏（Petrissage）手法是一種作用於深層肌肉的手法。這種手法往往包含抬、捏、滾、擠、擰和揉捏等方式，筆者認為此手法也可以應用在手部。按摩者用拉太妃糖之類的撫推手法為寶寶熱身後，可以用這種手法進行深層次按摩。這個手法可以排除深層肌肉毒素，增加血液和氧氣循

環，從而放鬆肌肉。按摩者必須知道，嬰兒也承受了很大的壓力。所有的事物對於他們來說都是新鮮的，他們每天的生活充滿了變化。壓力會積累在按摩者的體內，同樣也會積累在寶寶的身體。這種手法可以溫和地釋放壓力。揉捏動作可以排除肌肉毒素，將乳酸等廢棄物導入循環系統，使廢棄物可以透過尿液排出體外。以下是腳部揉麵糰手法的步驟：

1. 按摩者左手掌心向內，輕輕將寶寶右大腿外側的肌肉組織向上舀起，就像正在揉麵糰一樣。
2. 繼續向上舀起肌肉組織，用這種方式向下按摩寶寶右大腿外側。
3. 用右手舀起寶寶右大腿內側肌肉組織，向下按摩腿部的內側。
4. 換邊操作，按摩者右手掌心向內，輕輕將寶寶左大腿外側的肌肉組織向上舀起。
5. 繼續向上舀起肌肉組織，用這種方式向下按摩寶寶左大腿外側。
6. 用左手舀起寶寶左大腿內側肌肉組織，向下按摩腿部的內側。

溫馨提示：請注意一次只按摩一條腿。

圖3-1-2　腳部揉麵糰（Kneading Dough）

三、腳部擠轉式（Squeeze and Twist）與腳部C形握法（The C Stroke）

擠轉式（Squeeze and Twist）又稱為擁抱滑轉法（Hug and Glide），有手部和腳部兩種方式。這些手法的中英文名稱不一致，但簡單說就是

「擠滑」和「轉」兩個動作。C形握法（The C Stroke）類似擠轉式，只是沒有「轉」的動作。擠轉式是雙手並用，而C形握法可以是單手操作。C形握法如果是兩手交替式（Alternating Hands），就又可以稱為「擠奶式」（Milking）。兩手交替式的離心手法稱為「印度擠奶式」（Indian Milking），兩手交替式的向心手法稱為「瑞典擠奶式」（Sweden Milking）。

　　英文「Hug and Glide」雖然沒有「轉」的意思，但是美國IAIM[1]國際按摩協會定義中，「Hug and Glide」確實包含「轉」的動作，因此中文的作者通常翻譯成「擁抱滑轉法」，是顧及操作內容的確有「轉」的動作。所以擁抱滑轉法（Hug and Glide）與擠轉式（Squeeze and Twist）事實上是相同的手法，只是英文名稱不一樣，中文翻譯也相當混亂。為了方便讀者理解，在本書後續的文本中，有「轉」的手法統一稱為擠轉式（Squeeze and Twist），沒有「轉」的手法稱為C形握法（The C Stroke）。MISA[2]將C形握法稱為「爬繩索」（Climbing Down a Rope），主要應用在手部，是瑞典式的向心手法與印度式離心手法合用的方法。Dummy[3]腳部用擠轉式（Squeeze and Twist），手部則採行C形握法（The C Stroke）。

　　擠轉式（Squeeze and Twist）有手部和腳部兩種方式，可以作用於手上或腿上所有的肌肉。因為所有的肌肉都能被按摩到，所以這種手法能夠促進血液循環，深度放鬆身體。雖然這個手法的目的是放鬆，但是如果手法過於刺激，寶寶也會感到緊張。如果寶寶變得緊張，可以用舒緩的聲音和他說話，必要的話請停止按摩。以下是擠轉手法的步驟：

1. 按摩者用雙手的拇指和食指輕輕地握住寶寶的腿。一隻手在大腿外側靠近臀部位置，而另一隻手在大腿內側。拇指相互平行，中間稍微保持一點距離。
2. 兩手向相反的方向扭轉手指，邊扭轉邊順著大腿向下滑到腳踝。
3. 如果寶寶很享受這種按摩手法，請試著向上按摩（手向上滑向寶寶的肚子）。

---

[1]　國際嬰幼兒按摩協會（IAIM）：http://www.iaim.org.uk
[2]　國際校園按摩協會（MISA）：http://massageinschools.com/
[3]　Bagshaw, J., & Fox, I., *Baby Massage for Dummies*. Indianapolis, Indiana: Wiley Publishing Inc., 2005.

4. 如果寶寶開始煩躁，只需朝腳的方向向下按摩。

溫馨提示：請注意一次只按摩一條腿。

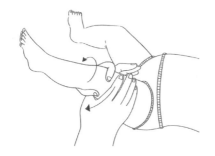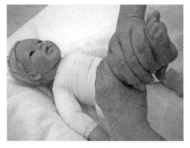

圖3-1-3　腳部擠轉式（Squeeze and Twist）與腳部C形握法（The C Stroke）

四、腳部印度擠奶式（Indian Milking）

　　印度擠奶式（Indian Milking）又稱兩手交替式（Alternating Hands），有手部和腳部兩種方式。印度擠奶式與瑞典擠奶式沒有「轉」的動作，可以說是兩手交替式（Alternating Hands）的C形握法（The C Stroke）。擠奶式是雙手並用，而C形握法可以是單手操作的。如第一章第一節所述，印度式按摩的主要概念是「離心手法」，從心臟向四肢方向按摩，手掌在皮膚上的熱氣有消除疼痛與舒緩的效果。因此，印度擠奶式是兩手交替式的離心手法，瑞典擠奶式是兩手交替式的向心手法。以下是腳部印度擠奶式的步驟：

1. 按摩者首先以右手（慣用手）輕輕握住寶寶的腳踝，輕輕將腳抬起來。
2. 按摩者左手虎口張開，四指並攏，略呈C形，從寶寶大腿與臀部交接處向腳踝方向（離心方向）進行按摩（如圖3-1-4所示）。

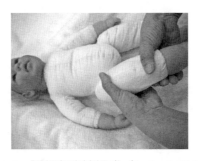

圖3-1-4　腳部印度擠奶式（Indian Milking）

3. 當左手即將到達腳踝時，鬆開右手，換由左手握住寶寶的腳踝。

4. 按摩者右手虎口張開，四指並攏，略呈C形，從寶寶大腿與臀部交接處向腳踝方向，以離心方向進行按摩。

5. 繼續兩手交替進行按摩，因此印度擠奶式是兩手交替式的離心手法。

五、腳部瑞典擠奶式（Swedish Milking）

　　瑞典擠奶式有手部和腳部兩種方式。如第一章第一節所述，瑞典式按摩的主要概念是「向心手法」，瑞典式按摩強調的是以深層的壓力施加在肌肉，刺激血液流動以達到放鬆、紓壓，增進身心健康的效果。腳部瑞典擠奶式與腳部印度擠奶式手法相同、方向相反，因此瑞典擠奶式是兩手交替式的向心手法。以下是腳部瑞典擠奶式的步驟：

1. 按摩者首先以右手（慣用手）輕輕握住寶寶的腳踝，慢慢將腳抬起來。

2. 按摩者左手虎口張開，四指並攏，略呈C形，從寶寶腳踝向鼠蹊部（或大腿與臀部交接處）方向，以向心方向進行按摩（如圖3-1-5所示）。

3. 當左手到達大腿與臀部交接處（或鼠蹊部）後，鬆開左手，換由右手握住寶寶的腳踝。

4. 按摩者右手虎口張開，四指並攏，略呈C形，從寶寶腳踝向大腿與臀部交接處（或鼠蹊部）方向，以向心方向進行按摩。

5. 繼續兩手交替進行按摩，因此瑞典擠奶式是兩手交替式的向心手法。

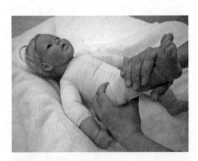

圖3-1-5　腳部瑞典擠奶式（Swedish Milking）

六、腳部滾動搓揉式（Rolling）

　　滾動搓揉式有手部和腳部兩種方式，腳部滾動搓揉式手法的步驟如下：

1. 按摩者五指並攏、指尖向前方，兩掌平行相對，置於身體前方，將嬰兒的大腿上端夾在按摩者的兩掌間。
2. 按摩者手掌一手向前、一手向後，來回滾動嬰兒的腿部肌肉，逐漸滾動搓揉到寶寶的腳踝。
3. 實施按摩時，可以將寶寶腳的部位名稱說出來，例如：「寶寶！現在按摩你的大腿。」「寶寶！這裡是膝蓋。」

溫馨提示： 按摩採用離心方式，由大腿根部開始，向腳踝方向滾動搓揉。如果嬰幼兒喜歡這個動作，可以多做幾次。

圖3-1-6　腳部滾動搓揉式（Rolling）

七、腳部拇指圈（Thumb Circle）

　　腳部拇指圈有嬰兒仰臥和嬰兒俯臥兩種方式。跟揉麵糰和扭轉法一樣，這個手法作用於深層肌肉，促進血液循環。這種手法對於非常小的嬰兒來說是一種新的按摩手法，注意如果寶寶在刺激加強時變得焦躁不安，那麼請停止按摩，特別是小月齡寶寶，尤其應關注此情況。因為有時寶寶在接受一種新的按摩手法時會感到不舒服，可以使用比較舒緩的手法，比如拉太妃糖式。以下是腳部拇指圈的步驟：

1. 寶寶仰躺，腳部朝向按摩者。

2. 按摩者雙手手指輕輕地握住寶寶的右大腿。雙手大拇指並排放在寶寶右大腿靠近臀部的位置。雙手拇指輪流以順逆時針方向畫小圈，邊畫圈邊向腳踝移動。

3. 按摩者雙手拇指達到寶寶腳踝時，改為向上移動。

4. 換邊操作，按摩寶寶的左大腿。

溫馨提示：請注意一次只按摩一條腿。

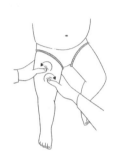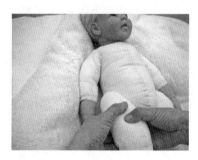

圖3-1-7　腳部拇指圈（Thumb Circle）

八、腳心擠按（Press Balls of Foot）

1. 寶寶仰躺，腳部朝向按摩者。

2. 按摩者左手輕輕握住寶寶的右腳腳踝，慢慢將嬰兒的右腳抬起，寶寶腳略彎，腳掌向上、腳背向下。

3. 想像嬰兒腳底有兩顆球，一個在前腳掌、一個在腳後跟。按摩者右手拇指放在寶寶腳後跟，食指指腹平貼前腳掌前端，按摩者另外三指在寶寶腳背。

4. 按摩者以食指指腹慢慢擠按第一個球（前腳掌），然後繼續擠按第二個球（腳後跟）。

5. 換邊操作，按摩寶寶的左腳。

溫馨提示：請注意一次只按摩一隻腳。

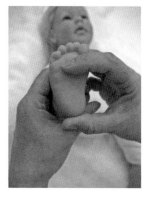

圖3-1-8　腳心擠按（Press Balls of Foot）

九、腳趾揉捏（Toe Roll）

1. 寶寶仰躺，腳部朝向按摩者。
2. 按摩者左手輕輕握住寶寶的右腳腳踝，慢慢將嬰兒的右腳抬起，寶寶腳略彎，腳掌向按摩者方向、腳背朝遠離按摩者方向。
3. 按摩者右手鉗指（拇指與食指呈鉗子狀），從寶寶右腳拇趾的根部向末端方向轉動揉捏。
4. 依序按摩寶寶右腳另外四根腳趾。
5. 換邊操作，按摩者依照同樣的步驟。以右手輕輕握住寶寶的左腳腳踝，左手鉗指揉捏按摩嬰兒的左腳拇趾，然後依序按摩寶寶左腳另外四根腳趾。

溫馨提示：在進行手指揉捏或其他按摩手法時，按摩者可以說出嬰兒身體部位名稱。例如，微笑注視嬰兒的眼睛，說：「寶寶！媽媽在幫你按摩腳趾」。在按摩中也可以玩數數遊戲，例如說：「1隻、2隻……」，或者按摩者一邊唱著手指歌謠，讓孩子容易投入注意力在按摩中，增進親子連結。

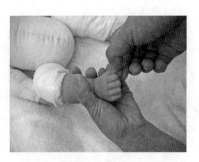

圖3-1-9　腳指揉捏（Toe Roll）

十、腳底拇指點按（Thumb Press）

1. 寶寶仰躺，腳部朝向按摩者。
2. 按摩者雙手虎口張開、四指並攏，手掌分別在寶寶的右腳腳踝兩側，慢慢將嬰兒的腳抬起，寶寶腳略彎，腳掌向上、腳背向下。
3. 按摩者雙手拇指分別放在寶寶右腳腳底，從前腳掌（腳趾的一端）沿著腳底向腳踝方向進行點按。按摩者左手、右手輪流點按，像是按摩者雙手拇指在嬰兒腳底走路一般。
4. 換邊操作，按摩寶寶左腳。

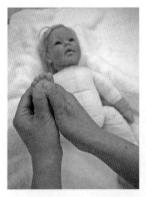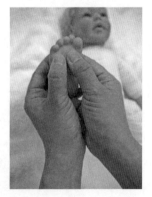

圖3-1-10　腳底拇指點按（Thumb Press）

十一、腳底拇指連續推按（Thumb over Thumb）

1. 寶寶仰躺，腳部朝向按摩者。
2. 按摩者左手輕輕握住寶寶的右腳腳踝，慢慢將嬰兒的右腳抬起，寶寶腳略彎，腳掌向上、腳背向下。
3. 按摩者雙手的四指同時支撐嬰兒的腳背，右手拇指在寶寶右腳腳底，從腳踝（腳後跟）沿著腳底向前腳掌（腳趾的一端）方向進行連續推按。
4. 換邊操作。按摩者右手輕輕握住寶寶的左腳腳踝，慢慢將嬰兒的左腳抬起，寶寶腳略彎，腳掌向上、腳背向下。
5. 按摩者雙手的四指同時支撐嬰兒的腳背，左手拇指在寶寶左腳腳底，從腳踝（腳後跟）沿著腳底向前腳掌（腳趾的一端）方向進行連續推按。

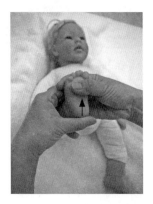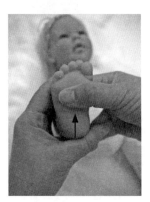

圖3-1-11　腳底拇指連續推按（Thumb over Thumb）

十二、腳踝分推（Ankles Away）

　　腳踝分推（Ankles Away）又稱腳踝旋轉推按（Circles Around Ankle），有嬰兒仰臥和嬰兒俯臥兩種方式。按摩腳踝有助於活化關節、增強寶寶腳部的靈活性。如果寶寶還不會走，這是一種被動活動寶寶關節的很好方式。腳踝是負重關節，它支撐整個身體的重量。按摩可以強化關節，為行走做準備。絕對不要直接對骨骼按摩，因為這會讓寶寶感覺疼痛。按摩者做這個按摩手法時，請確保在踝骨周圍按摩。以下是腳踝分推的步驟：

1. 寶寶仰躺，腳部朝向按摩者。
2. 按摩者雙手輕輕握住寶寶的右腳腳踝，慢慢將嬰兒的腳抬起，寶寶腳略彎，腳掌向上、腳背向下。
3. 按摩者雙手拇指分別放在寶寶右腳踝兩側，從腳背正中央沿著腳踝骨周圍向外畫圈。
4. 換邊操作，按摩寶寶左腳。

溫馨提示：請注意一次只按摩一隻腳。

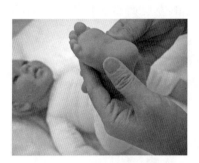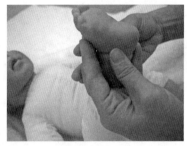

圖3-1-12　腳踝分推（Ankles Away）

十三、腳背推按（Top of Foot）

　　腳背推按（Top of Foot）又稱小豬（Little Piggy）。我們的腳部非常敏感，按摩者可以用這種方式來幫助寶寶釋放腳底壓力。按摩從業人士認為，腳底的神經末梢對應著體內的器官。例如，按摩小腳趾尖，可能會影響一個人的鼻竇。因此，足部按摩可以成為一種全身治療方法，促進整個身體的健康。此外，中醫認為，所有的經絡開始和結束都在於手和腳。因此，按摩四肢影響身體的不同區域。以下是腳背推按的按摩步驟：

1. 寶寶仰躺，腳部朝向按摩者。
2. 按摩者雙手輕輕握住寶寶的右腳腳踝，慢慢將嬰兒的腳抬起，寶寶膝蓋彎曲，腳掌向下、腳背向上。
3. 按摩者雙手拇指交替在腳背上畫圈推按。對於非常小的新生兒，只用一個拇指推按。邊畫圈邊向下移動推按，直到寶寶腳趾。
4. 依次揉捏寶寶的每個腳趾，然後輕輕地向外拉，剛好能夠拉直腳趾就好。

5. 換邊操作，推按寶寶的左腳。

溫馨提示：請多親吻寶寶可愛的小腳。請注意一次只按摩一隻腳。

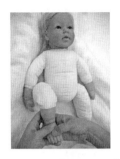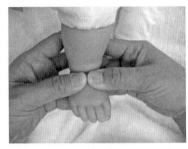

圖3-1-13　腳背推按式（Top of Foot）

十四、腳部耙子按摩（Raking）

　　腳部耙子按摩（Raking）又可稱為梳子法（Coumbing），施作在腳部或背部，筆者認為此手法也可以應用在手部。這是一種舒緩、放鬆的按摩手法，非常適用來結束按摩，或者用來哄寶寶睡覺。嬰兒按摩中，像這樣的手法常用來做為結束按摩的儀式，具有鎮靜效果。作為整個按摩的結束動作，這種手法可以平衡所有的按摩手法。如果每次按摩都是以這個手法結束，之後寶寶就會知道，這個按摩手法意味著結束。腳部耙子按摩的步驟如下：

1. 寶寶仰躺，腳部朝向按摩者。
2. 按摩者左手手指微張、手掌向下，四指指腹輕輕按壓寶寶的右腿正面與外側，用溫和的壓力，從寶寶的大腿滑到腳踝。在這個步驟中，按摩者也可以用雙手分別按壓寶寶的右腿正面與兩側，用溫和的按壓，從寶寶的大腿滑到腳踝。
3. 按摩者的手應使用足夠的力度在寶寶的腿上移動，而不是像搔癢。
4. 換邊操作，按摩寶寶的左腿。

溫馨提示：按摩者一定要保持目光接觸，用舒緩的聲音和寶寶說話。如果寶寶變得有點焦慮或暴躁，可以使用觸摸放鬆技巧：握住寶寶雙腿，並輕輕搖晃以放鬆肌肉。

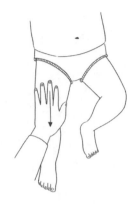

圖3-1-14　腳部耙子按摩（Raking）

十五、臀部放鬆法（Bottom Relaxer）

在完成腳部按摩的組合之後，可以使用臀部放鬆法（Bottom Relaxer）作為腿部按摩的結束手法。臀部放鬆法的步驟如下：

1. 寶寶仰躺在按摩者的前方，腳朝向按摩者。
2. 按摩者手掌朝上張開分別托住嬰兒的左右臀部，以手指畫圈的方式按壓寶寶的臀部。
3. 按摩者兩手同步做畫圈按壓，從寶寶的臀部撫按到腿部，一直按摩到腳踝與腳趾。
4. 重複上述步驟數次。

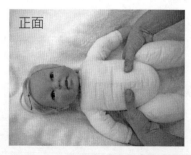

圖3-1-15　臀部放鬆法（Bottom Relaxer）

十六、腳和腿部組合手法（Combined Strokes）

按摩寶寶的腳和腿時要有創意，按摩者能熟練地進行按摩手法時，就不再需要按照書上的指導一步一步來。按摩者可以從一種手法隨意轉換到另一種，也可以結合其他手法，甚至創造出適合自己寶寶的按摩程序。並沒有完全正確的按摩手法，只要注意按摩的方向是向心式還是離心式，離心式的按摩手法一般會較少刺激到寶寶。

第二節　放鬆肚子（Relaxing the Belly）

腹部按摩可以幫助寶寶放鬆，強化消化系統功能。而放鬆並不是唯一的好處，父母關心的寶寶的健康問題，如便秘、腸絞痛、腹瀉都可以透過按摩安全緩解。關於對症按摩的手法，可以參見本書第八章。本節中每個手法的目的是一致的：排除腸道中的糞便和氣體。因為它們有著相同的效果，按順序使用，或者打亂順序，抑或是只使用一個或兩個手法。按摩寶寶的肚子能促進消化，如果不想被寶寶吐一身奶，最好在寶寶飯後一小時再做腹部按摩。按摩腹部時一直保持順時針方向，因為順時針方向與腸道蠕動方向一致。具體來說把寶寶的肚皮當成是時鐘，手沿結腸（從7點至11點鐘方向）向上移動，穿過橫結腸（11點至1點鐘方向）沿降結腸向下（從1點到5點鐘方向）。當按摩嬰兒腹部時，寶寶可能會排氣或者排便。這些都是因為按摩生效的表現。建議按摩者讓寶寶穿著尿布，或者尿布打開墊在寶寶屁股下面，至少順手可以拿到尿布。

一、腹部靜置撫觸（Still Touch）

在靜置撫觸（Still Touch）過程中，按摩者與寶寶的皮膚接觸（Skin-to-skin contact），對寶寶情緒有安定作用。研究顯示，有皮膚接觸的早產兒體重增長較快，成長狀況較佳。因此靜置撫觸是一種很重要的嬰幼兒按摩技巧，在嬰兒身上的大部分肢體部位都可以實施。特別是在身體重要器官的部位，或者對嬰兒刺激較大的部位，實施靜置撫觸都可以達到很好的效果。按

摩者在為嬰兒進行按摩之前，先給寶寶靜置撫觸，讓他有時間逐漸適應撫觸的感覺。腹部靜置撫觸的步驟如下：

1. 按摩者雙手搓熱，輕輕放置在寶寶的腹部（肋骨的下方）。
2. 按摩者微笑看著寶寶，保持眼神接觸。
3. 可以對寶寶說話，例如：「寶寶！媽媽幫你做靜置撫觸，你的肚子會很舒服喔！」

圖3-2-1　腹部靜置撫觸（Still Touch）

二、腹部水車式（Water Wheel A）

水車式的英文原文是水車A式（Water Wheel A），用於壓出可能卡在寶寶結腸裡的氣體或糞便。因為寶寶的消化系統還在發育，可能會產生多餘的氣體，特別是如果寶寶喝配方奶粉的情況下，這種情況尤為常見。如果寶寶對哺乳媽媽吃的某樣食物過敏或者敏感，即使以母乳餵食寶寶也可能會脹氣。以下是腹部水車式的按摩步驟：

1. 按摩者將右手（小指向下，掌心朝內）放在寶寶的左側胸部肋骨之下。
2. 按摩者右手向下滑動到寶寶盆骨處。
3. 換一隻手，重複步驟1、2。
4. 雙手交替，保持動作連貫。確保只使用一點壓力，輕輕觸碰寶寶的肚子。

溫馨提示：進行水車式腹部按摩時，如果寶寶較為緊張或焦慮時，可以使用腹部抬腿水車法。

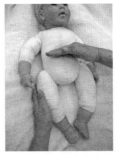

圖3-2-2　腹部水車式（Water Wheel A）

三、腹部抬腿水車式（Lift Legs Water Wheel）

　　抬腿單手水車式的英文原文是水車B式（Water Wheel B），又稱抬腿水車式（Lift Legs Water Wheel）。抬腿單手水車式讓寶寶腹部更放鬆，適合較為緊張或焦慮的嬰兒。腹部抬腿單手水車式按摩手法步驟如下：

1. 按摩者左手（非慣用手）握住嬰兒雙腳的腳踝，將寶寶的雙腿抬高，然後稍微放下寶寶的雙腿。
2. 按摩者右手（慣用手）手指並攏，手掌輕貼嬰兒腹部，以畫大圈轉動的手法按摩寶寶的腹部。
3. 重複前述手法。
4. 寶寶的腹部更放鬆之後，可以稍微增加一點輕柔的力度。

圖3-2-3　腹部抬腿水車式（Lift Legs Water Wheel）

四、腹部拇指分推法（Thumbs to Sides）

　　腹部拇指分推法也能將腹部的氣體和大便排出寶寶的腸道，不過這個手法作用於整個大腸。它是水車式的補充手法，可以照顧到整個腸道。以下是腹部分推式的按摩步驟：

1. 按摩者雙手大拇指指腹朝下，放在寶寶的肚臍的兩側。
2. 按摩者大拇指向兩側分推，直到肚子的兩邊。

溫馨提示：這個按摩手法只使用大拇指。使用這個手法時要稍微用力，密切
　　　　　　觀察寶寶的反應，寶寶的反應會讓你知道力度是否過強。

圖3-2-4　腹部拇指分推法（Thumbs to Sides）

五、腹部日月法（Sun and Moon）

　　用這個手法可以幫助寶寶排泄。結腸的所有部分都能得到清理。這是按摩結腸的有效方法。以下是腹部日月法的按摩步驟：

1. 想像寶寶的肚子是一個時鐘。
2. 按摩者將右手放在寶寶的肚子7點鐘方向。
3. 按摩者右手先向上，再向5點鐘方向畫圈，好像在畫一個「∩」字的馬蹄型。
4. 左手重複同樣的動作。

溫馨提示：「日式」畫一個圈，從7點鐘方向到11點鐘，再到1點鐘，最後到
　　　　　　5點鐘方向。「月式」畫半個圈，是「日式」的後半段，從11點
　　　　　　鐘方向到5點鐘方向。按摩時先做「月式」再做「日式」。

圖3-2-5　腹部日月法（Sun and Moon）

六、腹部我愛你法（I Love You）

　　我們在「放鬆肚子」中提到的手法是作用於升結腸，而「我愛你」則從不同的角度按摩結腸。它由降結腸開始按摩，釋放寶寶的腸道壓力。這種從降結腸開始的按摩手法被叫做「拔瓶塞」。將腸道末端想像成一個塞住的瓶子，拔出軟木塞，釋放聚集在結腸裡的所有壓力。以下是腹部我愛你法的按摩步驟：

1. 想像寶寶的肚子是一個時鐘，按摩者可以選擇使用自己手掌大小與嬰兒腹部面積，或使用一根手指、兩根手指或整個掌面進行按摩。
2. 按摩者的手從嬰兒肚子的1點鐘方向開始，向下滑動到5點鐘的位置，畫出字母「I」，力道要溫和。
3. 接著將手放在嬰兒肚子的11點鐘處，橫向滑動到1點鐘處，向下滑動到5點鐘處，畫出一個「ㄱ」。
4. 最後，從7點鐘處開始向5點鐘方向畫一個「∩」字形。

溫馨提示：做這個手法時要常常跟寶寶說：「我愛你！」「媽媽很愛你喔！」

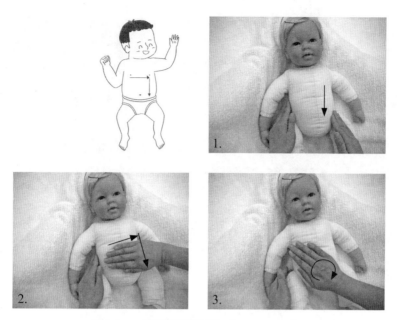

圖3-2-6　腹部我愛你法（I Love You）

七、腹部手指走路法（Walking）

腹部手指走路法（Walking）又稱手指走路點按法。手指走路按摩法的
步驟如下：

1. 按摩者右手食指與中指伸直，其餘三指彎曲，食指與中指以指腹輕貼在
   寶寶的腹部。

2. 按摩者伸出的兩根手指呈走路狀，從寶寶右腹部至左腹部方向，以倒著
   走的方式實施點按。

溫馨提示：步驟2中「倒著走」是想像食指與中指是兩腳，想像手背是身體
　　　　　　前方、手掌掌面是身體後面，倒著走是朝掌面方向前進。按摩者
　　　　　　用右手實施手指走路點按，並且食指與中指要以倒著走路的方向
　　　　　　按摩。

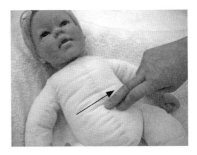

圖3-2-7 腹部手指走路法（Walking）

第三節 舒展胸部（Opening the Chest）

　　將胸部和肩膀按摩放在一起討論是合乎邏輯的，因爲胸部的主要肌肉是直接附加到肩膀上的。按摩時，將胸部和肩膀一起按摩會非常流暢，大多數寶寶都很喜歡胸部的按摩手法。按摩胸部能強化呼吸功能，移除阻塞。肩膀關節是一個球窩關節，因此更需要潤滑肩部關節，增加關節活動範圍。許多按摩專家和治療師都相信，我們的肌肉組織會積累情緒，所以嬰兒可以將感受和能量積累在心臟周圍。正因爲如此，如果發現寶寶在接受胸部按摩時覺得比較刺激，請不要感到驚訝。

一、胸部心形按摩（Heart）

　　胸部心形按摩能張開胸腔，使呼吸更輕鬆，減輕感冒帶來的胸悶感覺。心胸部分積累的壓力會被推回到循環系統中排除掉。以下是心形按摩手法的步驟：

1. 按摩者雙手手掌朝下，四指並攏，跟大拇指一起形成一個三角形，手掌放在寶寶胸骨下方，四指指尖朝向寶寶下巴方向。
2. 按摩者雙手朝著寶寶下巴方向移動，然後兩手向兩側分開，圍繞乳頭周圍向下移動，就好像在寶寶的胸部畫一個心形。
3. 按摩者雙手在寶寶肚臍處會合，畫成一個心形。

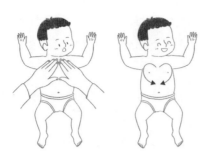

圖3-3-1　胸部心形按摩（Heart）

二、胸部開卷法（Open Book）

　　胸部開卷法的作用是伸展胸部和肩膀的主要肌肉。這是一個更深層次的按摩，因爲它整合了關節運動和拉伸。肌肉能夠被拉長，肩關節能得到最大範圍的運動。以下是胸部開卷法的按摩步驟：

1. 按摩者將雙手手掌朝下放在寶寶的胸部，將手指對著寶寶的下巴。
2. 按摩者雙手向兩側分開，沿著寶寶的肩膀一直滑動到他的手部。
3. 回到起始位置，如果寶寶願意的話可重複數次。

圖3-3-2　胸部開卷法（Open Book）

三、胸部蝴蝶式（Butterfly）

　　蝴蝶式可以舒展胸部的主要肌肉。這個按摩手法可以按摩到肩膀的頂部（斜方肌），是一個平穩而有節奏的按摩手法。以下是蝴蝶式的按摩步驟：

1. 按摩者將右手放在寶寶的左下腹。手掌朝下，手指朝向寶寶的右肩。
2. 按摩者右手向寶寶右肩滑動，到達肩膀時用手掌包住寶寶右肩。
3. 將右手滑回到起始位置（左下腹）。
4. 按摩者當右手返回到起始位置時，左手在反方向做同樣的動作。
5. 按摩者左手向寶寶左肩滑動，到達肩膀時用手掌包住寶寶左肩。
6. 雙手連續不斷並且有節奏地移動。

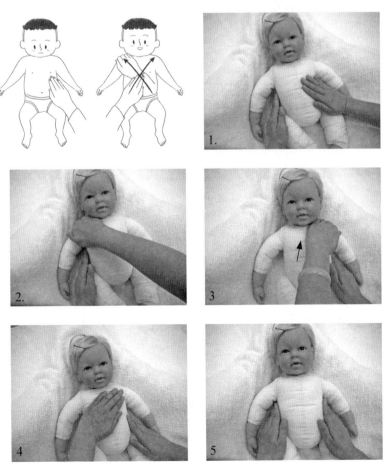

圖3-3-3　胸部蝴蝶式（Butterfly）

四、胸部組合手法（Combined Strokes）

　　胸部組合手法即是將胸部心形按摩（The Heart Stroke）、胸部開卷法
（Open Book）、以及胸部蝴蝶式（Butterfly）等手法結合在一起，組成一
個胸部按摩的流程，加入唱歌或講故事等親子活動，與孩子增進親子連結。

圖3-3-4　胸部組合手法（Combined Strokes）

第四節　按摩手部（Reaching for Arms and Hands）

　　在寶寶開始用他的雙手去抓物品時，會撐起身體來練習站立（這表示他
不久之後就會走路了）。按摩者可以按摩嬰兒的手部，來幫助寶寶發展精細
動作技能。按摩嬰兒的手臂可以強化其肌肉，以便寶寶能夠支撐體重站立起
來。和腿部按摩一樣，建議先在一隻手臂上做完所有的按摩動作，再換另一
隻手臂。

一、手部擠轉式（Squeeze and Twist）

　　擠轉式（Squeeze and Twist）又稱為擁抱滑轉法（Hug and Glide），在
滑動的按摩中有「轉」的動作。C形握法（The C Stroke）在滑動的按摩中
有則沒「轉」的動作。MISA[4]將C形握法稱為「爬繩索」（Climbing Down
a Rope），主要應用在手部，是瑞典式的向心手法與印度式離心手法合用的

---

[4] 國際校園按摩協會（MISA）：http://massageinschools.com/

方法。Dummy[5]腳部用擠轉式（Squeeze and Twist），手部則採用C形握法
（The C Stroke）。擠轉式有手部和腳部兩種方式，此按摩手法作用於深層
肌肉，向下按摩寶寶的手臂（印度手法）可以幫助排除毒素。以相反的方向
扭轉，可以覆蓋住寶寶的肌肉纖維，這使寶寶更加放鬆。以下是手部擠轉式
（Squeeze and Twist）的按摩步驟：

1. 按摩者手呈C形，手指環握住寶寶的手臂上部。假裝你正在用拇指和食指
   握住一個小杯子。
2. 按摩者輕輕擠壓的同時進行扭轉，從寶寶的手臂滑到手腕。雙手以相反
   的方向進行扭轉。注意不要擠轉寶寶的手腕。

溫馨提示： 按摩者避免一手在寶寶的上臂、一手在下臂，以免扭傷寶寶的關
節。

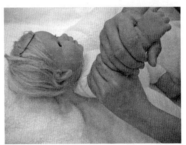

圖3-4-1　手部擠轉式（Squeeze and Twist）

二、手部印度擠奶式（Indian Milking）

印度擠奶式（Indian Milking）又稱兩手交替式（Alternating Hands），
有手部和腳部兩種方式。印度擠奶式是兩手交替式的離心手法，瑞典擠奶式
是兩手交替式的向心手法。手部印度擠奶式是手臂部位按摩一個很好的基礎
動作。像拉太妃糖式一樣，這是一個撫推手法，能夠溫暖淺層的肌肉，為深
層肌肉按摩做準備。可以在按摩的部位使用按摩油。以下是印度擠奶式的按

[5] Bagshaw, J., & Fox, I., *Baby Massage for Dummies*. Indianapolis, Indiana: Wiley
Publishing Inc., 2005.

摩步驟：

1. 按摩者將左手放在寶寶的右臂外側、靠近肩膀的位置，右手放在寶寶的右臂內側。

2. 按摩者使用左手，從寶寶的上臂，沿著手臂向手腕部位滑按。

3. 按摩者左手接近寶寶的手腕時，右手開始從寶寶的上臂向手腕部位滑按。

4. 回到第一步，雙手有節奏的地交替按摩。

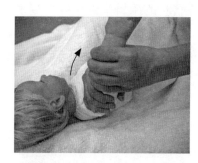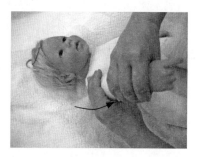

圖3-4-2 手部印度擠奶式（Indian Milking）

三、手部瑞典擠奶式（Swedish Milking）

瑞典擠奶式，有手部和腳部兩種方式，瑞典式按摩的主要概念是「向心手法」。以下是手部瑞典擠奶式的步驟：

1. 按摩者首先以右手（慣用手）輕輕握住寶寶的手腕，慢慢將手抬起來。

2. 按摩者左手虎口張開，四指並攏，略呈C形，從寶寶手腕向腋下（或上臂與肩膀交接處）方向，朝心臟方向進行按摩。

3. 當按摩者左手到達腋下（或上臂與肩膀交接處）後，鬆開左手，換由左手握住寶寶的手腕。

4. 按摩者右手虎口張開，四指並攏，略呈C形，從寶寶手腕向腋下（或上臂與肩膀交接處）方向，朝心臟方向進行按摩。

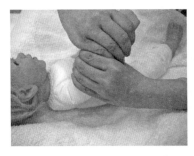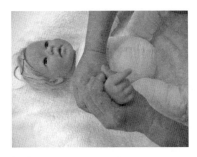

圖3-4-3　手部瑞典擠奶式（Swedish Milking）

四、手部滾動搓揉式（Rolling）

滾動搓揉式有手部和腳部兩種方式，手部滾動搓揉式手法如下：

1. 按摩者做滾動搓揉式按摩時，按摩者五指並攏、指尖向前方，兩掌平行相對，置於身體前方，將嬰兒的手臂上端夾在按摩者的兩掌間。

2. 按摩者手掌一手向前、一手向後，來回滾動嬰兒的手部肌肉，逐漸滾動搓揉到寶寶的手腕。

3. 實施按摩時，可以將寶寶手的部位名稱說出來，例如：「寶寶！現在按摩你的手臂。」「寶寶！這裡是手肘。」

溫馨提示：按摩採用離心方式，由手臂上端開始，向手腕方向滾動搓揉。如果嬰幼兒喜歡這個動作，可以多做幾次。

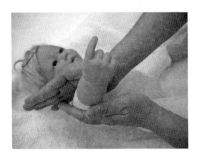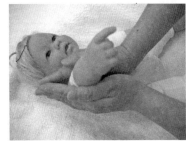

圖3-4-4　手部滾動搓揉式（Rolling）

五、腋下點按（Pit Spot）

　　腋下點按事實上是「推按」的手法，由於中文翻譯的名稱需要與英文名稱一致，因此稱爲「腋下點按」。腋窩是淋巴系統較密集的位置，因此腋下點按對於個體免疫系統有強化的作用。腋下點按的步驟如下：

1. 按摩者以右手握住嬰兒的右手下臂，把寶寶的手輕輕舉起來。
2. 按摩者左手手掌平伸、手指並攏，四指指腹平貼在寶寶的右邊腋窩處，由上往下推按。
3. 接著換邊按摩。按摩者以左手握住嬰兒的左手下臂，把寶寶的手輕輕舉起來。
4. 按摩者右手手掌平伸、手指並攏，四指指腹平貼在寶寶的左邊腋窩處，由上往下推按。

溫馨提示：較大的嬰兒在做腋下點按時若不能放鬆身體，按摩腋下會感覺很癢，按摩者可以用靜置撫觸等手法幫助寶寶放鬆，然後再進行按摩活動。

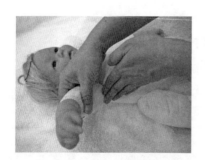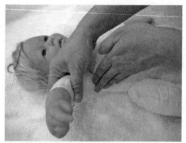

圖3-4-5　腋下點按（Pit Spot）

六、按摩手腕（Wrist Work）

　　按摩手腕（Wrist Work）又稱手腕旋轉推按（Circles Around Wrist）。手腕像一條布滿神經的隧道，它使手部的肌肉能靈活運動。幫寶寶按摩手腕能保持其靈活性、增加活動範圍。雖然手腕是一個很小的區域，卻包含著許多神經，肌肉和骨骼。以下是手腕的按摩步驟：

1. 按摩者雙手握住寶寶的左手腕，寶寶的手掌朝下。

2. 按摩者使用一個或兩個大拇指，在寶寶的手腕處畫圈。

3. 把寶寶的手翻轉過來，按摩者用大拇指在寶寶另一側手腕處畫小圈。

4. 換邊操作，按摩寶寶的右手腕。

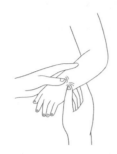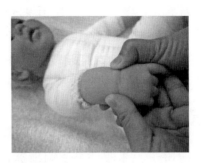

圖3-4-6　按摩手腕（Wrist Work）

七、手背輕撫（Hand Stroke）

　　手背輕撫（Hand Stroke）又稱手背撫觸（Top of Hand）。在寶寶準備好使用雙手之前，它們一直保持緊握。即使寶寶還沒有開始使用雙手，保持緊握姿勢也會產生緊張感。當寶寶開始使用他的手去抓取物體，其手部肌肉會不斷地被使用，寶寶會慢慢調整他的動作技能。按摩寶寶的手部，可以使肌肉更加有力，並且能放鬆肌肉。如果寶寶的手緊握著，不要試圖把它們撬開。因為這意味著寶寶還在發展，可能還沒有準備好要打開它們。試著輕輕撫摩或親吻他的手指上部，看看它們是否會打開。

　　手背輕撫這個手法是一個很好的手部按摩的基礎動作，可以在各種流程使用。如果覺得很舒服放鬆，只要簡單地握住寶寶的手就可以了。以下是手背輕撫的按摩步驟：

1. 將寶寶的左手放在按摩者兩手之間，像拿三明治一樣。

2. 按摩者用指尖從寶寶手腕滑動到手指。

3. 以相同的手法按摩寶寶右手。

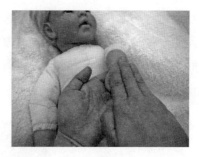

圖3-4-7 手背輕撫（Hand Stroking）

八、手指輕撫（Finger Stroke）

　　手指有很多關節，所以按摩手指時要分別進行按摩，以確保每個關節都能被按摩到。以下是手指輕撫的按摩步驟：

1. 按摩者用拇指和食指捏住寶寶指關節附近的手指，輕輕朝指甲方向拉。
2. 以同樣的手法按摩每一根手指。

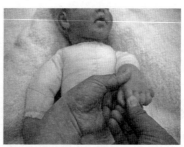

圖3-4-8 手指輕撫（Finger Stroking）

九、手指揉捏（Finger Roll）

　　新生兒有原始反射動作，例如：驚嚇反射（莫羅氏反射）、吸吮反射、踏步反射、抓握反射等。在嬰兒的手指接觸到物體時，會立刻做出抓握的動作。因此，按摩者進行手指揉捏法時，寶寶的抓握不一定表示心裡緊張。然而按摩者在進行手指揉捏按摩時，還是需要輕輕地的將嬰兒的手掌打開。手指揉捏按摩的步驟如下：

1. 按摩者左手輕輕握住嬰兒右手的手腕，慢慢將寶寶的手抬起來。
2. 按摩者右手鉗指（拇指與食指呈鉗子狀）慢慢將寶寶的手指一根一根張開來。
3. 從寶寶的手指根部開始，用鉗指輕輕滾動揉捏嬰兒的拇指。
4. 接著用同樣的手法滾動揉捏嬰兒的食指，然後按摩食指等，直到每一根手指都按摩好了為止。
5. 換手操作，按摩者依照同樣的步驟。以左手鉗指揉捏按摩嬰兒的左手手指。

溫馨提示： 在進行手指揉捏或其他按摩手法時，按摩者可以說出嬰兒身體部位名稱。例如，微笑注視嬰兒的眼睛，說：「寶寶！媽媽在幫你按摩食指。」「寶寶！這是中指。」在按摩中也可以玩數數遊戲，例如說：「大拇哥、二拇弟……」，或者按摩者一邊唱著手指歌謠，讓孩子投入注意力在按摩中，增進親子連結。

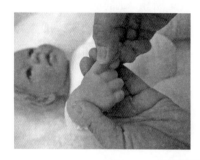 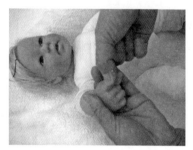

圖3-4-9　手指揉捏（Finger Roll）

十、掌心點按（Palm Spot）

　　掌心點按的手法MISA[6]稱為「小兔跳」（Bunny Hop），掌心點按法的按摩步驟如下：
1. 按摩者左手輕輕握住嬰兒右手的手腕，慢慢將寶寶的手抬起來。
2. 按摩者右手用拇指指腹輕輕按壓寶寶的手掌肉。
3. 按摩者可以用兩手拇指一起點按，或兩手交替點按寶寶的掌心。

---

[6] 國際校園按摩協會（MISA）：http://massageinschools.com/

第四章　臉部與頸部的撫觸與按摩

第一節　按摩臉部和頸部

　　一般來說，嬰兒的臉部對於觸碰是非常敏感的。由於嬰兒的頭骨和大腦依然在發育中，所以頭部是非常脆弱和敏感的區域（有超過50%的頭部發育是在嬰兒出生第一年的時候發生）。爲此，本章著重於臉部和脖子──大多數寶寶比較願意被碰觸的地方。按摩者要特別注意避免按摩到寶寶的脆弱部位──囪門，寶寶此處骨骼還沒有完全連接起來。囪門可以爲寶寶快速增長的大腦提供發育空間。通常情況下，你可以看到並感受到囪門脈搏的跳動。

　　頭骨中間的兩個空缺通常是很容易被發現的。後囪門位於寶寶頭的後部，通常在4個月時閉合。前囪門在寶寶的頭部上方，呈菱形。通常在9至18個月之間閉合。囪門被厚實的纖維膜所保護，所以觸摸和清洗是安全的，但按摩囪門很危險。如果你想爲寶寶按摩頭部，我們建議只有在寶寶願意的情況下，在囪門空缺部分的周圍輕輕按摩，而不是直接在空缺的部位按摩。如果寶寶不喜歡，那就停止頭部按摩，等到寶寶願意才實施。

一、耳朵到下巴（Ears to Chin）

　　在進行臉部按摩之前，要先幫嬰兒舒緩臉部緊張肌肉。喝奶、吮吸、笑以及長牙，都會讓寶寶的臉部肌肉緊張。此外，每次寶寶想要表達情感時，臉部肌肉會配合情緒改變表情，這也會使肌肉緊張。同時，寶寶的下頷部位可能積累了大量的緊張感，特別是如果寶寶正處於口腔敏感期時，以下手法可以有效地放鬆下巴。再者，這個手法可以幫助寶寶熟悉按摩者的手放在他臉上的感覺。這是一個平滑、流暢、溫柔的手法，按摩者用力很小，像羽毛一樣拂過寶寶的皮膚。如果寶寶剛好有長牙痛，這可能是唯一一個可以使用的按摩手法。以下是從耳朵到下巴的按摩步驟：

1. 寶寶仰躺，腳部朝向按摩者。
2. 按摩者掌心朝向寶寶的頭部，左手放在寶寶的右耳後面，右手放在寶寶的左耳後面。
3. 按摩者雙手同時向下沿著寶寶的下巴滑按。
4. 重複步驟2到步驟3，根據寶寶的情況來決定重複次數。

 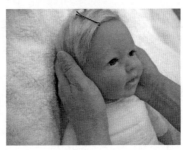

圖4-1-1　耳朵到下巴（Ears to Chin）

二、下頜小圓圈式（Small Circles）

　　這種按摩手法可以舒緩嬰兒用來吸吮的肌肉，也能緩解長牙痛。透過從不同的方向按摩整個下巴，促進血液循環，達到放鬆止痛的效果。以下是下頜小圓圈式的按摩步驟：

1. 寶寶仰躺，腳部朝向按摩者。
2. 按摩者將左手指放於略低於寶寶的右耳垂處，右手手指放於略低於寶寶的左耳垂處。
3. 按摩者在寶寶下頜線處，以順時針方向緩緩地畫小圈。
4. 如果寶寶喜歡這個按摩手法，可以重複3到5次。

溫馨提示： 下頜小圓圈式按摩可以使用一指、兩指（食指和中指）或三指。選擇使用幾根手指，取決於按摩者手的尺寸相對於寶寶臉的大小。

圖4-1-2　下頜小圓圈式（Small Circles）

三、輕敲下頜線（Tapping the Jaw Line）

　　輕敲下頜線有助於鎮靜敏感的牙齦末梢神經，促進這個區域的血液循環。這種手法可以舒緩由長牙、吸吮和哭泣所帶來的不適。下面是此手法的步驟：

1. 寶寶仰躺，腳部朝向按摩者。
2. 按摩者掌心朝向寶寶的臉部，將左手食指和中指放在寶寶的右耳垂下面，右手的食指和中指放在寶寶的左耳垂下面。
3. 按摩者雙手手指輪流快速地沿寶寶的下頜線輕敲。一指敲一下，兩指輪流輕敲。一定要使用很輕的壓力，溫和地輕敲。
4. 當按摩者手到達寶寶下頜線底部時，再沿著寶寶下頜線由下巴輕敲回耳垂。
5. 此手法可重複3到5次。

溫馨提示：另一種方法是兩指同時在下頜線上來回輕敲。

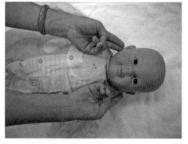

圖4-1-3　輕敲下頜線（Tapping the Jaw Line）

四、鼻梁至頰骨滑推（Towards Bridge of Nose, Under Cheek Bone）

　　鼻梁至頰骨滑推法可以幫助呼吸道暢通,並且放鬆臉部肌肉。鼻梁至頰骨滑推法的操作步驟如下：

1. 寶寶仰躺,腳部朝向按摩者。
2. 按摩者雙手虎口張開,四指並攏,手掌分別在寶寶的耳朵兩側,兩手的手指朝上,支撐寶寶的枕骨。
3. 按摩者雙手拇指的指腹朝下,分別輕輕接觸寶寶的鼻梁兩側稍微高一點（接近眉毛）的位置。
4. 按摩者雙手拇指沿著寶寶的鼻梁兩側,輕輕滑按到鼻梁骨中間,然後順著頰骨往兩側滑按到臉頰兩側。

溫馨提示：在臉頰兩側,頰骨下方、耳朵前方骨骼接縫的位置,應該輕輕撫按,不可用力按壓。

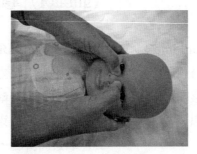

圖4-1-4　鼻梁至頰骨滑推法（Towards Bridge of Nose, Under Cheek Bone）

五、微笑按摩（Smile Stroke）

(一) 上唇微笑法（Smile Above Upper Lip）

　　寶寶使用大量的面部肌肉來表達情緒,如驚訝、快樂、沮喪和憤怒。按摩者可以用按摩來放鬆和軟化臉部的肌肉。皺眉比微笑要使用更多的肌肉。如果寶寶會頻繁地努嘴或皺眉,那麼上唇微笑法是一個放鬆寶寶上嘴唇和面

頰肌肉很好的方法。上唇微笑法按摩的步驟如下：

1. 寶寶仰躺，腳部朝向按摩者。

2. 按摩者虎口張開，四指並攏，掌心朝向寶寶頭部兩側。

3. 按摩者四指輕輕固定寶寶的頭部，雙手拇指指腹分別輕貼在寶寶的鼻孔下方。

4. 按摩者雙手拇指向兩側分推，按摩寶寶的蘋果肌。

5. 按摩者拇指繼續朝上，向寶寶的太陽穴方向分推。想像你正在畫一個笑臉。

6. 如果寶寶願意，可重複上述步驟3到5次。

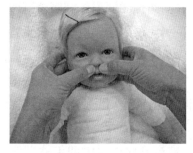

圖4-1-5-1　上唇微笑法（Smile Above Upper Lip）

(二) 下唇微笑法（Smile Below Lower Lip）

　　按摩者將雙手拇指放在寶寶的下嘴唇下面，然後用同樣的方法在寶寶的臉上畫一個笑臉。下唇微笑法按摩的步驟如下：

1. 寶寶仰躺，腳部朝向按摩者。

2. 按摩者虎口張開，四指並攏，掌心朝向寶寶頭部兩側。

3. 按摩者四指輕輕固定寶寶的頭部，雙手拇指指腹輕貼在寶寶下唇下方的

中央。

4. 按摩者雙手拇指分別向兩側分推按摩。

5. 按摩者拇指繼續朝上，向寶寶耳朵的方向分推。想像你正在畫一個笑臉。

6. 如果寶寶願意，可重複上述步驟3到5次。

圖4-1-5-2　下唇微笑法（Smile Below Lower Lip）

六、眼周旋推（Circling the Eyes）

人們可能不太會將眼睛和肌肉聯繫在一起，然而大家都是由眼睛肌肉來表達情感的，這會使肌肉產生緊張感。如果寶寶的眼睛一直轉動，請以非常緩慢的手法來進行按摩，而且要十分謹慎。以下是眼部畫圈的按摩步驟：

1. 寶寶仰躺，腳部朝向按摩者。

2. 按摩者將左手拇指指腹輕貼在寶寶右側的鼻梁上，右手拇指指腹輕貼在寶寶左側的鼻梁上。

3. 按摩者雙手拇指同時向下撫按，分別滑過寶寶的鼻梁。

4. 按摩者雙手拇指繼續向下，並向兩側分推，按摩寶寶的下眼皮。

5. 按摩者拇指向上滑動，分別沿著寶寶兩側的眉毛進行滑按。

6. 按摩者雙手拇指在寶寶的眉心會合。

7. 如果寶寶願意的話，重複上述步驟3到5次。

圖4-1-6　眼周旋推（Circling the Eyes）

七、兩顎旋轉推按（Circle Around Jaw）

兩顎旋轉推按的步驟如下：

1. 寶寶仰躺，腳部朝向按摩者。

2. 按摩者食指與中指並攏，從寶寶的兩顎下方開始，沿顎骨周邊以指腹在寶寶臉部肌肉畫小圈圈。

3. 按摩者繼續向外、向上連續畫小圈圈按摩，一直到額頭兩側。

溫馨提示：由於新生兒有尋乳反射（Rooting Reflex），因此在進行兩顎旋轉推按時，起始按摩的位置必須和嘴角保持一點距離，以免寶寶以為按摩者要餵食。

圖4-1-7　兩顎旋轉推按（Circle Around Jaw）

八、前額開卷法（Open Book）

　　前額開卷法又稱前額按摩（Forehead Stroke），與眉心分推法類似。在前額開卷法中，按摩者用四指合併按摩寶寶的額頭，在眉心分推法中，按摩者用拇指按摩寶寶的眉骨上緣。前額開卷法有兩種實施方式，第一種方式是按摩者四指指尖略低於寶寶的髮際線，第二種方式是按摩者四指指腹從髮際到眉骨覆蓋寶寶整個額頭。寶寶的額頭可以表達很多情感，比如驚訝或驚奇，或表明心情低落。因此，當寶寶感到煩惱的時候，寶寶的額頭會承受更大的壓力，尤其是當寶寶感到腹部絞痛時，這種表現更加明顯。因此，把額頭按摩當作是按摩程序的一部分是個不錯的選擇。此按摩可以放鬆額頭的肌肉。以下是前額開卷法的步驟：

1. 寶寶仰躺，腳部朝向按摩者。
2. 按摩者掌心向下，四指並攏，虎口張開朝向寶寶頭部兩側。
3. 有兩種實施方式，第一種方式是按摩者四指在寶寶的前額中央，指腹輕貼寶寶的額頭，四指指尖略低於寶寶的髮際線。第二種方式是按摩者四指放在寶寶的前額中央，指腹輕貼寶寶的額頭，四指指腹從寶寶的髮際

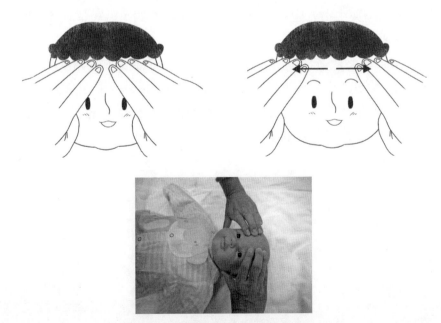

圖4-1-8　前額開卷法（Open Book）

到眉骨覆蓋整個額頭。

4. 雙手四指同時沿寶寶額頭向兩側分推。

5. 如果寶寶願意的話，重複上述步驟3到5次。

九、眉心分推（On Top of Eyebrow）

　　與前額開卷法中用四指按摩寶寶額頭方法不同的是，在眉心分推法中，按摩者用拇指按摩寶寶的眉骨上緣。眉心分推法步驟如下：

1. 寶寶仰躺，腳部朝向按摩者。

2. 按摩者虎口張開，四指並攏，掌心朝向寶寶頭部兩側。

3. 按摩者四指輕輕固定寶寶的頭部，雙手拇指放在寶寶的前額中央，指腹輕貼寶寶的額頭，拇指指尖靠近眉骨上方。

4. 雙手拇指同時沿寶寶額頭向兩側分推。

5. 如果寶寶願意的話，重複上述步驟3到5次。

溫馨提示：讀者可以把眉心分推法和前額開卷法合併操作。

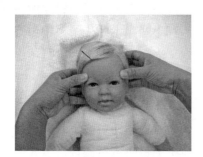

圖4-1-9　眉心分推（On Top of Eyebrow）

十、前額畫大圈圈（Big Circles）

　　此按摩手法作用於寶寶前額的深層肌肉。畫大圈圈法操作步驟如下：

1. 寶寶仰躺，腳部朝向按摩者。

2. 按摩者掌心朝下，右手四指的指腹輕貼寶寶的左側額頭上，指尖對著髮際線。

3. 按摩者用右手手指以順時針方向從髮際線向下朝著眉毛畫圈。

4. 重複前述兩個步驟3到5次。

5. 按摩者掌心朝下，右手（左手）四指指腹輕貼在寶寶的額頭中央，指尖對著髮際線。

6. 按摩者右手（左手）的手指以順時針（逆時針）方向，從髮際線向下朝著眉毛畫圈。

7. 重複前述兩個步驟3到5次。

8. 按摩者掌心朝下，左手四指指腹輕貼寶寶的右側額頭上，指尖對著髮際線。

9. 按摩者用左手手指以逆時針方向從髮際線向下朝著眉毛畫圈。

10. 重複前述兩個步驟3到5次。

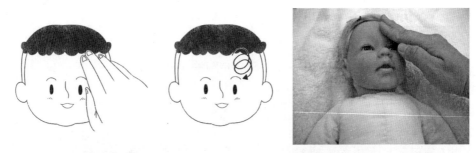

圖4-1-10-1　前額畫大圈圈（Big Circles），以右手指尖放在寶寶的左側額頭上，手指朝著眉毛方向畫圈

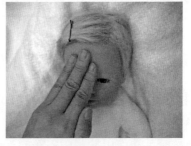

圖4-1-10-2　前額畫大圈圈（Big Circles），以指尖放在寶寶的額頭中央和右側額頭上，手指朝著眉毛方向畫圈

十一、按摩太陽穴（Temple Stroke）

如果寶寶額頭兩側的肌肉承受了大量緊張感，會造成頭痛。按摩太陽穴可以幫助寶寶放鬆心情，緩解這個部位的緊張感。這個手法的動作要平滑流暢，以增加寶寶放鬆的感覺。以下是太陽穴的按摩步驟：

1. 寶寶仰躺，腳部朝向按摩者。
2. 按摩者雙手掌心朝向寶寶的頭部，以劍指（食指與中指並攏）分別輕貼在寶寶的兩側太陽穴上。
3. 按摩者雙手劍指從寶寶眉際向後方，右手以順時針方向、左手以逆時針方向畫圈圈。
4. 按摩者雙手在寶寶太陽穴重複畫6次圈圈。

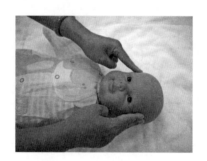

圖4-1-11　按摩太陽穴

十二、唇部點按（Lip Spot）

唇部點按法可以用來放鬆寶寶臉部的肌肉，如果寶寶常常努嘴或皺眉，這是一個放鬆寶寶上嘴唇和面頰肌肉很好的方法。

(一) 上唇點按（Upper Lip Spot）

上唇點按的步驟如下：

1. 寶寶仰躺，腳部朝向按摩者。
2. 按摩者虎口張開，四指並攏，掌心朝向寶寶頭部兩側。
3. 按摩者四指輕輕固定寶寶的頭部，雙手拇指指腹分別輕貼在寶寶的鼻孔

下方。

4. 按摩者用雙手拇指分別輕輕向兩側點按寶寶的上唇。

5. 如果寶寶願意，可重複上述步驟3到5次。

圖4-1-12-1　唇部點按——上唇點按（Upper Lip Spot）

(二) 下唇點按（Lower Lip Spot）

下唇點按的步驟如下：

1. 寶寶仰躺，腳部朝向按摩者。

2. 按摩者虎口張開，四指並攏，掌心朝向寶寶頭部兩側。

3. 按摩者四指輕輕固定寶寶的頭部，雙手拇指指腹輕貼在寶寶下唇下方的中央。

4. 按摩者用雙手拇指分別輕輕向兩側點按。

5. 如果寶寶願意，可重複上述步驟3到5次。

圖4-1-12-2　唇部點按——下唇點按（Lower Lip Spot）

第二節　按摩耳朵與頸部

一、按摩耳朵（Ear Stroke）

很多嬰幼兒被耳部感染所困擾著。耳部感染主要影響中耳和咽鼓管，咽鼓管是一根連接耳朵、鼻子和喉嚨長長的管子，可以將液體排出中耳。嬰兒特別易受感染，因爲咽鼓管短小而平直。如果中耳裡面有液體，咽鼓管就特別容易被感染。因爲寶寶還不會說話，所以很難分辨他的身體到底出了什麼問題。照顧者可以根據一些耳部感染的常見症狀來進行判斷，例如：煩躁、哭泣、輕微發燒、拉或揪耳垂、不愛喝奶、最近有感冒或鼻竇感染、腹瀉等。

大部分耳部感染都不是很嚴重，它們會隨著寶寶的長大而消失。但是，慢性耳部感染對寶寶的耳膜有嚴重損害，有聽力損失的危險。抗生素有時會用於治療耳部感染。新的治療指導建議，耳部感染首先使用止痛藥，之後才服用抗生素，若感染一直得不到改善，可以酌情再用其他藥物。如果寶寶不是太痛就可以幫他按摩。嘗試用手指沿著耳後輕柔的按摩，向下滑過頸骨，並向耳前畫圈。你也可以輕柔地按摩寶寶後腦勺靠近顱底的位置。這些手法可以幫助清除咽鼓管裡的液體，改善病情。如果你想用其他的方法治療感染，可以選擇針灸和脊椎按摩療法，它們可以成功地預防和治療耳部感染。以母乳餵食6個月以上的寶寶，母乳中的免疫抗體可以減少嬰兒耳部感染的機率。

多數父母比較容易忽略的是，寶寶耳朵、下巴和頸部也會有緊張感，應該花一些時間來按摩這些部位。按摩耳朵的手法動作要平滑流暢，下面是一個簡單的耳部按摩法：

1. 寶寶仰躺，腳部朝向按摩者。
2. 按摩者用左手鉗指（拇指和食指）指腹輕輕地捏住寶寶的右耳垂。
3. 輕輕地揉捏寶寶的右耳垂，按摩3到5秒。
4. 用右手大拇指和食指輕輕地揉捏寶寶的左耳垂。
5. 輕輕地揉捏寶寶的左耳垂，按摩3到5秒。
6. 重複按摩3到5次。

溫馨提示：請勿將寶寶的耳朵向外拉，揉捏寶寶的耳垂，沒有拉的力道。

圖4-2-1 按摩耳朵（Ear Stroke）

二、按摩下巴（Chin Stroke）

　　寶寶的下巴是下頷線的延伸，會因為喝奶、哭泣、笑等動作累積緊張感。以下是此按摩的步驟：

1. 寶寶仰躺，腳部朝向按摩者。
2. 按摩者雙手掌心朝下，左手劍指（食指與中指並攏）指腹輕貼寶寶的右側下巴，右手劍指指腹輕貼寶寶的左側下巴。
3. 按摩者分別用雙手手指在寶寶下巴向外、向上畫小圓圈，左手指腹逆時針畫圈，右手指腹順時針畫圈，沿著下頷線向兩側分開旋轉撫按。
4. 按摩者手指回到起始位置，重複按摩3到5次。

溫馨提示：按摩下巴（Chin Stroke）有作者稱為「Chinny Chin Chin」，英文的童言童語對華人並不適合，因此作者建議用「Chin Stroke」。

　　下巴按摩的另一種方法：

1. 按摩者雙手掌心朝下，左手劍指（食指與中指並攏）指腹輕貼寶寶的嘴巴右側上方接近顴骨處，右手劍指指腹輕貼寶寶的嘴巴左側上方接近顴骨處。
2. 按摩者分別用雙手手指在寶寶下巴向外、向下畫小圓圈，左手指腹逆時針畫圈，右手指腹順時針畫圈，沿著下頷線向兩側分開旋轉撫按。
3. 按摩者手指回到起始位置，重複按摩3到5次。

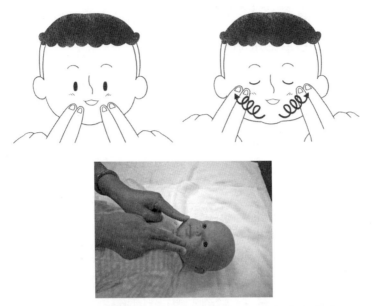

圖4-2-2-1　按摩下巴（Chin Stroke）──向上畫小圓圈

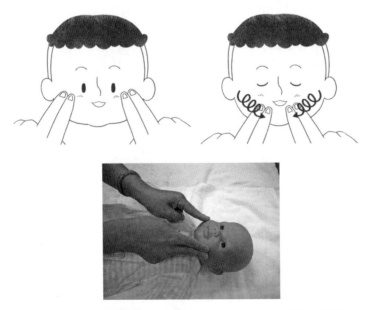

圖4-2-2-2　按摩下巴（Chin Stroke）──向下畫小圓圈

三、耳際後順顎線提下巴法（Behind Ears, Follow Jaw Line, Pull up Under Chin）

耳際後順顎線一直到下巴附近是人體淋巴腺集中的位置，按摩這些地方有助於促進新陳代謝、提升個體的免疫力。讀者可以將耳際後順顎線提下巴法和按摩下巴法當作是連續的動作，將兩個手法合併實施。耳際後順顎線提下巴法的操作步驟如下：

1. 寶寶仰躺，腳部朝向按摩者。
2. 按摩者雙手手指自然並攏，掌心朝向寶寶頭部兩側。
3. 按摩者四指指腹分別輕貼在寶寶的耳際後方。
4. 按摩者四指從寶寶耳朵後方上緣開始，往下順著寶寶頭部兩側耳際線輕輕施壓撫按。
5. 按摩者雙手繼續沿著寶寶兩頰後方的下顎線，一直按摩到寶寶下巴下方，兩手接觸在一起。
6. 如果寶寶願意，可重複上述步驟3到5次。

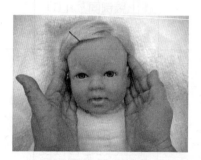

圖4-2-3　耳際後順顎線提下巴法（Behind Ears, Follow Jaw Line, Pull up Under Chin）

四、頸部畫小圈圈（Small Circles）

又大又重的腦袋是寶寶一個巨大的負擔。隨著寶寶的發育，其脖子會承受更大的壓力和緊張感。按摩寶寶的脖子可以緩解緊張感，使他更容易學習新的動作。這種手法可以隨時使用，即使是寶寶坐或躺在照顧者腿上時也可

以。對於小月齡寶寶來說，很難找到他的脖子，因此可以等到寶寶大約6個月大時，再進行脖子按摩。這個按摩作用於寶寶的淋巴結，也有助於促進新陳代謝、提升個體的免疫力。畫小圈圈（Small Circles）的操作步驟如下：

1. 寶寶仰躺，腳部朝向按摩者。
2. 按摩者左手虎口張開，掌心朝向寶寶頸部。
3. 按摩者左手劍指（食指與中指並攏）指腹輕貼寶寶的右耳下方，以順時針方向畫小圈。
4. 按摩者左手劍指沿著寶寶的脖子下滑，再沿著鎖骨向左滑推。
5. 換邊操作，按摩者右手虎口張開，掌心朝向寶寶頸部。
6. 按摩者右手劍指（食指與中指並攏）指腹輕貼寶寶的左耳下方，以逆時針方向畫小圈。
7. 按摩者右手劍指沿著寶寶的脖子向下滑按，再沿著鎖骨向右滑推。
8. 如果寶寶願意的話，重複上述步驟3到5次。
9. 按摩者可以一次只按摩一側脖子，也可以兩側同時按摩。

溫馨提示：按摩頸部畫小圈圈法的另一種手法是，按摩者從寶寶耳朵後面開始向下滑按，然後向脖子的後方滑推，而不是向鎖骨方向滑推。

鎖骨

圖4-2-4　頸部畫小圈圈（Small Circles）

第五章 背部的撫觸與按摩

第一節 背面腿和腳的按摩

　　新生兒身體非常柔軟，寶寶通常可以向前弓背，向後彎背，向兩側彎腰，他可以扭轉身體去看身後發生的事情。除了讓寶寶動作有伸展性之外，寶寶的背部肌肉也有利於保護他的脊椎，並保持身體直立。按摩不僅可以緩解寶寶背部和頸部的緊張和壓力，還可以幫助寶寶保持良好的姿勢，促進發育和成熟。如果寶寶一直試圖站立或行走或翻爬，身體將要承受巨大的壓力。按摩可以讓寶寶更加順利地站立和行走。很多6個月以下的嬰兒不太喜歡長時間的俯臥，父母可以在嬰兒處於不同姿勢時按摩寶寶的背部，如讓嬰兒坐在按摩者的腿上或抱在肩膀上，不必等到寶寶願意趴著時再做背部按摩。

　　按摩寶寶腿部的後側是非常有益的，因爲這裡有連結著下背部和腿筋的肌肉。如果腿筋變得很緊，寶寶的下背部可能會感到不適。隨著寶寶開始練習站立，將會使用到之前沒有用過的肌肉。按摩背面的肌肉還可以增加寶寶對身體的認知。

　　按摩腿部後側和腳部的手法，和第三章提到的按摩腿部前側和腳的手法基本一樣，然而本書使用不同的名稱，以便清楚區別按摩部位與姿勢的差異。這裡將說明如何把這些手法運用在身體背面，不同之處在於之前按摩寶寶時的位置。和按摩身體前側時只能讓寶寶仰臥不同，按摩背部時，有幾種不同的方式：

1. 將寶寶肚子朝下橫放在膝蓋上，這是一個能夠按摩到寶寶全身的好姿勢。
2. 將寶寶肚子朝下放在一個平面上，例如床、換尿布檯或柔軟的毯子上。
3. 按摩者伸腿坐姿背靠牆壁或是家具，寶寶肚子朝下，在按摩者的雙腿之

間，寶寶的頭靠近按摩者的腳。如果因為剖腹產或是健康問題使得按摩者站立困難，這會是個很好的按摩姿勢。

一、腳部拉太妃糖（The Taffy Pull）

腳部拉太妃糖是腳部撫按（Effleurage Stroke）的手法，有嬰兒仰臥和嬰兒俯臥兩種方式。撫按（Effleurage）又譯為撫推，是一種輕柔滑過皮膚的手法，筆者認為此手法也可以應用在手部。撫按手法只按摩到淺層肌肉，可以預熱表層肌肉，有助於放鬆荷爾蒙（催產素，Oxytocin）的分泌。即使寶寶在按摩過程中睡著了，還是可以繼續進行按摩。撫按可以鎮靜和舒緩神經系統，並且是開始和結束按摩的好方法。以下是腳部拉太妃糖手法的步驟：

1. 寶寶俯臥（趴著），腳朝向按摩者。
2. 按摩者左手掌心向內，輕輕貼在寶寶左臀部外側。
3. 按摩者左手掌溫柔地由寶寶左腿外側向腳踝方向滑動撫按，請注意手掌心朝向寶寶。
4. 當按摩者的左手達到寶寶的左腳腳踝，用右手沿著寶寶左腿內側向下滑動撫按。
5. 換邊操作，按摩者右手掌心向內，輕輕貼在寶寶右臀部外側。
6. 按摩者右手掌溫柔地由寶寶右腿外側向腳踝方向滑動撫按，請注意手掌心朝向寶寶。
7. 當按摩者的右手達到寶寶的右腳腳踝，用左手沿著寶寶右腿內側向下滑動撫按。
8. 兩手交替操作撫按，手部動作保持節奏流暢。

溫馨提示：請注意，一次只能按摩一條腿，完成所有按摩手法之後，再按摩另一條腿。如果按摩者發現寶寶的皮膚表面有一點發紅，這可能是肌肉緊張被釋放出來的表現。按摩時要使用溫和的壓力，否則寶寶會感到癢。按摩者可以從自己的身體上找一個肉厚的部位來練習不同手法力道。

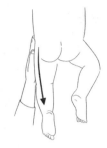

圖5-1-1　腳部拉太妃糖（The Taffy Pull）

二、腳部揉麵糰（Kneading Dough）

　　腳部揉麵糰法是一種腳部揉捏（Petrissage）手法，有嬰兒仰臥和嬰兒俯臥兩種方式。揉捏（Petrissage）手法是一種作用於深層肌肉的手法，這種手法往往包含抬、捏、滾、擠、擰和揉捏，筆者認爲此手法也可以應用在手部。按摩者用拉太妃糖之類的撫推手法爲寶寶熱身後，可以用這種手法排除深層肌肉毒素，增加血液和氧氣循環，從而放鬆肌肉。按摩者必須知道，嬰兒也承受了很大的壓力。所有的事物對於新生兒來說都是新鮮的，他們每天的生活充滿了變化。壓力會積累在按摩者的體內，同樣也會積累在寶寶的身體。這種手法可以溫和的釋放壓力。揉捏動作可以排除肌肉毒素，將乳酸等廢棄物導入循環系統，廢棄物可以透過排尿排出體外。以下是腳部揉麵糰法的步驟：

1. 寶寶俯臥（趴著），腳朝向按摩者。
2. 按摩者左手掌心向內，輕輕將寶寶左大腿外側的肌肉組織向上舀起，就像你正在揉麵糰一樣。
3. 繼續向上舀起肌肉組織，用這種方式向下按摩寶寶左大腿外側。
4. 按摩者用右手舀起寶寶左大腿內側肌肉組織，向下按摩腿部的內側。
5. 換邊操作，按摩者右手掌心向內，輕輕將寶寶右大腿外側的肌肉組織向上舀起。
6. 繼續向上舀起肌肉組織，用這種方式向下按摩寶寶右大腿外側。
7. 按摩者用左手舀起寶寶右大腿內側肌肉組織，向下按摩腿部的內側。

溫馨提示：請注意，一次只按摩一條腿。

圖5-1-2　腳部揉麵糰（Kneading Dough）

三、腳部拇指圈（Thumb Circle）

　　腳部拇指圈有嬰兒仰臥和嬰兒俯臥兩種方式。跟揉麵糰和扭轉法一樣，這個手法作用於深層肌肉，促進血液循環。這種手法對於非常小的嬰兒來說是一種新的按摩手法，注意如果寶寶在刺激加強時變得焦躁不安，那麼請停止按摩，特別是寶寶月齡非常小時，可以使用比較舒緩的手法，比如腳部拉太妃糖。因為有時寶寶在接受一種新的按摩手法時會感到太刺激、不舒服。以下是腳部拇指畫圈法的步驟：

1. 寶寶俯臥（趴著），腳朝向按摩者。
2. 按摩者雙手手指輕輕地捏住寶寶的大腿，雙手大拇指反向並排放在大腿上靠近臀部的位置。
3. 按摩者雙手拇指輪流向外畫小圈，左手逆時針畫圈、右手順時針畫圈，像畫一個阿拉伯數字「8」，邊畫圈邊向腳踝移動。
4. 按摩者在達到腳踝時，改為另一個方向畫小圈。用拇指交替向內畫圈的同時，沿腿向上移動。

溫馨提示：請注意，一次只按摩一條腿。腳部拇指畫圈法對於促進寶寶腿部的血液循環效果非常好。但是要注意不要用力按壓膝蓋背面，因為這個區域布滿了靜脈和神經。

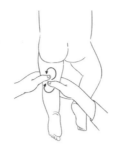

圖5-1-3　腳部拇指圈（Thumb Circle）

四、腳踝分推（Ankles Away）

　　腳踝分推（Ankles Away）又稱腳踝旋轉推按（Circles Around Ankle），有嬰兒仰臥和嬰兒俯臥兩種方式。按摩腳踝有助於活化關節、增強寶寶腳部的靈活性。如果寶寶還不會走，這是一種被動活化寶寶關節的很好方式。腳踝是負重關節，它支撐整個身體的重量，按摩可以強化關節，為行走做準備。絕對不要直接對骨骼按摩，因為這會讓寶寶感覺疼痛。按摩者做這個按摩手法，請確保在踝骨周圍按摩。以下是的腳踝分推的操作步驟：

1. 寶寶俯臥（趴著），腳朝向按摩者。
2. 按摩者雙手輕輕握住寶寶的左腳腳踝，慢慢將嬰兒的腳抬起，寶寶腳略彎，腳掌向上、腳背向下。
3. 按摩者雙手食指分別放在寶寶左腳踝兩側，從腳跟正中央沿著腳踝骨周圍向外畫圈。
4. 換邊操作，按摩寶寶右腳。

溫馨提示：請注意一次只按摩一條腿。

第二節　按摩寶寶的臀部

　　人體中最大的肌肉是臀大肌，俗稱臀部。臀部會在走路時產生推動作用，它將背部和腿部的肌肉連接到一起。寶寶在坐下、躺下、走路甚至爬行時，經常會用到這些肌肉。在為寶寶按摩臀部時，須注意按摩者的手部應一直保持與寶寶有皮膚接觸，這樣能確保寶寶感受得到按摩者的存在，即使寶

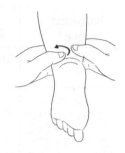

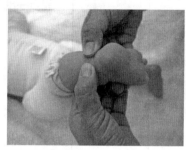

圖5-1-4　腳踝分推（Ankles Away）

寶看不到按摩者也會有安全感。

一、臀部拇指交替旋推（Alternating Thumbs）

　　這個簡單的手法可以幫助寶寶釋放臀部的緊張感。臀部拇指交替旋推操作步驟如下：

1. 寶寶俯臥（趴著），腳朝向按摩者。
2. 按摩者虎口張開，四指並攏，掌心朝向寶寶臀部兩側。
3. 按摩者四指輕輕固定寶寶的臀部，雙手拇指反向並排，指腹輕貼寶寶的臀部左側靠近腰部下方的位置。
4. 按摩者雙手拇指從臀部頂端向下、向外，左手逆時針、右手順時針方向，像畫一個阿拉伯數字「8」，在寶寶的臀部左側交替畫小圈圈。
5. 以同樣的方法按摩寶寶臀部的另一側。按摩者四指輕輕固定寶寶的臀部，雙手拇指反向並排，指腹輕貼寶寶臀部右側靠近腰部下方的位置。
6. 按摩者雙手拇指從臀部頂端向下、向外，以順時針方向在寶寶的臀部右側交替畫小圈圈。

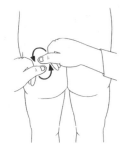

圖5-2-1　臀部拇指交替旋推（Alternating Thumbs）

二、臀部手掌畫圈（Circular Palmer）

　　臀部手掌畫圈（Circular Palmer）又稱毛毛蟲畫圈圈（Caterpillar Circle）。這個手法非常適合已經能自己移動身體的寶寶。你可以用手支撐住他的臀部，幫助寶寶保持不動，直到他能夠放鬆地接受按摩。臀部手掌畫圈操作步驟如下：

1. 寶寶俯臥（趴著），腳朝向按摩者。
2. 按摩者左手手掌張開，五指並攏，掌心向內支撐住寶寶的左臀部。
3. 按摩者右手掌心朝下放在寶寶的右臀部上，手指朝向寶寶的頭部。
4. 按摩者用整個手掌，以逆時針方向沿寶寶臀部向下畫圈。
5. 按摩者右手手掌張開，五指並攏，掌心向內支撐住寶寶的右臀部。
6. 按摩者左手掌心朝下放在寶寶的左臀部上，手指朝向寶寶的頭部。
7. 按摩者用整個手掌以順時針方向沿寶寶臀部向下畫圈。
8. 重複上述步驟，寶寶的右臀以逆時針方向畫圈按摩，左臀以順時針方向畫圈按摩。

溫馨提示：按摩者的手應保持與寶寶有皮膚接觸，這樣寶寶即使看不到按摩者也會有安全感。

圖5-2-2　臀部手掌畫圈（Circular Palmer）

三、按摩整個臀部（Large Bottom Stroke）

　　就像此手法名稱所描述的一樣，這個按摩手法可以按摩到整個臀部，其操作步驟如下：

1. 寶寶俯臥（趴著），腳朝向按摩者。
2. 按摩者右手手掌張開，五指自然伸直，掌心朝下放在寶寶的右臀部上，手指朝向寶寶的頭部。
3. 按摩者左手手掌張開，五指自然伸直，掌心朝下放在寶寶的左臀部上，手指朝向寶寶的頭部。
4. 按摩者用整個手掌來按摩寶寶的臀部，右手順時針方向畫圈，左手逆時針方向畫圈，兩手交替進行按摩。
5. 如果寶寶願意的話可重複數次。

圖5-2-3　按摩整個臀部

四、臀部手指輕撫（Finger Stroke）

　　這是一個用來結束按摩的放鬆動作。臀部手指輕撫的操作步驟如下：

1. 寶寶俯臥（趴著），腳朝向按摩者。
2. 按摩者雙手手掌張開，五指並攏，掌心朝下，手指朝向寶寶的頭部，左右手分別放在寶寶的左右臀部。
3. 按摩者雙手指腹全面接觸寶寶的臀部，兩手同步向下撫觸寶寶的臀部。
4. 立刻重複上述步驟，動作要平順流暢。
5. 如果寶寶願意的話可重複數次。

溫馨提示：筆者認為，雙手指腹應該全面接觸寶寶的臀部，如果按摩者只是以指尖輕輕接觸寶寶的臀部，可能會讓寶寶有搔癢的感覺。

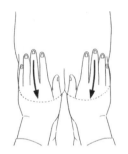

圖5-2-4　臀部手指輕撫

第三節　背部按摩

　　寶寶自然做出的姿勢通常是非常完美的，因此說懶散的姿勢是後天習得的行為。如果寶寶的肌肉足夠強壯，就可以自然而然地坐直、坐正。定期按摩可以幫助寶寶保持良好的姿勢，照顧者可以在任何地方給寶寶做背部按摩。當我們談論到脊柱解剖時，我們通常把它分為三個部分：頸椎、胸椎和腰椎。

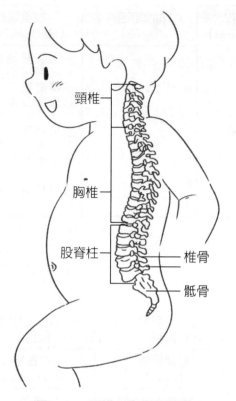

頸椎

胸椎

股脊柱

椎骨

骶骨

圖5-3-1　頸椎、胸椎和腰椎。

人體脊柱大部分的運動發生在頸椎。腰脊下面是骶骨，它是骨盆的一部分。組成脊椎的各部分由椎間盤分隔開來，椎間盤像墊子一樣。頸椎由七塊椎骨組成，胸椎有十二塊、腰椎有五塊。脊柱從出生起一直到18歲左右發育完成，因此，請不要直接按摩正在發育中嬰幼兒的脊柱。以下介紹的所有手法都是在脊椎周圍進行按摩。當照顧者帶著寶寶在候診室外等待的時候，可以將他橫放在腿上來按摩背部，寶寶不耐煩的行為就會馬上消失。按摩的方向不同，會產生刺激或鎮靜的效果。在臀部與腳部按摩可以使寶寶平靜，而朝頭部按摩則是刺激手法。

一、背部長撫按（Long Effleurage Stroke）

　　背部長撫按是屬於輕撫（Effleurage）手法，淺層或深層的滑動撫觸，能暖化皮膚表層肌肉。在IAIM[1]的手法中，背部長撫按又包括，「頸至臀部掃擦法」（Sweeping from Neck to Buttocks）與「頸至腳跟掃擦法」（Sweeping from Neck to Heel），這些方法可以幫助按摩者更了解寶寶，按摩者在撫觸按摩的過程中會熟悉寶寶的背部肌肉，弄清楚哪些部位的肌肉比較緊張。可以使用植物性的按摩油來按摩背部。背部長撫按的操作步驟如下：

1. 寶寶俯臥（趴著），腳朝向按摩者。
2. 按摩者雙手手掌張開、五指自然並攏，掌心朝下，手指朝向寶寶的頭部，左右手分別放在寶寶的背部兩側，指尖靠近寶寶肩膀。
3. 按摩者雙手整個掌面接觸寶寶的背部，並輕輕向下滑動到背部骶骨，略高於寶寶的臀部。
4. 雙手輕輕朝脖子方向移動回去。
5. 重複3到5次。

溫馨提示：為了獲得最大的放鬆效果，每一次掃過寶寶背部的動作都要很平滑。

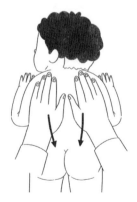

圖5-3-2　背部長撫按（Long Effleurage Stroke）

---

[1] 國際嬰幼兒按摩協會（IAIM）：http://www.iaim.org.uk

二、背部來回掌擦（Back and Forth）

　　這個手法作用於寶寶肌肉纖維的紋理，既可以熱身，又可以釋放緊張感。背部來回掌擦的操作步驟如下：

1. 按摩者成坐姿（參考第二章第二節），寶寶橫向俯臥（趴著）在按摩者大腿上或毯子上，寶寶頭部朝向按摩者右方（慣用手的方向），腳朝向按摩者左方（慣用手的反方向）。
2. 按摩者雙手手掌張開、五指自然並攏，掌心朝下，手指垂直於寶寶的脊椎方向，並排放在寶寶的背部上方靠近頸部的位置。
3. 按摩者雙手交替來回滑按寶寶的背部，並且逐漸向臀部方向移動。
4. 按摩者雙手交替來回滑按寶寶的背部，並且逐漸向頸部方向移動。
5. 如果寶寶願意的話，重複上述步驟3至5次。

溫馨提示：如果按摩者慣用手是左手，可以將上述程序左右相反來操作背部　　　　　來回掌擦。

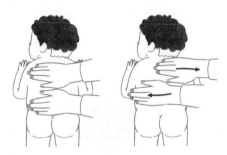

圖5-3-3　背部來回掌擦（Back and Forth）

三、背部向下掌擦（Downward Back Stroke）

　　背部向下掌擦（Downward Back Stroke），Dummy[2]稱為「Swooping」。

---

[2] Bagshaw, J., & Fox, I., *Baby Massage for Dummies*. Indianapolis, Indiana: Wiley Publishing Inc., 2005.

MISA[3]稱爲「刷刷馬（Brushing the Horse）」，用單手摩擦（Friction）的手法，兩手輪流撫觸肌肉纖維。這個簡單的按摩手法隨時隨地都可以使用，它會使寶寶感覺平靜放鬆。背部向下掌擦的操作步驟如下：

1. 按摩者成坐姿（參考第二章第二節），寶寶橫向俯臥（趴著）在按摩者大腿上或毯子上，寶寶頭部朝向按摩者右方（慣用手的方向），腳朝向按摩者左方（慣用手的反方向）。

2. 按摩者雙手手掌張開、五指自然並攏，掌心朝下，手指垂直於寶寶的脊椎方向，右手（慣用手）放在寶寶的頸部附近，左手掌心向下覆蓋住寶寶的臀部。

3. 按摩者的右手（慣用手）沿著寶寶的身體向下滑動，從寶寶的頸部滑動撫觸到臀部。

4. 按摩者可以變化一下手法，將原本放在寶寶臀部的左手放到寶寶的腳踝處，按摩者的右手從寶寶的頸部滑動撫觸到腳踝。

5. 如果如果寶寶願意的話，重複上述步驟三至五次。

溫馨提示： 如果按摩者慣用手是左手，可以將上述程序左右相反來操作背部向下掌擦。

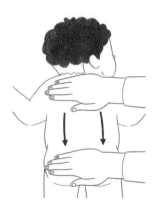

圖5-3-4-1　背部向下掌擦（Downward Back Stroke）──從脖子滑動到臀部

---

[3]　國際校園按摩協會（MISA）：http://massageinschools.com/

圖5-3-4-2　背部向下掌擦（Downward Back Stroke）──從脖子滑動到腳踝

四、背部旋轉推按（Back Circles）

　　背部旋轉推按（Back Circles），IAIM[4]稱爲「Back Circles」，旋轉推按整個背部。MISA[5]稱爲「眼鏡式」（Eyeglasses），旋轉推按肩胛骨兩側再延伸到肩膀，成爲一個眼鏡的形狀。Dummy[6]稱爲「背部畫小圈」（Small Circles），旋轉推按脊椎兩側。

　　此手法作用於寶寶後背的深層肌肉。背部旋轉推按的操作步驟如下：

1. 按摩者成坐姿（參考第二章第二節），寶寶橫向俯臥（趴著）在按摩者大腿上或毯子上，寶寶頭部朝向按摩者右方（慣用手的方向），腳朝向按摩者左方（慣用手的反方向）。
2. 按摩者雙手手掌張開、五指自然並攏，掌心朝下，手指垂直於寶寶的脊椎方向，指腹貼在寶寶的脊椎左側，並排放在寶寶的背部上方靠近頸部的位置。
3. 按摩者雙手手指使用中等壓力，沿著順時針方向，從背部向臀部畫小圈。
4. 按摩者雙手回到頸部。

---

[4]　國際嬰幼兒按摩協會（IAIM）：http://www.iaim.org.uk

[5]　國際校園按摩協會（MISA）：http://massageinschools.com/

[6]　Bagshaw, J., & Fox, I., *Baby Massage for Dummies*. Indianapolis, Indiana: Wiley Publishing Inc., 2005.

5. 重複前述步驟，但這次將指腹置於脊椎下面：按摩者雙手手掌張開、五指自然並攏，掌心朝下，手指垂直於寶寶的脊椎方向，指腹貼在寶寶的脊椎，並排放在寶寶的背部上方靠近頸部的位置。

6. 按摩者雙手手指使用中等壓力，沿著順時針方向，從背部向臀部畫小圈。

7. 按摩者雙手回到臀部（尾椎）位置。

8. 整套手法重複3到5次。

溫馨提示：如果按摩者慣用手是左手，可以將上述程序左右相反、順時針方向改成逆時針方向，來操作背部旋轉推按。

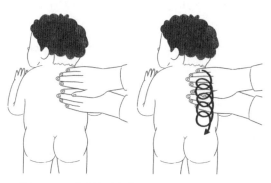

圖5-3-5　背部旋轉推按（Back Circles）

五、背部蝴蝶式（Butterfly）

　　背部蝴蝶式[7]是把「胸部蝴蝶式」的手法應用在背部。蝴蝶式可以舒展背部的主要肌肉，是一個平穩而有節奏的按摩手法。以下是蝴蝶式的按摩步驟：

1. 寶寶俯臥（趴著），腳朝向按摩者。

2. 按摩者將右手放在寶寶的左臀部。手掌朝下，手指朝向寶寶的右肩。

3. 按摩者右手向寶寶右肩滑動，到達肩膀時用手掌包住寶寶右肩。

4. 將右手滑回到起始位置（左臀部）。

5. 按摩者當右手返回到起始位置時，左手在反方向做同樣的動作。

---

[7] 國際校園按摩協會（MISA）：http://massageinschools.com/

6. 按摩者左手向寶寶左肩滑動，到達肩膀時用手掌包住寶寶左肩。
　　雙手連續不斷並且有節奏地移動。

六、背部小熊走路（Bear Walk）

　　背部小熊走路[8]是讓寶寶俯臥（趴著），腳朝向按摩者，按摩者以手掌掌面像走路一般，做背部來回掌擦的手法。以下是背部小熊走路的按摩步驟：

1. 寶寶俯臥（趴著），腳朝向按摩者。
2. 按摩者雙手手掌張開、五指自然並攏，掌心朝下，手指平行於寶寶的脊椎方向，並排放在寶寶的背部脊椎兩側、靠近頸部的位置。
3. 按摩者雙手交替來回滑按寶寶的背部，並且逐漸向臀部方向移動，像是在用手後退走路的樣子。
4. 按摩者雙手交替來回滑按寶寶的背部，逐漸朝向頸部方向移動，像是在用手向前走路的樣子。
5. 如果寶寶願意的話，重複上述步驟3至5次。

七、背部溜冰（Ice Skating）

　　背部溜冰[8]是MISA的手法，把「背部小熊走路」的手掌摩擦（Friction）改成手刀叩撫（Tapotement），依撫觸的節奏與力道，產生刺激或沉穩的作用。寶寶俯臥（趴著），腳朝向按摩者，按摩者以手刀像溜冰一般，做背部來回叩撫。以下是背部溜冰的按摩步驟：

1. 寶寶俯臥（趴著），腳朝向按摩者。
2. 按摩者雙手手掌張開、五指自然並攏，掌心相對，手指平行於寶寶的脊椎方向，並排放在寶寶的背部脊椎兩側、靠近臀部的位置。
3. 按摩者雙手交替來回滑按寶寶的背部，並且逐漸向頸部方向移動，像是在用手刀溜冰向前走的樣子。
4. 按摩者雙手交替來回滑按寶寶的背部，逐漸朝向臀部方向移動，像是在

[8] 國際校園按摩協會（MISA）：http://massageinschools.com/

用手刀後退走路的樣子。

　　如果寶寶願意的話，重複上述步驟3至5次。

八、背部心形按摩（Hearts）

　　背部心形按摩[9]是把「胸部心形按摩」的手法應用在背部，由小到大畫出三個心形。以下是背部心形按摩的按摩步驟：

1. 按摩者雙手手掌朝下，四指並攏，跟大拇指一起形成一個三角形，手掌放在寶寶背部的脊椎下方，四指指尖朝向寶寶肩頸方向。
2. 按摩者雙手朝著寶寶肩頸方向移動，然後兩手向兩邊分開，圍繞身體兩側向下移動，就好像在寶寶的背部畫一個心形。
3. 按摩者雙手在寶寶脊椎底部匯合，畫完一個心形。
4. 用同樣方法，由小到大畫出三個心形。

第四節　脊椎、頸部和肩部的按摩

　　脊椎按摩療法可以調整脊柱半脫位。半脫位是指脊椎骨部分脫位，當脊椎骨脫位時，神經系統會受到影響，可能影響全身的組織和器官。半脫位可能發生在嬰幼兒時期由難產引發，也可能因為在學習爬行或是走路過程中摔倒、從自行車上摔落或是情緒壓力導致。脊椎按摩療法非常溫和，對於嬰兒正在發育中的脆弱脊椎比較安全，並且能夠有效地緩解嬰幼兒的常見不適。

一、骶骨按摩（Sacral Stroke）

　　骶骨是位於腰椎正下方臀部上方的一個三角形狀的骨頭。骶骨按摩可以有效緩解便秘，讓寶寶感覺很舒服。骶骨按摩的操作步驟如下：

1. 寶寶俯臥（趴著），腳朝向按摩者。
2. 按摩者虎口張開，四指並攏，掌心朝向寶寶臀部兩側。
3. 按摩者四指輕輕固定寶寶的臀部，雙手拇指反向相對，指腹輕貼寶寶的臀部兩側靠近腰部下方的骶骨位置。

---

[9] 國際校園按摩協會（MISA）：http://massageinschools.com/

4. 按摩者雙手拇指從臀部頂端向上、向外，左手以逆時針方向、右手以順時針方向，在寶寶的腰部下方畫小圈圈推按骶骨。

5. 另外一種方法爲雙手都順時針或逆時針方向畫小圈圈推按骶骨。

6. 重複上述步驟3到5次。

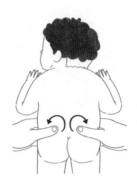

圖5-4-1　骶骨按摩（Sacral Stroke）

二、背部耙子按摩（Raking）

　　背部耙子按摩（Raking）又稱梳子法（Combing），施做在背部或腳部，筆者認爲此手法也可以應用在手部。這是一種舒緩，放鬆的按摩手法，非常適合用來結束按摩，多重複幾次可以產生很好的鎮靜效果。如果每次按摩都是以這個手法結束，之後寶寶就會知道，這個按摩手法意味著結束。

1. 寶寶俯臥（趴著），腳朝向按摩者。

2. 按摩者手指張開、手掌向下，指尖朝向寶寶的頭部，四指指腹放在靠近寶寶的脖子的位置。

3. 按摩者手指像梳子或者耙子一樣，從頸部下方向下滑動撫觸到寶寶的臀部上方，切記不不要直接按摩脊柱。

4. 按摩者的手應使用少許的壓力在寶寶的背部移動，力度過輕會使寶寶感到癢。

5. 另一種方法是，按摩者從寶寶的頭部開始向下按摩到腳，按摩過程中將力道放得越來越輕。

6. 如果寶寶喜歡的話，可以盡量多重複這個手法，直到要睡著了爲止。

溫馨提示：按摩者可以用右手（慣用手）輕輕支撐嬰兒側背部，左手（慣用
手的另一方）手指呈梳子或耙子形狀按摩嬰兒背部，也可以用雙
手呈梳子或耙子形狀按摩嬰兒背部。

三、肩頸長撫按（Long Stroke）

　　肩頸長撫按（Long Stroke），Dummy[10]稱為「長撫按」（The Long
Effleurage Stroke）。MISA[11]的叩撫（Tapotement）肩頸長撫按手法稱為
「Scooping」，意思是用勺子舀水的動作，MISA中文版翻譯為「刮」，
然而MISA「刮」法的叩撫是用手背內側，而不是用手刀。MISA還有淺層
輕撫（Effleurage）手法的肩頸長撫按，稱為「掃走雪」（Brushing off the
Snow），用手掌快速輕撫，從頭頸輕撫過肩膀，然後在背部從頭快速輕撫
到臀部。以上兩個手法都是MISA的背部肩頸長撫按，MISA的另一個相似
手法是「滑行」（Slide），同樣是淺層輕撫（Effleurage）手法的肩頸長撫
按，不同的地方是，「滑行」是正面的肩頸長撫按，寶寶仰臥（躺著）而不
是俯臥（趴著），而且是從頭頂，雙手分別沿著兩側耳際，順著頸部到肩膀。

　　請勿將寶寶脖子後面的肌肉向外拉扯，撫按的動作要用很輕的力道。如
果按摩者正好將寶寶抱在膝蓋上，可以利用寶寶自然的好奇心，在他將頭轉
向一側張望時運用此手法。以下是肩頸長撫按的操作步驟：

1. 寶寶俯臥（趴著），腳朝向按摩者。
2. 按摩者雙手手掌張開，五指自然伸直，掌心朝下，分別放在寶寶的左右
肩部，手指朝向寶寶的頭部。
3. 按摩者將左手四指指腹放在寶寶左耳的正下方，將右手四指指腹放在寶
寶右耳的正下方。
4. 按摩者可以選擇同時按摩寶寶兩邊頸部和肩膀，或者一次按摩一邊。
5. 按摩者的手從寶寶的頸部兩側向下撫按至肩膀，動作要平順綿長。
6. 如果寶寶喜歡的話，可以盡量多重複這個手法。

---

[10] Bagshaw, J., & Fox, I., *Baby Massage for Dummies*. Indianapolis, Indiana: Wiley
Publishing Inc., 2005.
[11] 國際校園按摩協會（MISA）：http://massageinschools.com/

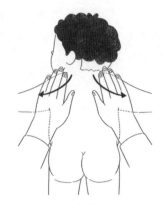

圖5-4-2　肩頸長撫按（Long Stroke）

四、頸後揉捏（Neck Pull）

頸後揉捏的手法在MISA[12]稱為「貓緊抓」（Cat Grip），屬於瑞典式的揉捏法（Petrissage），主要是按摩頸部後方深層皮膚組織的提捏手法。以下是頸後揉捏的操作步驟：

1. 按摩者在嬰兒的左側，左手輕輕固定嬰兒的額頭，右手鉗指（拇指和食指）輕輕提捏嬰兒的頸後。
2. 換邊操作，按摩者在嬰兒的右側，右手輕輕固定嬰兒的額頭，左手鉗指（拇指和食指）輕輕提捏嬰兒的頸後。

五、肩部撫按（Shoulder Stroke）

肩部撫按的手法在MISA[12]稱為「麵包師傅」（Baker），以下是的肩部撫按的操作步驟：

1. 寶寶俯臥（趴著），腳朝向按摩者。
2. 按摩者雙手手掌張開，五指自然伸直，掌心朝下，分別放在寶寶的左右肩部，手指朝向寶寶的頭部。
3. 按摩者四指與拇指分別握住寶寶肩膀的前後方，用指腹對寶寶的肩膀進

---

[12] 國際校園按摩協會（MISA）：http://massageinschools.com/

行撫按。

4. 按摩者可以選擇同時按摩寶寶兩邊肩膀，或者一次按摩一邊。

六、頭部按摩（Head Work）

　　頭部按摩的手法在MISA[13]稱為「理髮師」（Barber），其手法是按摩者用雙手五指指腹輕撫嬰兒頭。此手法應審慎避開囟門（或稱前頭孔，Fontanelle）部位。

---

[13] 國際校園按摩協會（MISA）：http://massageinschools.com/

第六章 撫觸按摩課程的教案與執行

第一節 按摩課程的執行[1]

　　日常按摩課程的執行，應該有完整的規劃，包括材料、物品與道具、時間長度，個別按摩手法的歌曲，以及放鬆運動的音樂等，甚至可以包括室內芳香、溫度與光線的配置。執行的時間應盡量放在孩子遊戲完畢、吃完飯後半個小時以上、洗完澡、身心容易放鬆的時間。按摩課程的執行基本原則，用俗語說就是「習慣成自然」，心理的詞彙則稱為「古典制約」（Classic Conditioning）。

　　古典制約指的是：在每一次執行同性質的按摩課程時，前行準備程序完全相同，所使用的設備、器具與材料也相同，並結合特定的時序與環境，例如，晚餐後帶孩子去散步半個小時，然後將特定的軟墊鋪設在同一個按摩桌或床墊上，調整特定的柔性燈光，空氣中散發特定的氣味，環境中播放特定的音樂等，讓孩子逐漸形成習慣。可以讓孩子選擇播放什麼音樂，音量以輕柔為宜。空氣中的氣味可使用精油，透過溫水蒸發擴香的方式實施，3個月以下的新生兒則不適合使用芳香療法。使用芳香療法之前，一定要確認孩子與家中成人是否有對特定物質產生過敏反應的體質（例如，蠶豆症患者可能對樟木的精油會產生嚴重呼吸道過敏）。

　　執行按摩前，按摩者可將雙手放置在寶寶的耳朵旁邊輕輕地搓熱手掌，並且說：「寶寶，我要幫你按摩囉！」先徵詢孩子的同意，然後用語言為孩子說明將要做的按摩程序，然後一邊說明動作，一邊進行按摩。例如說：「寶寶，現在要按摩肩膀，首先幫你放鬆左肩的肌肉。」撫觸按摩過程中，可以跟孩子談談散步時提到的話題，例如，媽媽可以對3歲以下的嬰幼兒說媽媽今天做什麼，讓孩子聽到媽媽的語言與聲調。媽媽對3歲以上的幼

---

[1] 本章教案是提供給托嬰中心、親子館等機構中教保人員參考用，不是給個別操作者。

兒則可以談論當天幼兒園工作的內容、同學相處的情形，以及師生互動的狀態等。或者和孩子討論他們心中想要關注的話題，例如，詢問孩子喜歡與不喜歡的食物、相處融洽與不融洽的同伴，或者順心與不順心的事情等。按摩課程結束前，進行靜置撫觸與靜坐或平躺，專注於調整呼吸，讓生理的平靜影響心靈，帶來心理的寧靜愉悅。按摩課程完畢之後，要帶著孩子一起，或讓孩子協助，將器材歸位，微笑跟孩子說：「今天的按摩到這裡結束。」

第二節　按摩課程教案

一、課程教案：單元1

課程教案（Lesson Plan）　課程（Course Work）
日期（Date）：　　時間（Time）：

活動 （Activity）	教案重點 （Teaching Point）	使用歌曲 （Song）	功效 （Benefits）	備註 （Notes）
腳趾揉捏	雙手安靜地握住寶寶的雙腳，保持接觸，等待寶寶的情緒線索。 跟寶寶說：「寶寶，媽媽（爸爸）要幫你按摩了。」 腳趾揉捏： 雙手握住寶寶一隻腳，將雙手的拇指放在腳趾下方腳掌的中心線。 用拇指指腹緩緩按壓寶寶的腳，由腳趾往下沿著腳掌按至腳跟。 一手握住寶寶一隻腳，另一隻手兩指捏住寶寶腳趾。 以畫圓的動作來揉、按每一根腳趾頭。 揉大腳趾時說：「揉、揉、揉麵糰，揉出一顆小麵糰。」 揉第二趾時說：「揉、揉、揉麵糰，揉出兩顆小麵糰。」 依次揉完十根腳趾。	揉麵糰： 揉、揉、揉麵糰，揉出一顆小麵糰。 揉、揉、揉麵糰，揉出兩……十顆小麵糰。 轉圈圈： 轉圈圈、轉圈圈，一圈兩圈三四圈。 轉圈圈、轉圈圈，五圈六圈七八圈。	活化神經系統。 健脾養胃。	腳底按摩很合適新生寶寶，抱著寶寶的時刻，只要寶寶願意按摩，就可以幫寶寶來一段腳底按摩。但注意，須依寶寶的反應及訊息來調整速度與力道。

活動 （Activity）	教案重點 （Teaching Point）	使用歌曲 （Song）	功效 （Benefits）	備註 （Notes）
腳部拇指圈	寶寶一隻腳腳背朝上，雙手握住腳背。 腳部拇指圈： 雙手拇指從腳背中心向兩邊分推，用指腹推按腳背。 雙手握住寶寶一隻腳腳跟部位，雙手拇指同時在腳踝處畫圈。 邊按摩邊唱兒歌轉圈圈。 以同樣的方法按摩另一隻腳。可重複數次。			
腹部拇指分推法 臀部拇指交替旋推、腳部拇指圈 腳踝分推	以手掌按在寶寶的身上。以由上往下、由中心向外的方式來撫按，並用您的手掌來搜尋寶寶的身心信息。 腹部拇指分推法： 雙手握住寶寶腹部，拇指放在肚臍兩側，從腹部中心向兩邊分推。 以同樣的方法按摩寶寶的臀部（臀部拇指交替旋推）、大腿及小腿（腳部拇指圈、腳踝分推）的前側與後側。 用雙手握住寶寶的雙腿，讓寶寶的腿更放鬆，等到寶寶準備好，再讓雙手離開寶寶的雙腳。	按摩背： 按摩按摩背，困難全後退。 按摩按摩背，困難全後退。 媽媽給你按按背，寶寶背直不怕累。	安神。 讓寶寶更有安全感。	動作要緩慢輕柔，讓寶寶慢慢習慣撫觸刺激的柔和介入。
腳部印度擠奶式	腳部印度擠奶式： 一手握住嬰兒的腳踝，另一手四指相並，與拇指分開呈C形握法握住寶寶大腿。 從臀部開始經過大	擠牛奶： 擠牛奶，擠牛奶，擠出的牛奶香又香。 擠牛奶，擠牛奶，擠出的牛奶甜又甜。	讓寶寶緊張的腿部肌肉放鬆。 強化腿部肌肉。 增進抵抗力。	起按點為臀部，終按點為腳踝，讓寶寶覺得整條腿都受到照顧。

活動 （Activity）	教案重點 （Teaching Point）	使用歌曲 （Song）	功效 （Benefits）	備註 （Notes）
	腿、膝蓋、小腿按摩而下，在腳踝處結束。 邊按摩邊唱兒歌擠牛奶。 可重複數次。			
腳部C形握法或腳部擠轉式	腳部C形握法： 雙手都呈C形握法，握住寶寶的大腿。 雙手緩緩向下擠轉，注意兩手方向一致，直到小腿停止。 邊擠轉邊唱：「兔子兔子上山嘍，嘿呦，嘿呦。你好，寶寶。」 再由小腿擠轉而上，直到大腿。來回地按摩五、六次。 邊擠轉邊唱：「兔子兔子下山嘍，哧溜，哧溜。再見啦！」 請依寶寶的喜好來增減次數。	兔子上山嘍： 兔子兔子上山嘍，嘿呦，嘿呦。你好，寶寶。 兔子兔子下山嘍，哧溜，哧溜。再見啦！	增強腿部肌肉的彈力，讓寶寶的雙腿更有力量。	擠轉式可以先用一隻手握住支撐，另一隻手握或擠轉，等寶寶可以接受更多的刺激再改為雙手同時擠轉。記得要溫柔緩慢地做。
腳踝分推	腳踝分推： 雙手握住寶寶的一隻小腳。 用雙手拇指的指腹，由腳掌中心向腳邊分推。 按摩時，請注意分推的方向是從腳跟往腳踝方向推滑而下。 邊按摩邊唱兒歌小小腳。 可重複數次。	小小腳： 我有兩隻小小腳，會走路，會跑步。我的小腳本領大。	補充氧氣，讓寶寶的雙腳可以更有力的站立。	這個手法比較刺激，運用時要慢，要注意寶寶的反應後，再增減力道與刺激強度。
腳趾揉捏	腳趾揉捏： 一手握住寶寶一隻	揉麵糰： 揉、揉、揉麵糰，	促進末梢神經的血液迴	當寶寶對撚揉腳趾敏感

活動 （Activity）	教案重點 （Teaching Point）	使用歌曲 （Song）	功效 （Benefits）	備註 （Notes）
	腳，另一隻手兩指捏住寶寶腳趾。 以畫圈的動作來揉、按每一根腳趾頭。 以同樣的方法按摩另一隻腳。可重複數次。	揉出一顆小麵糰。 揉、揉、揉麵糰， 揉出兩……十顆小麵糰。	圈。 讓寶寶可以站得更穩。	與抗拒時，父母就要調整力道與刺激的強度，以寶寶可以放鬆地接受撫揉為首務。
腳心擠按	腳心擠按： 一手握住寶寶腳踝，大拇指抵在腳後跟處。 另一手食指指腹貼按在寶寶腳底，由腳趾下方往腳跟按滑。 邊按摩邊唱兒歌光腳丫。 可重複數次。	光腳丫： 小娃娃，光腳丫， 扶著走，跪著爬， 蹲一蹲，站一站， 蹦蹦跳，快長大。	強化腳底肌肉。 讓寶寶可以站得更穩。	注意寶寶的回應，再來修正刺激的力道。
腳底拇指連續推按	腳底拇指連續推按： 雙手握住寶寶一隻腳，將雙手的拇指放在腳趾下腳掌的中心線上。 用拇指指腹緩緩按壓寶寶的腳，由腳趾往下沿著腳掌按至腳跟。 邊按摩邊唱兒歌點點窩窩。 可重複數次。	點點窩窩： 點點窩窩， 白菜三顆， 開花花，結果果。	強化免疫力。	父母可依寶寶的喜好來增加或減少次數，可先由單手開始，視寶寶反應再斟酌是否改為雙手。
腳背分推	腳背分推： 雙手托著寶寶的一隻腳，讓寶寶的腳有支撐的感覺。 用雙手拇指的指腹，由腳背中心向腳邊分推，分推的動作就像是車窗上的雨刷。 可重複數次。	划船： 划船呀划船划呀， 划船呀划船划呀。 小船划得快，划得快呀，繞過這座小山，划過橋呀。 用力用力呀划呀，用力用力呀划呀，不怕風浪大風浪大呀，繞過這座小山，划過橋呀。	讓寶寶腳底肌肉放鬆清醒與敏捷。	善用指腹，從接收器來搜尋寶寶的訊息，您可以感知寶寶的信任與放鬆。

活動 （Activity）	教案重點 （Teaching Point）	使用歌曲 （Song）	功效 （Benefits）	備註 （Notes）
腳部滾動搓揉式	腳部滾動搓揉式： 雙手的手掌相對，夾住寶寶的小腿。從腳踝的方向開始，緩緩地向膝蓋搓揉。 邊按摩邊唱兒歌搓油條。 可重複數次。	搓油條： 搓油條，搓油條，搓成一根香油條，放在鍋裡冒泡泡。	讓寶寶的腿部肌肉更有彈性。	如果對寶寶過於刺激時，請改成按握的手法。
腳部瑞典擠奶式	腳部瑞典擠奶式： 一手握住寶寶的小腳，另一手呈C形。由腳踝往大腿方向緩緩的推滑。 邊按摩邊唱兒歌擠牛奶。 可重複數次。	擠牛奶： 擠牛奶，擠牛奶，擠出的牛奶香又香。 擠牛奶，擠牛奶，擠出的牛奶甜又甜。	讓寶寶的腿部肌肉更有彈性。	如果對寶寶過於刺激時，請改成按握的手法。
腳踝分推	腳踝分推： 雙手握住寶寶一隻腳腳跟部位，雙手拇指同時在腳踝處畫圈。 以同樣的方法按摩另一隻腳。 邊做邊唱兒歌轉圈圈。 可重複數次。	轉圈圈： 轉圈圈、轉圈圈，一圈兩圈三四圈。轉圈圈、轉圈圈，五圈六圈七八圈。	活化腳步關節，讓寶寶可以站得更穩。	這個手法比較刺激，按摩時應注意擺位、力道，專注及與寶寶之間的互動。
腳部耙子按摩	腳部耙子按摩： 可將雙手放在寶寶大腿兩側或其他身體部位。 安穩寧靜的用手掌握住或觸碰寶寶，再慢慢的將手抬起，好像羽毛一樣拂過寶寶的身體。 邊做邊唱兒歌小羽毛。 可重複數次。	小羽毛： 小羽毛，飄呀飄，飄在空中像小鳥。小樹葉，飄呀飄，飄到地上睡大覺。	讓肌肉放鬆下來。	手的撫觸力道逐次減輕，最後就像羽毛一樣地輕盈。想像用耙子式（梳子式）撫去寶寶的緊張，把放鬆的感覺留在寶寶身上。
腹部水車式	腹部水車式： 一隻手掌橫放在寶寶肋骨之下的上腹部，慢慢向下滑按，就像一部轉動	木馬轉轉轉： 看呀，小小木馬，轉呀轉呀小木馬。聽吶，歡聲笑語，啦啦啦啦啦啦小木	讓腹部放鬆下來。 舒緩腸胃不適。 健胃整腸。	要給寶寶時間回應，慢慢地開始。先由一手開始，並不一

活動 （Activity）	教案重點 （Teaching Point）	使用歌曲 （Song）	功效 （Benefits）	備註 （Notes）
	水車上的槳，緩緩地往下划經過水面。另一手也以相同的手法持續再做一次。 雙手輪流交替的動作。 邊按摩邊唱兒歌小木馬。 連續數回。	馬。啦啦啦啦啦啦啦啦，小木馬轉呀轉呀轉。啦啦啦啦啦啦啦啦，小木馬轉呀轉。轉呀轉呀，小小木馬，轉呀轉呀，小小木馬，轉呀轉。		定要雙手同時撫按寶寶，注意寶寶行為訊息之回應，小心調整手法與力道。
腹部拇指分推法	腹部拇指分推法： 雙手握住寶寶腹部，拇指放在肚臍兩側。 從腹部中心向兩邊分推。 邊按摩邊唱兒歌划船。 可重複數次。	划船： 划船呀划船划呀，划船呀划船划呀。小船划得快，划得快呀，繞過這座小山，划過橋呀。用力用力呀划呀，用力用力呀划呀，不怕風浪大風浪大呀，繞過這座小山，划過橋呀。	減緩脹氣及便秘不適。	這個手法可用於脹氣或便秘，力道要慢、緩、柔、圓。
腹部日月法	腹部日月法： 右手橫放在寶寶的右腹上方（即父母的左方），掌跟朝著寶寶肚臍方向。 緩緩地以順時針的方向滑動，畫出半圓，即月式。 邊按摩邊說：「月亮月亮笑咪咪。」 左手橫放在寶寶的右腹上方（即父母的左方），手掌根朝向寶寶肚臍，緩緩地以順時針的方向滑動，畫出半圓，即日式。 邊按摩邊唱兒歌太陽和月亮。 雙手輪流交替的動作，連續數回。	太陽和月亮： 月亮月亮笑咪咪，太陽太陽圓圓臉。	強化消化系統與舒緩脹氣不適。	這是一個刺激較強的手法。當寶寶腹脹不適時，要小心地使用。先用一手來做腹部撫按，探測寶寶腹部是否願意做開，然後緩緩地送入刺激，當寶寶願意做開時，才開始做單手按摩腹部的動作。否則，只需在寶寶的小腹上做按壓的手法，再做背部的舒緩。

活動 （Activity）	教案重點 （Teaching Point）	使用歌曲 （Song）	功效 （Benefits）	備註 （Notes）
腹部我愛你法	腹部我愛你法： 右手掌貼放在寶寶左腹上方。 緩緩向下擦滑，好像是寫出英文字母「I」，同時說出：「我」。 右手掌貼放在寶寶右腹上方。 由右上腹平行橫向擦滑至左上方，再向下滑動到左腹下方。好像寫出一個倒寫的英文字母「Γ」，同時說出：「愛」。 右手掌貼放在寶寶右腹下方。 往上滑動至腹部上方，再滑向左下腹，寫出一個顛倒的英文字母「∩」，同時說出：「你」。 可重複數次。		按摩腸道與腹部。 幫助排氣與放鬆。	這是一個較為刺激的手法，請謹慎使用，操作時請留意寶寶的呼吸。
胸部心形按摩	胸部心形按摩： 雙掌放鬆地平放在寶寶的胸部。 緩慢溫柔地滑過寶寶的胸部，畫出一個心形，您可以感受到自己的手按撫過寶寶的每一根肋骨。 邊做邊唱兒歌畫顆心。 可重複數次。	畫顆心： 畫畫畫顆心，寶寶笑得真開心。	增強呼吸系統。 強化胸肌。	請注意雙掌必須平均施力，同時，覺察寶寶的狀態。可重複數次。
胸部蝴蝶式	胸部蝴蝶式： 雙掌輕鬆平放在兩側肋骨的下方。 將左手掌緩緩向右上方推滑至寶寶的左上肩，並用手指輕輕地揉按肩膀的部位。	花蝴蝶： 花蝴蝶，多美麗，張開翅膀飛呀飛；這裡找，那裡找，蝴蝶蝴蝶你找誰？	增強呼吸系統。 強化胸肌。	撫按時要涵蓋寶寶的肩與頸部肌肉群。

活動 （Activity）	教案重點 （Teaching Point）	使用歌曲 （Song）	功效 （Benefits）	備註 （Notes）
	再用左手掌以相同的手法推按至寶寶的右上肩。 雙掌交替著以對角線做掌擦的動作。 邊做邊唱兒歌花蝴蝶。 可重複數次。			
腋下點按	腋下點按： 一手握住寶寶手臂，將手臂抬高，使腋下顯露出來。 左手手掌平伸、手指並攏，四指指腹平貼在寶寶的右邊腋窩處，由上往下推按。接著換邊按摩。 邊按摩邊唱兒歌小雨滴畫圈。 可重複數次。	小雨滴畫圈： 小雨滴，愛畫圈，河裡江裡都畫遍，一個要比一個圓。 太陽急著出來看，看來看去看不見。	強化淋巴系統。	讓寶寶可以接受的狀態下慢慢輕按。
手部印度擠奶式	手部印度擠奶式： 一手握住寶寶的手腕。 另一手四指相並，與拇指分開呈C形握法，由臂膀開始緩緩地向手腕的方向滑動。 與另一手相會。 邊按摩邊說兒歌擠牛奶。 可重複數次。	擠牛奶： 擠牛奶，擠牛奶，擠出的牛奶香又香。 擠牛奶，擠牛奶，擠出的牛奶甜又甜。	強化上肢，增進背膀肌肉的彈性與抓握力。	由於寶寶較大時喜愛揮舞手，父母按摩的時候，要跟著寶寶的肢體律動來按摩，感覺與他的手是合一的。
手部擠轉式	手部擠轉式： 雙手都呈C形握法，相對握住寶寶的一隻手臂上部。 雙手緩緩由上臂往手腕處擠轉，注意兩手方向一致，直到手腕，停止。 邊按摩邊唱兒歌擠牙膏。 可重複數次。	擠牙膏： 擠牙膏，擠牙膏，嘿呦嘿呦擠牙膏。	強化手臂肌肉。	可單手操作，注意寶寶的回應。適時修正力道，支持寶寶的身體。

活動 （Activity）	教案重點 （Teaching Point）	使用歌曲 （Song）	功效 （Benefits）	備註 （Notes）
手指揉捏	手指揉捏： 一手握住寶寶一隻手，另一隻手以拇指、食指捏住寶寶手指。 以畫圓的動作來揉、按每一根手指。 一邊做一邊唱兒歌手指歌或者手指牛，每按一根手指說一句。 可重複數次。	手指歌： 一個手指顯得太孤單，兩個手指就能握筆桿，三個手指還能繫鈕釦，四個手指就能把碗端，五個手指什麼都能幹，神奇的力量大無邊。 手指牛： 拇指：大牛不吃草。 食指：二牛不吃料。 中指：三牛不拉車。 無名指：四牛不上套。 小指：剩下五牛要不要。	補氣養生。	一定要溫柔的來撚揉寶寶的每一根手指，慢慢地做。只要寶寶容許時，就可多做。
手背輕撫	手背輕撫： 將寶寶的小手背向上平放在一隻手上。 另一手緩緩擦過寶寶的手背。 以同樣的方法按摩另一隻手。 邊按摩邊唱兒歌小小手。 可重複數次。	小小手： 我有一雙小小手，會洗臉來會漱口。會穿衣，會梳頭，自己的事自己做。	增強寶寶手部和指掌的協調與肌力的強化。	可用指腹順著寶寶手背骨邊的肌肉，緩緩按壓，重複數次。
按摩手腕	按摩手腕： 雙手握住寶寶的手，雙手的拇指在寶寶的手腕處畫圈，讓寶寶的手腕放鬆。 邊按摩邊唱兒歌轉圈圈。	轉圈圈： 轉圈圈、轉圈圈，一圈兩圈三四圈，轉圈圈、轉圈圈，五圈六圈七八圈。	活化關節，增強寶寶的抓握力量。	這是較刺激的手法，可斟酌使用。
手部瑞典擠奶式	手部瑞典擠奶式： 一手握住寶寶的手腕。 另一手四指並攏，與拇指分開呈C形握法，由下手臂往上手臂緩緩滑動。 邊按摩邊唱兒歌擠牛奶。	擠牛奶： 擠牛奶，擠牛奶，擠出的牛奶香又香。擠牛奶，擠牛奶，擠出的牛奶甜又甜。	強化手臂肌肉。	這是比較刺激的手法，可單手操作，操作時應注意寶寶的回應，身體語言與寶寶的眼神保持連結。

活動 （Activity）	教案重點 （Teaching Point）	使用歌曲 （Song）	功效 （Benefits）	備註 （Notes）
	重複數次。			
手部滾動搓揉式	手部滾動搓揉式： 雙手的手掌相對，夾住寶寶的手臂。 由上手臂往下手臂搓揉而下。 邊按摩邊唱兒歌搓湯圓。 可重複數次。	搓湯圓： 搓湯圓，搓湯圓，搓成一粒小湯圓，好吃好Q的小湯圓。	強化手臂肌肉。	這是比較的刺激的手法，單手操作，操作時應注意寶寶的回應，身體語言與寶寶的眼神保持連結。
前額開卷法	前額開卷法： 雙手的四指平放在寶寶額頭的中央。 向兩側緩緩地滑動推開。 邊按摩邊唱兒歌大腦袋。 可重複操作，讓寶寶慢慢適應。	大腦袋： 寶寶的腦袋大大，寶寶的腦門亮亮，寶寶寶寶有能量。	安神養氣。	慢慢地做，寶寶抗拒就停手。可重複操作，讓寶寶慢慢適應。
眉心分推	眉心分推： 雙手的拇指放在眉心上。 向眉尾緩緩地推滑。 可重複數次。	小眼睛： 小眼睛，亮晶晶，樣樣東西看得清。	補氣安眠。	容許寶寶吸吮小手，用自己的能力來安撫與統整自己的身心。
鼻梁至頰骨滑推	鼻梁至頰骨滑推： 雙手的拇指放在鼻梁的兩側。 往鼻翼方向抹滑而下。 邊按唱兒歌鼻子。 可重複數次。	鼻子： 鼻頭胖胖像座山，鼻梁高高是山尖，兩個鼻孔似山洞，感冒時候流山泉。	促進呼吸順暢。	慢慢地做，寶寶抗拒就停手。可重複操作，讓寶寶慢慢適應。
唇部點按	唇部點按： 雙手拇指並攏放在寶寶鼻子下方中心處。 按壓寶寶的牙齦，方向是由中央往嘴角兩側按壓。 先按壓上牙齦，再按壓下牙齦。 邊按邊唱兒歌漱口。 可重複數次。	漱口： 小花杯，裝清水，咕嚕咕嚕漱漱嘴。要想牙齒好，吃過東西快漱嘴。	舒緩長牙痛。	寶寶長牙不舒服，可按一按牙齦，舒緩長牙的疼痛。

活動 （Activity）	教案重點 （Teaching Point）	使用歌曲 （Song）	功效 （Benefits）	備註 （Notes）
兩顎旋轉推按	兩顎旋轉推按： 雙手的食指、中指，放在寶寶的兩頰，邊按摩邊唱兒歌小溪和娃娃。 旋推數次。	小溪和娃娃： 小溪小溪流呀流，流出一個小漩渦。娃娃娃娃笑呀笑，笑出兩個小酒窩。	強化臉部肌肉群。	這是較刺激的手法，可由拇指按壓開始，可視寶寶的反應來增減刺激的輸入。
耳朵到下巴	耳朵到下巴： 用雙手的指尖，擦過耳際到耳背。 再往下顎滑動，用指尖輕輕按壓顎下的淋巴。 邊按摩邊唱兒歌摸耳朵。 可重複數次。	摸耳朵： 摸、摸、摸耳朵，小手摸摸小耳朵。	強化免疫力。	慢慢地做，手勁要溫柔。
背部來回掌擦	背部來回掌擦： 寶寶橫著俯臥，雙手放在寶寶的背上。 用掌面擦按寶寶的背部，由上背開始往下背按滑而下，直到與臀部相連的地方。 雙手按摩的方向是上下相反交替。 邊按摩邊唱兒歌按摩背。 可重複數次。	按摩背： 按摩按摩背，困難全後退。按摩按摩背，困難全後退。媽媽給你按按背，寶寶背直不怕累。	幫助全身放鬆下來。 強化呼吸與消化系統。	可以利用換尿布的時間進行背部按摩，同時也可以來一個簡單的臀部按摩。
背部向下掌擦	背部向下掌擦： 一手輕按固定住寶寶的臀部。 然後用另一手以掌擦的手法，由頸部滑按到與在臀部的手相會。 邊按摩邊唱兒歌按摩背。 可重複數次。		安神養氣。	也可以改用按握的方式，此按摩手法是協助寶寶放鬆下來的好方法。
背部旋轉推按	背部旋轉推按： 雙手的四指並攏，放在寶寶的右肩胛處。 用手指指腹依順時針		強化背肌。 強化呼吸系統。 增加全身肌	這是比較刺激的手法，旋推背部時，要緩緩

活動 （Activity）	教案重點 （Teaching Point）	使用歌曲 （Song）	功效 （Benefits）	備註 （Notes）
	方向畫圓旋推，至寶寶的右下背部。 畫圓過脊椎，來到左下背，一直旋推到左肩胛處。 邊按摩邊唱兒歌按摩背。 反覆數回。		群肢體協調。	按滑，柔和深透。若寶寶不喜歡，可改成單手畫圓，並將圓圈加大，或改由手掌來畫圓。
臀部拇指交替旋推	臀部拇指交替旋推：雙手指腹放在寶寶臀部上。 在寶寶的小臀部上推按，好像在寫一個「8」的阿拉伯數字。 邊按摩邊唱兒歌小蜜蜂。 可重複數次。	小蜜蜂： 小蜜蜂，嗡嗡嗡，跳起「8」字舞，大家一起來採蜜。	強化臀部肌肉，調節排泄器官功能。	
背部耙子按摩	背部耙子按摩：右手五指張開，放在寶寶上背部。 輕輕緩緩的像梳子一樣，可重複多次，一次比一次輕，由上背往下背梳過寶寶的背部。 這個動作要越來越輕，最後一次就像羽毛一樣的輕。 邊按摩邊說：「起飛啦！」		放鬆與整合全身肌群。	按摩已接近尾聲。此時，父母可以使用「梳子式」手法，來和寶寶說再見。
瑜伽——搖籃抱法	搖籃抱法：爸爸媽媽放鬆肩膀與頸部，讓自己可以舒服地坐著。可以在腿上放個枕頭。 讓寶寶的臉朝上，一手的手掌扣握著寶寶腋下的上手臂，另一手的手掌朝上握住寶寶的臀部，讓枕頭可以稍微支撐著手與寶寶的重量。		激發前庭覺平衡感。 調節耳壓增加安全感。	對瑜伽完全不熟悉的爸爸媽媽也可以做到。找一個寶寶喝過母乳感覺滿足的片刻，就可以做囉！若是哺餵配方奶的寶寶，需在一小時之後，才能做俯抱方式搖

活動 （Activity）	教案重點 （Teaching Point）	使用歌曲 （Song）	功效 （Benefits）	備註 （Notes）
	將寶寶朝胸前抱著，感覺著寶寶靠在胸前。 吸氣，身體與臉可以轉向左邊，吐氣時，回到中線。 吸氣，身體可以轉向右邊，吐氣時，再回到中線。 感覺自己脊椎底部朝左及朝右慢慢地在轉動。 左右一次，算是一回合，可以連續做幾次，感覺自己逐漸沉靜與放鬆下來。 除了坐著之外，爸爸媽媽也可以站著這樣做。等到寶寶更習慣之後，可以讓寶寶由臉朝上的方法，改成臉朝下。 然後，再以此種抱法，由橫向改成直立而寶寶臉朝向外的抱法（特別是寶寶開始對外在世界感到好奇的時候）。			籃式放鬆擁抱法。
瑜伽——消防員抱法	消防員抱法： 讓自己放鬆地斜躺在床上或沙發上。 一手扶握著寶寶的後頸部，並支撐住寶寶的腦後，另一隻手的手掌握著寶寶的小臀部。 讓寶寶的頭頂著下顎及前頸。 這樣的大放鬆與大休息，能讓父母與寶寶一起沉醉，合二為一。		協助調解寶寶的呼吸。 增加安全感。 使寶寶睡得沉穩。 增加親子交融的滿足感	很多父母都發現，寶寶喜歡被父母抱在胸前，感覺著父母一呼一吸之間的生命律動。

活動 （Activity）	教案重點 （Teaching Point）	使用歌曲 （Song）	功效 （Benefits）	備註 （Notes）
瑜伽——髖關節運動——屈膝及胸	屈膝及胸： 寶寶平躺，臉朝上。 用雙手握住寶寶膝下，讓寶寶的雙腿微張與肩同寬。 讓寶寶屈膝靠住自己的腹部，肋骨下方的位置。 慢慢地鬆開雙手，釋放壓力的同時，使寶寶的雙膝緩緩地離開腹部。 邊按摩邊唱兒歌腿伸直。 看寶寶的狀況，再決定要重複做幾次。	腿伸直： 小腿直、大腿彎，動作做得好，彎腰不犯難。	按摩腸胃，強化呼吸系統。	如果感覺寶寶的腹部使力有點緊繃，要停下來，等待寶寶的腹部放鬆。
瑜伽——髖關節運動——膝蓋左右擺動	膝蓋左右擺動： 寶寶平躺，臉朝上。 用雙手握住寶寶膝下，讓寶寶的雙腿微張與肩同寬。 讓寶寶屈膝靠住自己的腹部，肋骨下方的位置。 雙手將寶寶雙腿拉向右邊。 讓寶寶的雙腿回到身體中心。 雙手將寶寶雙腿拉向左邊。 讓寶寶的雙腿回到身體中心。 邊做邊說兒歌扭一扭。 可重複數次。	扭一扭： 扭！扭！扭一扭，真舒服。 扭！扭！扭一扭，真輕鬆。 身體扭一扭，臀部扭一扭。 扭呀！扭呀！大家一起扭。	強化軀幹核心肌群，胸肌、腹肌與背肌。	要等待寶寶的身體語言，當爸爸媽媽的手感覺到寶寶想要轉時，才能協助寶寶扭動，這是對爸爸媽媽耐心、細心、體貼心的大考驗。
瑜伽——髖關節運動——屈膝及胸——腳踏車式	屈膝及胸—腳踏車式： 寶寶平躺，臉朝上。 用雙手握住寶寶膝下，讓寶寶的雙腿微張與肩同寬。 讓寶寶屈膝靠住自己的腹部，肋骨下方的位置。 然後，慢慢地讓寶寶的腳輪流伸直，好像在踩自行車一般。	蹬輪子： 小腳彎又彎，蹬起小輪子，一、二、三、四、五。小腿一起來跳舞。	強化雙腿肌肉、骨盆、髖關節的彈性。	慢慢來，伸展寶寶的肢體時，要與寶寶一起呼吸、一起移動、一起感覺。

活動 （Activity）	教案重點 （Teaching Point）	使用歌曲 （Song）	功效 （Benefits）	備註 （Notes）
	邊做邊唱兒歌蹬輪子。			
瑜伽──髖關節運動──半蓮花式	半蓮花式：保持騎腳踏車式的姿勢。一手握住寶寶的左腳踝，往右髖骨盆靠攏。另一手握著寶寶的腿，保持伸直的狀態，慢慢做。換另一邊，握住寶寶的右腳踝，往左髖骨盆靠攏。另一手握著寶寶的腿，保持伸直的狀態。邊做邊唱兒歌荷花幾月開。可反覆數次。	荷花幾月開：荷花荷花幾月開？正月不開二月開。荷花荷花幾月開，二月不開三月開。	強化雙腿肌肉、骨盆、髖關節的彈性。	這個姿勢有助於釋放寶寶的骨盆關節。 瑜伽姿勢屬於緩和運動，作為嬰幼兒按摩的輔助活動，在本書第七章介紹。
瑜伽──髖關節運動──蝴蝶式	蝴蝶式：雙手握住寶寶的雙腳腳踝。讓寶寶的腳掌相對，慢慢地向寶寶的腹部靠攏。釋放力量，握住寶寶的雙腳，慢慢使之伸直。邊做邊唱兒歌、蝴蝶。可反覆數次。	小蝴蝶：小蝴蝶，真美麗，兩隻翅膀穿花衣，飛到東來飛到西，快快樂樂採花蜜。	強化大腿內外側之肌肉、腹肌之彈性。明目養神。強化頸椎。脊椎。	觀察寶寶的狀態，再決定做幾次。
肢體伸展──張開翅膀	張開翅膀：雙腿張開，讓寶寶仰臥在兩腿之間。雙手各自握住寶寶的兩個手腕，讓寶寶的雙臂交叉。接著，緩緩地讓寶寶的兩手臂張開，就像是要展翅飛翔的鳥兒一般。邊做邊唱兒歌小天使。重複兩次。	小天使：昨天晚上我又夢見了，有一位小天使對我說，他說我是一位可愛的娃娃，他要為我來祈禱。	明目養神。強化頸椎。強化脊椎。	這個伸展臂膀的動作，可以舒緩肩膀、手臂和上背部的緊張，還能幫助寶寶擴展胸部，讓寶寶能吸入更多氧氣。

活動 （Activity）	教案重點 （Teaching Point）	使用歌曲 （Song）	功效 （Benefits）	備註 （Notes）
瑜伽——趴姿——小眼鏡蛇式	小眼鏡蛇式： 讓寶寶的臉朝下趴著。 可以藉著說話，誇張逗弄寶寶的方式，或是用玩具來吸引寶寶抬頭，增加其挺直頸部的時間。		明目養神。 強化頸椎。 強化脊椎。	當寶寶做得越來越好時，可以吸引寶寶的臉向左右兩邊來練習轉頭，並保持平衡。
瑜伽——對角線動作——對角線交握	對角線交握： 張開雙腿，讓寶寶仰臥在兩腿之間。 一手握住寶寶的右手腕，另一手握住寶寶的左腳踝。 讓右手與左腳交叉，右手往小臀部的方向，腿則往肩膀靠。腿在內側，手在外側，緩緩地交叉。 當手腳交叉在一起時說：「Hello!」 緩緩地拉開，換成腿在外側，手臂在內側，然後復原。 當手腳分開時說：「Bye bye!」 換成左手與右腿交叉。 可先由一次開始，再漸漸加多至三到五次。 較大的寶寶，父母可改握膝蓋，而非腳踝。		強化背脊兩側肌肉。 協調與統整身體雙側感官感受。	手腳交叉的伸展動作，是對寶寶脊椎的伸展。這種伸展能放鬆脊椎兩旁的肌肉，帶來全身舒暢的感覺。
瑜伽——對角線動作——水平交握（腳部）	水平交握（腳部）： 雙手握住寶寶的腳踝，緩緩地帶到寶寶的小肚子前交叉。 然後緩緩讓雙腳伸直。 邊按摩邊唱兒歌荷花幾月開。 可由一次開始，再增加到四次。	荷花幾月開： 荷花荷花幾月開？ 正月不開二月開。 荷花荷花幾月開， 二月不開三月開。	強化腹部，激發與調節全身的免疫系統。	雙腳交叉的動作，可以增加骨盆、薦骨和背脊連結部分的彈性，並溫和地按摩腹部的臟腑器官，讓寶寶的腹腔更強壯喔！

活動 （Activity）	教案重點 （Teaching Point）	使用歌曲 （Song）	功效 （Benefits）	備註 （Notes）
瑜伽——對角線動作——水平交握（手部）	水平交握（手部）：讓寶寶平躺（或站立），臉朝上。握住寶寶的雙手，伸直在胸前。邊做邊說：「我。」將寶寶的手張開，伸展開來。邊做邊說：「愛。」讓寶寶的手互相交叉，環抱住寶寶的身體。邊做邊說：「你。」		強化呼吸系統。	爸爸媽媽可以有誇張的表情及聲音，讓寶寶開心興奮起來。這個瑜伽運作是上面幾個瑜伽體位法的變化動作。父母在幫寶寶做時，一樣要看看寶寶在互動中的回應，再來決定要玩得誇張與否。當然，也要考慮寶寶做完瑜伽後的日常活動為何。接近午睡時間，當然就要安靜些才好。
瑜伽——髖關節運動——屈膝及胸	屈膝及胸：雙手各自握住寶寶的小腿肚。並行往寶寶的肚子靠近，停住一會兒。然後緩緩讓寶寶的雙腳伸直。邊做邊唱兒歌上上下下。可由一次開始，再漸增到四次。	上上下下：白雲山上飄呀飄，馬兒山下跑呀跑。小鳥樹上喳喳叫，小兔樹下蹦蹦跳。	強化消化與排泄系統。	如果寶寶不想伸直雙腿，可以藉著抖動或震動寶寶小腳的方式，鼓勵寶寶慢慢地放鬆伸直。
瑜伽——舉抬法——飛向月球	飛向月球：站著雙腳打開與肩同寬。彎著腰，將寶寶的臉朝向鏡子，雙手握著寶寶腋下的胸部兩側。對著寶寶說：「舉高高哦！一、二、三！」	盪鞦韆：一二三，三二一，小寶寶，盪鞦韆，盪過河，盪過山，一盪盪到白雲邊。	調節前庭覺。強化背脊肌群。	給寶寶時間，慢慢習慣高度與速度。加上音樂聲調，幽默感與想像力，寶寶越大越愛玩喔！

活動 （Activity）	教案重點 （Teaching Point）	使用歌曲 （Song）	功效 （Benefits）	備註 （Notes）
	讓寶寶緩緩離開地面，抬到最高點，再慢慢放下。 當寶寶習慣被高舉後，可以與寶寶一起發展，各種用身體盪鞦韆的方法。 邊做邊唱兒歌盪鞦韆。			這個遊戲不適合 6 個月以下的嬰兒
肢體伸展 ──飛機快飛	飛機快飛： 躺在軟墊上，臉朝上。 屈膝抬高。將寶寶抱在空中，讓寶寶的臉與自己對望著。 和寶寶打招呼，告訴寶寶要玩坐飛機的遊戲。 讓寶寶坐到的爸爸（媽媽）腳踝關節處，寶寶的前胸靠著爸爸（媽媽）的小腿。 雙手扣握著寶寶的上手臂。 等寶寶準備好時，開始上下移動，等寶寶逐漸喜歡後，再慢慢地增加速度。 （可以配合著上下擺動的速度來唱兒歌小飛機。） 最後，再將寶寶抱到胸前上方，與寶寶相視而笑。	小飛機： 我的小小飛機， 隆隆隆隆響。 小飛機呀小飛機， 我呀我愛你。 我的小小飛機， 隆隆隆隆響。 請你快快上來， 我把飛機開。	強化與調節前庭及全身的平衡系統。	用聲音的大小等變化與移動的律動配合，吸引寶寶保持同步與共鳴的互動歷程。
肢體伸展 ──坐下、站起來	坐下、站起來： 盤腿坐在軟墊上。 寶寶臉朝外，讓寶寶坐在爸爸（媽媽）的小腿上。 握著寶寶腋下的胸部兩側。 寶寶一起面對一面大鏡子。	跳起來： 跳起來跳起來， 高高興興跳起來。 跳起來跳起來， 高高興興跳起來。 雙手抓緊往上跳。 我們一起飛起來 跳起來跳起來， 高高興興跳起來。	強化腿肌、背肌。	寶寶要自行施力站立，父母只是陪伴扶持。當寶寶成功站立時，要高興地鼓勵寶寶喔！

活動 （Activity）	教案重點 （Teaching Point）	使用歌曲 （Song）	功效 （Benefits）	備註 （Notes）
	當寶寶腳使力蹬，想站起來的時候，就幫忙支撐寶寶的身體，讓寶寶站起來。 重複，並誇張地邀請寶寶站起來和坐下，說「站起來，坐下」。 邊做邊唱兒歌跳起來。			

二、課程教案：單元2

課程教案（Lesson Plan）　課程（Course Work）
日期（Date）：　　時間（Time）：

活動 （Activity）	教學重點 （Teaching Point）	使用歌曲 （Song）	功效 （Benefits）	備註 （Notes）
開場 自我介紹 歡迎歌 環境介紹	各位爸爸媽媽好，歡迎來到嬰幼兒按摩教室，今天由我○○老師為大家教授嬰幼兒按摩。 唱歡迎歌，相互介紹。 介紹環境： 我們教室設有空調、哺乳室、緊急逃生出口、洗手間、休息室。相信爸爸媽媽也帶了上次要求帶的大毛巾和按摩油，那麼接下來我們要開始做暖身活動了。請將寶寶安全的放在旁邊，請爸爸媽媽站起來，和我們一起做暖身。	歡迎歌（歡樂頌改編）： 老師唱：「歡迎歡迎，熱烈歡迎，歡迎大家來這裡，我的名字叫做XX（老師），你的名字叫什麼？」 家長：「我的名字叫做XX（家長）。」 老師唱：「歡迎你來到這裡。」		

活動 （Activity）	教學重點 （Teaching Point）	使用歌曲 （Song）	功效 （Benefits）	備註 （Notes）
暖身活動	暖身活動： 1. 腹式呼吸法 2. 頭部：頭部運動（4個八拍） 3. 肩部：肩部繞環（4個八拍） 4. 腰部：腰部運動（拉伸、扭轉）（4個八拍） 5. 腿部：交叉抬腿（4個八拍） 6. 膝蓋：膝蓋環繞（4個八拍） 7. 活動手腕、腳腕（4個八拍） 8. 向上提拉（踮腳尖、手部盡力往上伸展） 9. 腹式呼吸（鼻子吸氣嘴巴吐氣） 請各位家長帶著小朋友坐到自己位子上，我們準備開始今天的按摩課程。			
手部印度擠奶式 腳部印度擠奶式	按照3-4-2的手法實施。 腳部印度擠奶式：雙手呈C形，輕柔緩慢交替在腿部和手臂上進行按壓。	鈴兒響叮噹： 叮叮噹！叮叮噹！鈴兒響叮噹， 我們滑雪多快樂，我們坐在雪橇上。 叮叮噹！叮叮噹！鈴兒響叮噹， 我們滑雪多快樂，我們坐在雪橇上。 叮叮噹！叮叮噹！鈴兒響叮噹， 我們滑雪多快樂，我們坐在雪橇上。 叮叮噹！叮叮噹！鈴兒響叮噹， 我們滑雪多快樂，我們坐在雪橇上。	增強肌肉彈性，使進肌肉張力，使肌肉更結實，有助於嬰幼兒爬行。	
臀部拇指交替旋推	臀部拇指交替旋推：在臀部以躺著的8字型，雙手交替按摩。	粉刷匠： 我是一個粉刷匠，粉刷本領強。	幫助寶寶緩解便秘、減輕	

活動 （Activity）	教學重點 （Teaching Point）	使用歌曲 （Song）	功效 （Benefits）	備註 （Notes）
		我要把那新房子刷得更漂亮， 刷了房頂又刷牆，刷子像飛一樣， 哎呀我的小鼻子變呀變了樣。 我是一個粉刷匠粉刷本領強。 我要把那新房子刷得更漂亮， 刷了房頂又刷牆，刷子像飛一樣， 哎呀我的小鼻子變呀變了樣。	肌肉緊張。	
腹部我愛你	腹部我愛你法： I（肋骨下方往下）。 L（倒L的方法）。 U（倒U的方法）。	Apple, I love you： Apple, I love you , Apple apple, I love you, I love you. Hello Mommy, Hellow Hellow, I love you. Hellow Daddy, Hellow Hellow, I love you. Daddy! Mommy!hello, I love you.	促進孩子腸胃的蠕動，舒緩脹氣。	
腹部水車式	腹部水車式： 用手掌在腹部由上往下輕撫按摩	三輪車： 三輪車跑得快， 上面坐個老太太， 要五毛給一塊， 你說奇怪不奇怪。	促進孩子腸胃蠕動，舒緩脹氣。	
腹部日月法	腹部日月法： 右手放在幼兒腹部肋骨以下，順時針轉半圈，左手放在幼兒腹部肋骨以下，順時針轉一圈。	數鴨子： 數鴨子，門前大橋下， 游過一群鴨， 快來快來數一數， 二四六七八， 咕嘎咕嘎，真呀真多呀， 數不清到底有多少鴨， 數不清到底有多少鴨。	這個手法可以讓幼兒腸胃消化更好，可以讓孩子多喝一些奶。	
臉部旋轉推按	臉部旋轉推按： 食指與中指並攏，從寶寶的兩顆開始，沿顎骨周邊以指腹在寶寶臉部肌肉畫小圈圈。	幸福的臉： 幸福有沒有在我身邊，怎麼一直看不見。幸福有沒有在你那邊，讓我看看它的	鍛鍊幼兒咀嚼肌、緩解幼兒厭奶情緒。	

活動 （Activity）	教學重點 （Teaching Point）	使用歌曲 （Song）	功效 （Benefits）	備註 （Notes）
	按摩者繼續向外、向上連續畫小圈圈按摩，一直到額頭兩側。	臉。家裡已經找了好多遍，只有溫暖的房間。爸爸說幸福就在鏡子裡，那就是我快樂的臉。老師說如果欲望能夠少一點，快樂就會多一些。愛惜地球給我們的資源，隨時記在心裡面。我用善良禮貌的雙眼，發現大家幸福的臉。		
背部蝴蝶式	背部蝴蝶式： 手呈交叉形狀，從下往上在寶寶的背部進行撫摸，同時注意寶寶的頭部不要壓到呼吸道。	蝴蝶蝴蝶真美麗： 蝴蝶蝴蝶真呀真美麗， 頭戴著金絲身穿花花衣。 你愛花兒花也愛你， 你會跳舞她有甜蜜。	安撫情緒、當孩子有咳嗽的症狀時，這個動作可以舒緩咳嗽。	
瑜伽——髖關節運動——屈膝及胸—腳踏車式	屈膝及胸—腳踏車式： 雙手握住孩子的腳踝，左右手交替推動。	騎大馬： 小娃娃，騎大馬， 呱噠呱噠呱噠噠。 一騎騎到外婆家， 外婆對他笑哈哈。	促進爬行期孩子的下肢肌肉發展，以及髖關節的活動。	
放鬆活動	這次的按摩課程到這裡就結束了，相信爸爸媽媽們已經有些累了，讓我們一起做一個放鬆的活動，請將你們的寶寶安全地放置在旁邊。爸爸媽媽躺在寶寶身邊，注意安全哦。 放鬆情景： 慢慢地閉上眼睛，把注意力放在最底端，深深地吸一口氣，慢慢地吐出來，想像自己在一片大海上，坐著一艘小船飄啊飄，就只有你一個人，風吹過你的頭髮，溫暖著你的心，四周到處都是藍色的，藍色的	使用輕音樂「天空之城」		

活動 （Activity）	教學重點 （Teaching Point）	使用歌曲 （Song）	功效 （Benefits）	備註 （Notes）
	海，藍色的天，藍得發亮，小船隨著風，慢慢地飄啊飄，飄啊飄，你就躺在船頭看著天空，腦海中一片空白，就這樣靜靜地、靜靜地看著。			
再見歌	現在我們唱一首再見歌，正式結束這個課程。	再見歌： 爸爸再見，媽媽再見，寶寶再見，我們揮揮手說再見！		

三、課程教案：單元3

課程教案（Lesson Plan）　　**課程**（Course Work）
日期（Date）：　　**時間**（Time）：

活動 （Activity）	教學重點 （Teaching Point）	使用歌曲 （Song）	功效 （Benefits）	備註 （Notes）
歡迎式	介紹按摩教室的環境，唱歡迎歌，相互介紹問好，了解家長需求。	歡迎歌： 朋友你好，握握手，握握手，好朋友。 朋友你好，握握手，握握手，好朋友。	歡迎式的目的，是為了讓家長了解按摩教室基本用具的功能和位置，增進老師和家長之間的熟悉度和親密感。	要特別注意在介紹按摩教室環境時，應強調玩具已消毒，以及注意提醒家長在開始正式按摩前應準備的用具，如按摩油、軟墊等，最後在與家長的互動中，要了解每位家長希望在按摩教室學到什麼，可以解決寶寶當前哪些不適的狀況。

活動 （Activity）	教學重點 （Teaching Point）	使用歌曲 （Song）	功效 （Benefits）	備註 （Notes）
暖身活動	頭部運動： 雙腳站直並與肩同寬，雙手叉腰，頭部前後各點兩下，左右各點兩下，從順時針繞頭，再逆時針繞頭。 肩部運動： 左手搭在左肩上，右手搭在右肩上，同時以肩關節為中心順時針轉動，再逆時針轉動。 腰部運動： 雙手叉腰，腰部呈順時針扭動，再呈逆時針扭動。 膝關節運動： 雙膝並攏彎曲，雙手搭在雙膝上，從前往後轉動，再從後往前轉動。 體側伸展運動： 雙腳打開，雙膝與肩同寬，右手叉腰，左手抬高伸直，並向右側彎曲，然後再以同樣的動作交換左右手。 腹式呼吸法： 雙腳打開，雙膝站直與肩同寬，雙手十指交叉放置腹部，吸氣，慢慢將手抬高至胸前，吐氣，慢慢將手放下至腹部位置。	Moonglow: It must have been moonglow, way up in the blue. It must have been moonglow that led me straight to you. I still hear you sayin', 'Sweet child, hold me fast'. And I keep on prayin', 'Oh Lord, please let this last'. We seemed to float right through the air. Heavenly songs seemed to come from everywhere. And now when there's moonglow, way up in the blue. I'll always remember, that moonglow gave me you.	暖身活動的目的是放鬆心情，減輕心理壓力，使自己心身愉快，營造輕鬆氣氛。 1. 頭部運動可以預防頸椎病。 2. 肩關節運動可以增強頸肩臂膀肌肉和骨骼的協調性。 3. 扭腰可以強腰壯腎。 4. 膝關節運動可以改善膝部血液循環。 5. 體側伸展運動可以讓身體的肌肉變得更加柔軟，促進血液循環。 6. 腹式呼吸法可以讓自己情緒安定，使身體達到放鬆狀態。	

活動 （Activity）	教學重點 （Teaching Point）	使用歌曲 （Song）	功效 （Benefits）	備註 （Notes）
C形握法 （爬下繩子）	C形握法（爬下繩子）： 雙手呈C字型握住嬰幼兒的手臂，並從上往下雙手交替按壓，像爬繩索一樣再從下往上進行一次。	爬繩索： 小老鼠，上燈檯，偷油吃，下不來，喵喵喵，貓來了，嘰哩咕嚕滾下來。	溫和地舒展寶寶的手臂和手掌，刺激大肌肉動作和精細動作的發展，緩解成長帶來的肌肉疼痛，增進親子關係。	注意力度，隨時關注幼兒情緒。
掌心點按 （小兔跳）	掌心點按（小兔跳）： 「小兔跳」將幼兒手心翻向自己，手掌有節奏地按壓幼兒手掌，兩手一起或兩手交替進行。	小兔跳： 小白兔，白又白，兩隻耳朵豎起來，愛吃蘿蔔和青菜，蹦蹦跳跳真可愛。		
腹部拇指分推法	腹部拇指分推法： 把寶寶放在墊子上，面朝上。然後雙手放在寶寶的肋骨下面，從左右兩側分推，從中間向兩邊畫八字。	上學歌： 我去上學校，天天不遲到。愛學習，愛勞動，長大要為人民立功勞。（兩遍）	腸胃蠕動、幫助寶寶消化跟改善便秘。	要根據寶寶的年齡跟情緒，決定要不要加大手的力度。
腹部水車式	腹部水車式： 把寶寶放在墊子上，面朝上方，雙手放在寶寶的肋骨下面，然後從上往下輕輕的滑下來。	兩隻老虎： 兩隻老虎，兩隻老虎，跑得快，跑得快。一隻沒有耳朵，一隻沒有尾巴。真奇怪，真奇怪。（兩遍）		
眉心分推	眉心分推： 拇指指腹輕輕沿著眉骨向上分推，慢慢向外擴展分推。	小星星： 一閃一閃亮晶晶，滿天都是小星星，掛在天上放光明，好像許多小眼睛。	可以安撫寶寶情緒，放鬆情緒的同時，幫助寶寶放鬆肌肉，同時也可以讓寶寶感覺到家長的關懷。	進行按摩的時候注意手法的準確性，時刻注意寶寶的反應，隨時調整動作。
唇部點按	唇部點按： 拇指指腹沿著寶寶嘴部輪廓從上至下、從內到外一圈進行按摩。	牙牙樂： 豐富的維C加維E，牙牙樂，有營養，牙牙健康白又壯。	幫助解決長牙期間寶寶流口水的問題，鍛鍊嘴部肌肉，幫助寶寶健康長牙。	臉部是寶寶敏感部位，要時刻注意寶寶的情緒和手法力道。

活動 （Activity）	教學重點 （Teaching Point）	使用歌曲 （Song）	功效 （Benefits）	備註 （Notes）
背部來回掌擦 背部蝴蝶式	背部來回掌擦：雙手平放嬰兒背部，從背部向下按摩，用掌面輕輕按背部往下滑，從上往下，雙手交替進行。 背部蝴蝶式：右手自寶寶背部左下方向右上方按摩；左手自背部右下方向左上方按摩；撫按時記得要按摩肩和頸部。	小燕子： 小燕子穿花衣，年年春天來這裡，我問燕子你為啥來，燕子說，這裡的春天最美麗。 花蝴蝶： 花蝴蝶，飛飛飛，小小雞，追追追！一追追到花叢裡，指指花朵叫蝴蝶。	可以舒緩寶寶的背部肌肉，促使肌肉放鬆。同時也可以讓寶寶感覺被愛。 安撫寶寶的情緒，促進背部血液循環。	進行嬰兒按摩時，要隨時觀察寶寶的表情、反應，適時調整按摩的力道和方式。要注意手法、力道，避免弄傷寶寶。
腳趾揉捏	腳趾揉捏：輕輕抬起寶寶的一隻腳，拇指與食指以畫圓的方式揉、按每一根腳趾頭。另一隻腳用相同的方式按摩。	讓我們盪起雙槳：讓我們盪起雙槳，小船兒推開波浪，海面倒映著美麗的白塔，四周環繞著綠樹紅牆。	幫助寶寶放鬆心情、幫助寶寶舒緩肌肉，促進腳部血液循環。	動作要盡量輕柔緩慢，放鬆寶寶的心情。
臀部拇指交替旋推	臀部拇指交替旋推：右手握住幼兒右側手臂，左手拇指指腹由下到上由內向外在寶寶右側臀部畫圈。換一側以同樣按摩手法進行按摩。	智慧樹： 紅果果紅果果紅紅紅，綠泡泡綠泡泡綠綠綠，咕咚咕咚咕咚咕咚咕咚咚，爬點點爬點點爬爬爬。	緩解便秘壓力，利於寶寶排便。	兩邊按摩力道一樣，換邊時，注意固定好幼兒左側手臂。
瑜伽——髖關節運動——屈膝及胸	屈膝及胸：輕輕握住寶寶的踝關節，抖一抖，為寶寶舒緩一下肌肉，與寶寶培養親密的感情。然後媽媽輕輕抬起寶寶的小腿，移向寶寶的胸部，反覆做幾次，讓寶寶更加放鬆，唱兒歌邊為寶寶做按摩。	大風車： 大風車呀吱悠悠的轉，這裡的風景呀真好看，天好看，地好看，還有一群快樂的小夥伴。	增強消化系統的功能，促進腸胃蠕動。 幫助寶寶鍛煉腿部肌肉，促進大動作的協調。	要根據寶寶的適應程度調整提膝的高度。要配合兒歌為寶寶按摩，舒緩寶寶的不適感。

活動 （Activity）	教學重點 （Teaching Point）	使用歌曲 （Song）	功效 （Benefits）	備註 （Notes）
瑜伽—— 髖關節運 動——半 蓮花式	半蓮花式： 輕輕握住寶寶的 右腿，用右腿去 觸碰左邊髖骨， 然後換方向用左 腿去觸碰右邊髖 骨。反覆做幾次 循環。	春天在哪裡： 春天在哪裡呀， 春天在哪裡，春 天在那小朋友的 眼睛裡，這裡有 紅花呀，這裡有 綠草，還有那會 唱歌的小黃鸝。		

四、課程教案：單元4

課程教案（Lesson Plan）　課程（Course Work）
日期（Date）：　　時間（Time）：

活動 （Activity）	教學重點 （Teaching Point）	使用歌曲 （Song）	功效 （Benefits）	備註 （Notes）
歡迎式 自我介紹 環境介紹	自我介紹；講述 課堂基本規則和 介紹教室環境； 以及和家長溝通 了解他們寶寶的 年齡以及他們的 需求。	歡迎歌： （由生日快樂歌改 編） hello hello welcome, hello hello welcome, hello hello welcome, welcome my dearfriend. 好朋友你好， 好朋友你好， 好朋友你好， 好朋友你好。	讓家長們更快 地了解和適應 環境，避免意 外事故的發 生；透過了解 老師上課內容 和基本上課規 則；更好地解 決家長需求。	
基本抱持 法	站立抱法： 嬰兒與你同樣面 向前方，以向 前直立式抱法抱 起寶寶。將右手 臂稍微放低，右 手掌與前臂仍然 支撐著孩子的胸 腔。 搖籃抱法： 讓寶寶的臉朝 上，左手從嬰兒 的右側腋下繞過		1. 使媽媽身心 　放鬆，也避 　免按摩時受 　傷。 2. 不同的抱 　姿，適用於 　不同的生活 　情境下，以 　此給寶寶最 　舒服的身心 　體驗；同時 　也可以增進 　親子感情。 3. 按摩時翻身	

活動 （Activity）	教學重點 （Teaching Point）	使用歌曲 （Song）	功效 （Benefits）	備註 （Notes）
	去，手掌支撐寶寶的頸部與肩背部分，右手從嬰兒正面胯下越過背後，托住寶寶的臀部，支撐寶寶的重量，形成一個座位的形狀。 老虎爬樹抱法：寶寶的臉朝下、頭靠在你自然彎曲的左手肘內側，寶寶的腿在照顧者左手臂前端處。左手臂從寶寶的背後，跨越左肩，左手掌輕輕握住寶寶右大腿根部，左手前臂對角線般的穿過寶寶的身體，支撐嬰兒的重量。右手從嬰兒背後，越過胯下托住孩子，右手手掌輕握左手前臂外側。 消防員抱法：嬰兒臉朝向照顧者，寶寶的身體靠在照顧者的肩膀上。右手扶住寶寶背部，左手前臂托住寶寶臀部。寶寶身體正面貼靠在照顧者胸前，形成穩固的支撐。		的正確動作，避免寶寶受傷。 4. 按摩過程中給寶寶最大的安全感，使其放鬆。	
腳趾揉捏	腳趾揉捏： 一隻手握住孩子的腳掌，然後另一隻手揉捏孩	一同去郊遊（改編）： 走走走走走， 我們小手拉小腳，	腳部按摩可以讓寶寶安然入睡，而且也比較少哭鬧。	

活動 （Activity）	教學重點 （Teaching Point）	使用歌曲 （Song）	功效 （Benefits）	備註 （Notes）
腳踝分推 腳背推按	子的腳趾，按摩時，要稍稍用力，並且保持手法的平穩。 腳踝分推： 一隻手托住腳後跟，另一隻手的拇指向下撫按腳底。然後，把四個手指聚攏放在寶寶的腳踝，用大拇指推按。 腳背推按： 雙手握住孩子的腳背，然後從兩邊分推。	走走走走走， 一同去郊遊。 搖籃曲： 睡吧睡吧我親愛的寶貝，媽媽的雙手輕輕搖著你， 睡吧睡吧我親愛的寶貝， 媽媽的雙手輕輕搖著你。		
手部印度擠奶式 手部瑞典擠奶式 掌心點按 （小兔跳）	手部印度擠奶式： 手呈C形握住寶寶的腿或手，從近心端往遠心端依次遞進，看寶寶表情與反應適當調整力道。 手部瑞典擠奶式： 手依舊呈C形握住寶寶的腿或手，從遠心端往近心端依次遞進按摩，看寶寶表情與反應適當調整力道。 掌心點按（小兔子）： 用拇指指腹輕輕按壓寶寶的手掌肉，單指或雙指依照寶寶的適應程度來切換。	唐僧騎馬： 唐僧騎馬咚那個咚，後面跟著個孫悟空。孫悟空，跑得快，後面跟著個豬八戒。豬八戒，鼻子長，後面跟著個沙和尚。沙和尚，挑著籮，後面來了個老妖婆。老妖婆，真正壞，騙過唐僧和八戒。唐僧八戒真糊塗，是人是妖分不出。分不出，上了當，多虧孫悟空眼睛亮。眼睛亮，冒金光，高高舉起金箍棒。金箍棒，有力量，妖魔鬼怪消滅光！	1. 爬行兒需要訓練四肢的肌肉，才有能力爬行，這兩個擠奶式有助於促進寶寶肌肉張力，使肌肉更結實。 2. 放鬆肌肉。	1. 擠奶式：看寶寶表情與反應適當調整力道。 2. 掌心點按（小兔跳）：用手的指腹，單指或雙指依照寶寶的適應程度來切換。
胸部心形按摩	胸部心形按摩： 雙掌放鬆平放在寶寶胸部，緩緩地溫柔畫過寶寶胸部，在胸部畫	小兔子乖乖： 小兔子乖乖，把門兒開開，快點兒開開，我要進來。不開不開不能開，媽	1. 舒展胸大肌，增強呼吸系統，促進血液循環。	1. 按摩前注意修剪指甲，注意個人衛生。

活動 （Activity）	教學重點 （Teaching Point）	使用歌曲 （Song）	功效 （Benefits）	備註 （Notes）
胸部蝴蝶式 背部蝴蝶式 背部小熊走路	出一個心形，感受手指撫按過寶寶每一根肋骨。依次畫出大中小三個心形。 胸部蝴蝶式：雙掌放鬆平放在寶寶的肋骨下方，將右手斜向上45度，順著手指的方向，輕柔平滑地撫摸一直來到寶寶的右肩胛骨，輕輕握住然後放開，然後左手呈45度斜向上撫摸直至握住寶寶的左肩胛骨，握住放開。 背部蝴蝶式：雙掌放鬆平放在寶寶的內褲上方，將右手斜向上45度，順著手指的方向輕柔平滑地撫摸一直來到寶寶的左肩胛骨，輕輕握住然後放開，然後左手呈45度斜向上撫摸直至握住寶寶的右肩胛骨，握住放開。 背部小熊走路：雙掌上下輕輕平放在寶寶脊柱兩側，兩掌在脊柱兩側輕輕按壓，從上到下，再從下至上來回交替。	媽沒回來，不能把門開。 少年英雄小哪吒： 他！是他！是他！就是他！ 我們的朋友，小哪吒。 是他！就是他！ 是他！就是他！ 少年英雄小哪吒， 上天他比天要高， 下海他比海更大， 智鬥妖魔降鬼怪， 少年英雄就是小哪吒。 葫蘆娃： 葫蘆娃，葫蘆娃， 一根藤上七朵花。 風吹雨打都不怕， 啦啦啦啦。 叮噹噹咚咚噹噹， 葫蘆娃， 叮噹噹咚咚噹噹， 本領大， 啦啦啦啦。	2. 放鬆肌肉，舒緩情緒。	2. 雙掌平均施力，注意力道適中，時刻注意寶寶的表情和情緒，調整節奏。
瑜伽——髖關節運動——屈膝及胸—腳踏車式	腳踏車式：將寶寶的雙腳輕輕握住，並做出騎腳踏車的動作。	蟲兒飛： 黑黑的天空低垂，亮亮的繁星相隨，蟲兒飛，蟲兒飛，你在思念誰。	可以鍛鍊寶寶的下肢肌肉，可以促進寶寶的下肢肌肉張力，對於寶寶	

活動 （Activity）	教學重點 （Teaching Point）	使用歌曲 （Song）	功效 （Benefits）	備註 （Notes）
瑜伽—— 髖關節運 動——蝴 蝶式	蝴蝶式： 將寶寶的左腳掌 與右腳掌對齊， 兩腿像蝴蝶一樣 上下輕輕的搧 動。	The butterfly: Fly fly fly,the butterfly, in the meadow, it is flying high, in the gardern, it is flying low. Fly fly fly, the butterfly.	爬行、站立有 很大幫助。	
背部耙子 按摩（梳 子式）	背部耙子按摩 （梳子式）： 寶寶俯臥（趴 著），腳朝向按 摩者。按摩者手 指張開、手掌向 下，指尖朝向寶 寶的頭部，四指 指腹放在靠近寶 寶脖子的位置。 按摩者手指像梳 子或者耙子一 樣，從頸部下方 向下滑動撫觸到 寶寶的臀部上 方，切記不要直 接按摩脊柱。按 摩者的手應使用 少許壓力在寶寶 的背部移動，力 道過輕會使寶寶 感到癢。 寶寶放鬆完了， 該爸爸媽媽們 了，現在請爸爸 媽媽們跟著我一 起來做瑜伽放鬆 一下。			
腹部日月 法	腹部日月法： 右手在腹部周圍 先畫一個半圓， 左手再畫一個半 圓，以此來回交 替。	粉刷匠： 我是一個粉刷匠， 粉刷本領強，我要 把那新房子刷得更 漂亮，刷了房頂又 刷牆，刷子像飛一 樣。哎呀我的小鼻 子變呀變了樣，我 是一個粉刷匠，粉 刷本領強，我要把	可以有效緩解 寶寶脹氣，促 進腸道蠕動， 改善便秘的問 題，也能增進 寶寶觸覺敏感 度，讓親子交 流更加緊密。	1.水車式：結 合寶寶表情 與反應，適 當調整節奏 和頻率。 2.3-2-5日月 式：看看寶 寶的反應， 根據寶寶的 反應做速度

活動 （Activity）	教學重點 （Teaching Point）	使用歌曲 （Song）	功效 （Benefits）	備註 （Notes）
腹部水車式	腹部水車式： 肋骨以下雙手前後交替從腹部上方往下推，反覆來回。	那新房子刷得更漂亮，刷了房頂又刷牆，刷子像飛一樣。		和力道的拿捏。
腹部拇指分推法 腹部我愛你法	腹部拇指分推法： 雙手由肚臍中心分別往外推，重複數次。 腹部我愛你法： 在橫膈膜位置按照順序畫一組倒過來的大寫I、ㄥ、∩字母。	兩隻老虎： 兩隻老虎，兩隻老虎，跑得快，跑得快，一隻沒有眼睛，一隻沒有尾巴，真奇怪，真奇怪。兩隻老虎，兩隻老虎，跑得快，跑得快，一隻沒有眼睛，一隻沒有尾巴，真奇怪，真奇怪。		
兩顎旋轉推按 唇部點按	兩顎旋轉推按： 四指並攏，將雙手輕輕放在寶寶咀嚼肌的位置，隨著音樂慢慢地以畫圈的方式進行按摩。 唇部點按： 四指並攏，雙手輕輕置於寶寶臉頰兩側，大拇指分別由中間向兩側嘴角輕輕按壓。上唇由人中溝按壓至嘴角，下唇由下巴中間按壓至嘴角。寶寶適應點按式的按摩強度後，可以由點按式轉為分推式，即大拇指由點按的方式轉變為一直由唇部中間推向嘴角。	三隻小熊： 有三隻小熊，住在一起，熊爸爸，熊媽媽，熊寶寶。熊爸爸胖胖的，熊媽媽很苗條，熊寶寶非常可愛。嗚呼嗚呼好棒喲！ 小毛驢： 我有一隻小毛驢我從來也不騎，有一天我心血來潮騎著去趕集。我手裡拿著小皮鞭我心裡正得意，不知怎麼嘩啦啦啦啦我摔了一身泥。 做人要勤勞： 媽媽說中國有一句話， 爸爸說我聽著它長大， 奶奶說做人要勤勞， 爺爺說活到老學到老。 姊姊說該學的真不少，	1. 緩減臉部的肌肉疲勞，在寶寶長牙的過程中尤其重要。同時也有助於減輕寶寶流口水的現象。 2. 在按摩的過程中可以加強寶寶肌膚的耐受力。 3. 任何一次對寶寶的撫摸，都是媽媽和寶寶共同的心靈語言。按摩可以讓媽媽和寶寶之間獲得一種親密無間的情感。	1. 按摩前媽媽一定要事先將指甲剪短，以免傷害到寶寶。 2. 按摩前清潔雙手，在按摩的時候輕輕搓揉雙手，必要時可以加入植物按摩油。 3. 按摩時媽媽的力道由輕到重慢慢加壓，動作要舒緩，讓寶寶有一個適應的過程。 4. 做的過程中要注意觀察寶寶的情緒變化，若寶寶表現得焦躁不安或哭鬧時，要立即停止該動作。

活動 （Activity）	教學重點 （Teaching Point）	使用歌曲 （Song）	功效 （Benefits）	備註 （Notes）
		哥哥說書裡書外都重要， 老師說它是手中的寶， 我們說活到老學到老。		
瑜伽——對角線動作——對角線交握	對角線交握：將寶寶的左腳輕輕抬起來，去找寶寶的右手，輕輕觸碰後，慢慢地放下來；再將寶寶的右腳輕輕的抬起來，去找寶寶的左手，輕輕觸碰後，再慢慢地放下來。	小老鼠上燈臺： 小老鼠，上燈臺， 偷吃油，下不來， 喵喵喵，貓來啦， 嘰哩咕嚕滾下來。 小老鼠，上燈臺， 偷吃油，下不來， 喵喵喵，貓來啦， 嘰哩咕嚕滾下來。 小老鼠，上燈臺， 偷吃油，下不來， 喵喵喵，貓來啦， 嘰哩咕嚕滾下來。 小老鼠，上燈臺， 偷吃油，下不來， 喵喵喵，貓來啦， 嘰哩咕嚕滾下來。		
結束放鬆	寶寶的按摩課程結束了，我們來給寶寶做一個背部耙子按摩（梳子式），放鬆寶寶全身肌肉。	鈴兒響叮噹： 叮叮噹！叮叮噹！ 鈴兒響叮噹， 今晚滑雪多快樂， 我們坐在雪橇上。	1. 放鬆肌肉。 2. 告訴寶寶結束按摩了。	動作舒緩輕柔
媽媽的體操——肩膀轉動	手臂伸展：手指張開，雙手向上抬高，越過頭頂向上、向外側伸展。雙手在背後十指交握，向下方伸展，下巴抬起，然後手從背後往上抬高，前額順勢向下靠向地面，如果照顧者的雙手無法在背後伸直也沒關係。左手手掌平貼在身體	接著播放：卡農純音樂		

活動 （Activity）	教學重點 （Teaching Point）	使用歌曲 （Song）	功效 （Benefits）	備註 （Notes）
媽媽的體操──和緩扭轉 媽媽的體操──前彎	左側地面，右手臂舉過頭頂，向身體左側伸展。換邊伸展，右手掌平貼在身體右側地面，左手臂舉過頭頂，向身體右側伸展。 肩膀轉動： 兩手手掌分別輕放在對側肩膀上，將手肘抬起來。輕輕轉動肩膀，讓肩膀自然帶動手臂畫大圓圈。轉動肩膀時，可以兩肩同時向前轉或向後轉，也可以左右肩輪流向前或向後轉。 和緩扭轉： 面向前方，採取坐姿或者跪姿，胸部向上抬起，肩膀放輕鬆。左手放在右膝蓋上，右手放鬆放在背後。在吐氣時，慢慢的朝右方轉動身體，隨著脊椎的扭轉，身體緩緩地做伸展運動。做幾次輕鬆的呼吸之後，慢慢將身體扭轉回來。換邊再做一次。 前彎： 坐在地上、兩腿向前伸展，腳放鬆，腳趾尖指向天空。手掌分別置於大腿上，背部打直，身體慢慢向前傾、雙手			

活動 （Activity）	教學重點 （Teaching Point）	使用歌曲 （Song）	功效 （Benefits）	備註 （Notes）
再見歌	沿著腿向前滑動到腳部。深呼吸，下背部保持柔軟，肩膀放鬆。慢慢恢復坐姿，手指張開，雙手向上抬高，越過頭頂向上、向外側伸展。 今天的按摩課到此結束，謝謝爸爸媽媽們，然後我們唱一首歌歡送爸爸媽媽們。	再見歌： Goodbye to you, Goodbye to you, Goodbye my dear-friend, I'll see you again. 好朋友再見，好朋友再見，好朋友再見，好朋友再見。		

五、課程教案：單元5

課程教案（Lesson Plan）　　課程（Course Work）
日期（Date）：　　　　時間（Time）：

活動 （Activity）	教學重點 （Teaching Point）	使用歌曲 （Song）	功效 （Benefits）	備註 （Notes）
開場 介紹環境	歡迎各位家長的到來。 介紹學校名稱、各位老師和教室的環境設施與器材使用方法。	播放輕音樂	讓家長了解教室環境。	
歡迎歌	讓寶寶和媽媽放鬆。	小星星： 歡迎！歡迎！歡迎你，歡迎你來到這裡，我的名字叫XX，你的名字叫什麼？歡迎！歡迎！歡迎你，歡迎你來到這裡。	調節氣氛，拉近與家長的距離。	在唱歡迎歌的同時，讓家長做一下自我介紹。

活動 （Activity）	教學重點 （Teaching Point）	使用歌曲 （Song）	功效 （Benefits）	備註 （Notes）
暖身 活動： 頭部運動 肩部運動 腰部運動 腿部運動	頭部運動： 用左手抱頭摸右 耳，停頓五秒， 再換右手抱頭摸 左耳，停頓五 秒，重複兩次。 肩部運動： 雙手放在肩上， 雙肩打開，以肩 關節為軸，從後 往前旋轉五圈 後，反方向重 複。 腰部運動： 雙腳張開，雙手 叉腰，順時針旋 轉臀部五圈後， 再逆時針旋轉五 圈，重複兩次。 腿部運動： 左腿往前呈弓 步，身體向前 傾，下壓左腿五 次，再換右腿重 複進行五次，重 複兩次。	播放輕音樂。	緩解父母緊張情 緒，為下面的按 摩活動做準備。	
手部瑞典 擠奶式 掌心點按 （小兔 跳）	手部瑞典擠奶 式： 讓寶寶平躺在舒 服的位置，媽媽 兩隻手呈C形交 替循環，從手腕 到手臂往上按 摩，兩隻手都 要，同時唱兒歌 我有一雙小小 手。 掌心點按（小兔 跳）： 攤開寶寶的手 掌，媽媽兩隻 手握住寶寶的手 掌，用兩手大姆 指交替循環點壓 寶寶的手掌心， 同時唱歌謠小白 兔。	我有一雙小小 手： 我有一雙小小 手， 一隻左來一隻 右， 小小手，小小 手， 一共十個手指 頭。 小白兔： 小白兔，白又 白， 兩隻耳朵豎起 來， 愛吃蘿蔔愛吃 菜， 走起路來真較 快。	有助於寶寶身體 的伸展，可以 幫助寶寶舒展小 手，使寶寶的手 指變得更加靈活 有力，胳膊舞動 更加自如。	1. 在按摩時要 注意，不要 碰觸到使寶 寶感到疼痛 的地方。 2. 輕輕地轉動 寶寶的手 腕，要輕而 舒緩，有節 奏地按摩。 3. 不要在關節 部位施加壓 力，允許寶 寶自由地活 動，同時加 上動作，使 兩者協調。

活動 （Activity）	教學重點 （Teaching Point）	使用歌曲 （Song）	功效 （Benefits）	備註 （Notes）
背部蝴蝶式	背部蝴蝶式：雙手交替，以45度角從下往上交替輕輕撫摸，速度放慢。	蝴蝶歌： 蝴蝶蝴蝶生得真美麗，頭戴著金絲身穿花花衣，妳愛花兒花也愛妳，妳會跳舞她有甜蜜。		操作時兩手要交替進行，力道要適當，換手交替滑行時，要保持一隻手仍然放在寶寶的身上。
背部來回掌擦	背部來回掌擦：五指並攏，掌根到手指成為一個整體，橫放在寶寶背部，手背稍微拱起，力道均勻地交替從寶寶脖頸撫摸至臂部，反覆3-4次。	粉刷匠： 我是一個粉刷匠，粉刷本領強，我要把那新房子刷得更漂亮，刷了房頂又刷牆，刷子像飛一樣，哎呀我的小鼻子變呀變了樣。		
腹部水車式	腹部水車式：兩隻手在腹部的位置上下交替輕輕撫摸，速度放慢。	數鴨子： 門前大橋下，游過一群鴨，快來快來數一數，二四六七八八，咕嘎咕嘎，真呀真多呀，數不清到底多少鴨，數不清到底多少鴨。	促進寶寶腸胃蠕動，幫助排氣、消化。	按摩活動中，注意力量不要過大，避免太過於刺激。
腹部我愛你法	腹部我愛你法：在肋骨下面的位置，用右手畫一個I，掌尖朝前畫一個倒L，以畫月亮的手法畫半個圓。	小紅帽： 我獨自走在郊外的小路上，我把糕點帶給外婆嘗一嘗啊，她家住在又遠又僻靜的地方，我要當心路上是否有大灰狼。		
瑜伽——對角線動作——對角線交握	對角線交握：雙手呈C形，分別握住幼兒右腿腳踝處與左手腕處，讓其相碰，交換重複（注意不要用力過大）。	打電話： 兩個小娃娃呀，天天打電話呀。喂喂喂，你在幹什麼，哎哎哎，我在按摩呢。	1. 促進孩子四肢肌肉發展，幫助孩子以後爬行。 2. 促進孩子腿部肌肉發展。	根據孩子接受程度進行按摩活動。

活動 （Activity）	教學重點 （Teaching Point）	使用歌曲 （Song）	功效 （Benefits）	備註 （Notes）
瑜伽——髖關節運動——屈膝及胸—腳踏車式	腳踏車式：雙手呈C形握住幼兒兩腳腳踝處，交替做騎單車活動（4拍一次交替進行，注意不要用力過大）。	兩隻老虎：兩隻老虎，兩隻老虎，跑得快，跑得快，一隻沒有耳朵，一隻沒有尾巴，真奇怪，真奇怪。		
眉心分推	眉心分推：讓寶寶輕輕平躺在媽媽的面前，注意固定住寶寶的頭和脖子，用雙手的大拇指指腹從寶寶的眉毛中間分推到眉毛的兩側，動作可重複三到五次。	小老鼠上燈臺：小老鼠，上燈臺。偷油吃，下不來。喵喵喵，貓來了。嘰哩咕嚕滾下來。	有助於寶寶的情緒發展與控制。寶寶在長牙時，有流口水現象，可疏緩流口水現象。	每個動作要輕，按摩時注意寶寶的情緒變化，如情緒變化大，可做適當的改變或停止。
唇部點按	唇部點按：在寶寶的嘴唇邊，用雙手的大拇指點按寶寶嘴唇四周，可用兩指同時點按，也可一指一上一下的點按，從嘴唇上方到嘴唇下方。	蟲兒飛：黑黑的天空低垂，亮亮的繁星相隨。蟲兒飛，蟲兒飛，你在思念誰。		
放鬆運動：吸氣，吐氣	跟著音樂做吸氣和吐氣的放鬆運動。	播放輕音樂	做完按摩讓爸爸媽媽身體放鬆。	
再見歌	帶領爸爸媽媽唱再見歌。	再見歌：再見再見再見了，今天課程結束了，很高興你來這裡，歡迎你再來這裡，歡迎！歡迎！歡迎你，歡迎你再次光臨。	跟父母唱再見歌，增加情感的交流。	

六、課程教案：單元6

課程教案（Lesson Plan）　課程（Course Work）
日期（Date）：　　　　時間（Time）：

時間 （Time）	活動 （Activity）	教學重點／步驟 （Teaching Point）	使用歌曲 （Song）	功效 （Benefits）	備註 （Notes）
3 分 鐘	開場 歡迎歌	各位媽媽好，歡迎來到今天的按摩課，我是XX老師。按摩前我們要先認識彼此，真正高興見到大家。 歡迎歌： 歡迎、歡迎（各拍手三下），我們歡迎你（拍手三下）。 等一下各位媽媽和我一樣這樣唱一次哦！這位媽媽請你先介紹，現在我們都認識彼此了，那我們就先暖身一下，讓自己充滿活力吧，請各位媽媽站起來，我們來動一下。			
	暖身運動	把頭往右邊轉一轉，再往左邊轉一轉。 然後再把雙手舉起來畫圓圈，先往前畫，再往後畫圓圈。 之後雙手叉腰往右轉一轉，再往左轉一轉。 之後踮起腳尖，雙手往上平舉，一直往上舉。	播放輕音樂迷霧森林。	舒緩頸部壓力，活絡筋骨，舒緩腰部。	
3 分 鐘	腳底姆指點按	腳底姆指點按： 抬起嬰幼兒的腳，用雙手握住嬰幼兒的腳踝。 用雙手的大拇指從左腳底部由下而上連續點按。 兩手大拇指一起進行，彷彿在腳底走路般。	我的朋友在哪裡：一二三四五六七，我的朋友在哪裡？在這裡，在這裡，我的朋友在這裡。	強化免疫力。	點按時要覆蓋整個腳底範圍。

時間 （Time）	活動 （Activity）	教學重點／步驟 （Teaching Point）	使用歌曲 （Song）	功效 （Benefits）	備註 （Notes）
3分鐘	腳底拇指連續推按	腳底拇指連續推按： 雙手托握住嬰幼兒的腳踝，腳底朝上。 雙手大拇指平行放於嬰幼兒腳底，由腳跟往腳趾方向進行按摩。 雙手大拇指採取輪流交替方式，在嬰幼兒腳底由下往上進行連續推按。	我的朋友在哪裡： 一二三四五六七，我的朋友在哪裡？在這裡，在這裡，我的朋友在這裡。	補氣，養氣	雙手拇指以交替方式推按
3分鐘	背部向下掌擦	背部向下掌擦： 按摩者呈坐姿，寶寶橫向俯臥（趴著）在按摩者大腿上或毯子上，寶寶頭部朝向按摩者右方（慣用手的方向），腳朝向按摩者左方（慣用手的反方向）。 按摩者雙手手掌張開，五指自然並攏，掌心朝下，手指垂直於寶寶的脊椎方向，右手（慣用手）放在寶寶的頸部附近，左手掌心向下，覆蓋住寶寶的臀部。 右手（慣用手）沿著寶寶的身體向下滑動，從寶寶的頸部滑動撫觸到臀部。 如果如果寶寶願意的話，重複上述步驟三至五次。	寶貝： 我的寶貝，寶貝，給你一點甜甜，讓你今夜都好眠。我的小鬼，小鬼，逗逗你的眉眼，讓你喜歡這世界。	增加嬰幼兒對於背部的身體意識感，幫助放鬆。	
	背部來回掌擦	背部來回掌擦： 按摩者呈坐姿，寶寶橫向俯臥（趴著）在按摩者大腿上或毯子上，寶寶頭部朝向按摩者右方（慣用手的方向），腳朝向按摩者左方（慣用手的反方向）。 雙手手掌張開，五指	寶貝： 我的寶貝，寶貝，給你一點甜甜，讓你今夜都好眠。我的小鬼，小鬼，逗逗你的眉眼，讓你喜歡這世界。	能為7到12個月的嬰兒做好爬行的準備、幫助放鬆。	

時間 （Time）	活動 （Activity）	教學重點／步驟 （Teaching Point）	使用歌曲 （Song）	功效 （Benefits）	備註 （Notes）
3分鐘		自然並攏，掌心朝下，手指垂直於寶寶的脊椎方向，並排放在寶寶背部上方靠近頸部的位置。 雙手交替來回滑按寶寶的背部，並且逐漸向臀部方向移動。 雙手交替來回滑按寶寶的背部，並且逐漸向頸部方向移動。 如果寶寶願意的話，重複上述步驟三至五次。			
3分鐘	手指揉捏	手指揉捏： 拇指溫柔地幫嬰幼兒打開手心，打開手心後，從手心根部開始滾動揉捏手指，每一根手指都要依序按摩到。	手指謠（改編）： 一根手指頭變成毛毛蟲，二根手指頭變成小白兔，三根手指頭變成小花貓，四根手指頭變成小螃蟹，五根手指頭變成花蝴蝶。	進行按摩時，可先放鬆手掌心按摩，並融入手指謠，有助於放鬆手部、增加趣味性。	
	手背輕撫	手背輕撫： 用一隻手支撐著幼兒的手，另一隻手則從手腕開始往手指的方向按摩。		有助於放鬆嬰幼兒手部的緊繃壓力。	
	手部滾動搓揉式	手部滾動搓揉式： 雙手先包覆嬰幼兒的上臂根部，開始前後滾動，逐漸向下到手腕處（注意手部關節的位置），若嬰幼兒很喜歡，可多做幾次。	揉麵糰啊揉麵糰，擠奶油啊擠奶油。	放鬆手臂，並利用口訣和按摩動作，快速進入情境中。	注意手部關節的位置
	舒緩運動 ──雙手運動	雙手運動： 交叉用雙手握住嬰幼兒兩手手腕上方，一手在上、一手在下，將幼兒兩隻手臂牽引至胸前交叉，然後交換上下位置，再做一次。 接著將雙手向外伸展，並且輕微晃動讓		能促進嬰幼兒雙側手臂運動協調能力發展。	

時間 （Time）	活動 （Activity）	教學重點／步驟 （Teaching Point）	使用歌曲 （Song）	功效 （Benefits）	備註 （Notes）
3 分 鐘		嬰幼兒雙手放鬆。每次都以交叉、交叉、交叉、伸展的節奏進行，可連續進行數次。 接著進行媽媽的舒緩運動，閉上眼睛、調整坐姿，以最舒服的狀態開始想像自己正坐在草原中，此時微風吹拂、聞到了花朵的香味，心情也慢慢沉靜下來了。之後再請媽媽緩緩睜開眼睛，按摩課程結束。			

七、課程教案：單元7

課程教案（Lesson Plan）　課程（Course Work）
日期（Date）：　　　　時間（Time）：

時間 （Time）	活動 （Activity）	教學重點／步驟 （Teaching Point）	使用歌曲 （Song）	功效 （Benefits）	備註 （Notes）
3 分 鐘	自我介紹 介紹環境 注意事項	做簡單的自我介紹，面帶笑容問候每一位爸爸媽媽及寶寶。 做環境跟設備的介紹，包括按摩教室、飲水機、逃生口樓梯及廁所等位置，讓家長熟悉環境。 提醒爸爸媽媽課程的注意事項，包括關閉手機、取下飾品等。 為家長簡單介紹課程的流程。		讓爸爸媽媽熟悉環境，了解課程內容的安排，為課程做開始的準備。	
3 分 鐘	暖身運動	1. 頭部轉動。 2. 肩膀轉動（前後轉）。 3. 手臂轉動（前後轉）。 4. 手臂拉伸（上下左右）。 5. 腰部轉動。		讓媽媽能夠全身放鬆，有助於進入接下來的按摩課程。	盡量把動作做到準確、延伸到身體的遠端。

時間 (Time)	活動 (Activity)	教學重點／步驟 (Teaching Point)	使用歌曲 (Song)	功效 (Benefits)	備註 (Notes)
3分鐘		6. 腿部拉伸。 7. 手踝及腳踝轉動。 做暖身運動時，配合數數（每個動作做8次）。			
5分鐘	腳部印度擠奶式 腳趾揉捏 按摩整個臀部	腳部印度擠奶式： 先將寶寶的腿部微微舉起，用一隻手握住腳踝，另一隻手從寶寶的大腿與臀部交接處往腳踝方向進行按摩。 腳趾揉捏： 用一隻手握住寶寶的腳踝，另一隻手以大拇指和食指捏握住寶寶的腳拇趾，以揉捏的方式由趾根往趾尖的方向進行揉捏。 按摩整個臀部： 以雙手手掌托住寶寶的臀部，再用雙手手指在臀部畫圈按壓，然後依序以雙手同時撫觸腿部直到腳跟、腳趾，進行腿部按摩的最後整合。	按摩歌： 大拇哥、二拇弟、三中娘、四小弟、小妞妞來按摩，腳心、腳背，哇！好舒服喔。	這個手法有放鬆與釋放壓力的作用。配上童謠可以加強寶寶對身體部位的知覺，促進語言發展，也可以建立親子間親密的溝通關係。	腿部是按摩的最佳入門活動，因為平常家長照護嬰幼兒沐浴、換尿布較常接觸腿部，孩子較習慣被碰觸，可以重複多次。
4分鐘	腹部拇指分推法 腹部水車式 腹部（單手）抬腿水車式	腹部拇指分推法： 將兩手的大拇指放在寶寶肚臍的兩側，另外四指圍繞著寶寶的腰，接著拇指向外推開，使拇指和另外四指合併，重複數次。 腹部水車式： 兩手手掌交疊放置在寶寶肋骨下方的位置，先給予寶寶靜置撫觸，接著一手撫著寶寶腹部向下滑動，再換另一手，兩手交替，重複數次。 腹部（單手）抬腿水車式： 按摩者左手（非慣用手）握住嬰兒雙腳的腳踝，將寶寶的雙腿抬高，然後稍微放下寶寶的雙腿。	妹妹背著洋娃娃： 妹妹背著洋娃娃，走到花園來看花，娃娃哭了怎麼辦，樹上小鳥笑哈哈。	減緩脹氣及便秘不適。 讓腹部放鬆下來，舒緩腸胃不適，健胃整腸。讓寶寶腹部更加放鬆。	分推時腰部的四指放在寶寶腰部兩側不動，力道要慢、緩、柔。開始先緩慢進行靜置撫觸，位置為肋骨下方，視寶寶情況調整按摩力度。

時間 (Time)	活動 (Activity)	教學重點／步驟 (Teaching Point)	使用歌曲 (Song)	功效 (Benefits)	備註 (Notes)
4 分鐘		按摩者右手（慣用手）手指並攏，手掌輕貼嬰兒腹部，以畫大圈轉動的手法按摩寶寶的腹部。 重複前述手法。			
3 分鐘	胸部靜置撫觸 胸部開卷法 胸部蝴蝶式	胸部靜置撫觸： 將雙手置於胸部先進行靜置撫觸，讓孩子知道要幫他按摩。 胸部開卷法： 用雙手從胸部中央，往胸部兩側，像打開一本書把頁面撫平的方式按摩，再順勢往肋骨方向往下移動，最後再回到胸部中間。 胸部蝴蝶式： 先把雙手保持平坦放在嬰幼兒的肋骨上，一手開始斜向嬰幼兒的對邊肩膀移動，握一下肩膀，再回到原來地方，右邊肩膀和左邊肩膀交換進行，就像蝴蝶的翅膀，至少要有三次左右的互換。	大象： 大象！大象！你的鼻子怎麼那麼長？媽媽說：鼻子長才是漂亮。 蝴蝶： 蝴蝶，蝴蝶，生得真美麗。頭戴著金絲，身穿花花衣。你愛花兒，花兒也愛你，你會跳舞，它有甜蜜。	讓自己放鬆且進入狀況，讓孩子有心理準備，不會受到驚嚇。 可幫助嬰幼兒調和心臟和肺部，同時手掌的壓力將讓嬰幼兒感受到家長對他的愛。	
4 分鐘	手部靜置撫觸 腋下點按 手指揉捏	首先進行靜置撫觸。 腋下點按： 把嬰幼兒的手微微舉起，用一隻手支撐手腕，另一隻手則是由腋窩處往手腕按摩，兩手如此交替進行數次。 手指揉捏： 滾動揉捏一根手指，用同樣的方式，直到每一根手指都按摩好了為止。	伊比呀呀： 伊比呀呀，伊比伊比呀，伊比呀呀，伊比伊比呀，伊比呀呀，伊比伊比呀呀，伊比伊比呀呀，伊比伊比呀。 大拇哥： 大拇哥，二拇弟，三中娘，四小弟，小妞妞，來看戲。	讓孩子有心理準備，不會受到驚嚇。 幫助肌肉放鬆、促進血液循環。 進行肌肉放鬆、釋放壓力。	結合不同的感官訊息與兒童互動。家長可以運用創意，多嘗試一些不同的姿勢和位置。因嬰兒手部有抓握反射，不容易自主放開，因此運用手部按摩加以舒緩。

時間 (Time)	活動 (Activity)	教學重點／步驟 (Teaching Point)	使用歌曲 (Song)	功效 (Benefits)	備註 (Notes)
3分鐘	放鬆舒緩	請各位媽媽們將寶寶放置一旁，慢慢躺下，想像自己躺在草地軟軟的，風徐徐的吹著，好舒服啊——深呼吸，吐氣，在吸氣呼氣之間，感覺心跳平緩下來，深深的吸氣，帶進了新鮮的空氣，它滋潤你身體每個細胞，緩緩吐氣，帶出我們身體的廢氣，帶走了我們的疲憊。 回想本次課程所學的按摩法，感謝課程參與者。	播放輕音樂。	有助於身體心靈的沉靜與放鬆，釋放負能量，使頭腦思緒清晰，緩解疲勞。	配合音樂進行。場地不宜太小，需要足夠大家平躺。適用於按摩結束後進行。

八、課程教案：單元8

課程教案（Lesson Plan）　課程（Course Work）
日期（Date）：　　時間（Time）：

活動 （Activity）	教學重點／步驟 （Teaching Point）	使用歌曲 （Song）	功效 （Benefits）	備註 （Notes）
自我介紹 介紹環境 注意事項	簡單地自我介紹，面帶笑容問候每一位爸爸媽媽及寶寶。 環境跟設備的介紹，包括哺乳室、飲水機、逃生口及廁所等位置，讓家長熟悉環境。 提醒爸爸媽媽課程的注意事項，例如取下飾品等。 為家長簡單介紹課程的流程。			讓爸爸媽媽熟悉環境，了解課程內容的安排，為課程做開始的準備。
腳部印度擠奶式	腳部印度擠奶式：先將幼兒的腿部微微舉起後，一手握住嬰兒的腳踝，另一手呈C字型的握	拔蘿蔔： 拔蘿蔔，拔蘿蔔，嗨喲嗨喲拔蘿蔔，小姑娘，快快來，快來幫我們拔蘿	有放鬆腿部肌肉與釋放壓力的作用。 強化腿部肌肉，增強抵抗	隨時都要有一隻手支撐嬰幼兒的腳踝。 進行時，拇

活動 （Activity）	教學重點／步驟 （Teaching Point）	使用歌曲 （Song）	功效 （Benefits）	備註 （Notes）
腳趾揉捏 腳底拇指 點按	法，由臀部到大腿再到小腿，慢慢地按摩下來。 腳趾揉捏： 一手握住嬰幼兒的腳踝，另一手的大拇指與食指捏握住嬰幼兒的腳拇趾（大拇指在上，食指在下），以揉捏的方式由腳趾根部往尖部方向按摩（由下往上），並依序每一個腳趾頭輕柔的進行揉捏。 腳底拇指點按： 抬起嬰幼兒的腳部，將雙手支撐握著嬰幼兒的腳踝。用雙手的大拇指指腹在左腳底部連續按壓。 兩手的大拇指指腹一起進行按壓。	蔔。 捏泥巴： 捏泥巴，捏泥巴，捏捏捏捏捏泥巴，捏捏大拇哥，捏捏二拇弟，捏捏三中娘，捏泥巴，捏泥巴，捏捏捏捏捏泥巴，捏捏四小弟，捏捏小妞妞，我們一起捏泥巴。 有小腳丫：（改編） 伊比呀呀我有小腳丫，伊比呀呀我有小腳丫，伊比呀呀伊比伊比呀呀，伊比呀呀我有小腳丫。	力。 加強嬰幼兒對身體部位的知覺與促進語言發展，也易於建立親子間親密的溝通關係。 促進末梢神經的血液循環，讓寶寶可以站得更穩。 強化免疫力。	指向內，四指向外，呈現C字型。 適合3個月以上的嬰幼兒。 由腳趾根部往尖部揉捏，每根腳趾只進行一次。 適合3個月以上的嬰幼兒 點按時，要覆蓋整個腳底範圍。 適合3個月以上的嬰幼兒。
腹部水車式 腹部日月法	腹部水車式： 進行水車法前，需先進行靜置撫觸，靜置撫觸為一種很重要的技巧，可以運用在任何肢體部位，在按摩前先給嬰幼兒時間去適應。操作步驟：用一手手掌平放在嬰幼兒的腹部，小指剛好在肋骨下面。雙手交替，用掌心以輪轉的方式向自己的方向按。 重複數次。 腹部日月法： 想像寶寶的肚子是一個時鐘。 右手放在寶寶的肚子七點鐘方向。	三輪車跑得快： 三輪車跑得快，上面坐個老太太，要五毛給一塊，你說奇怪不奇怪。	可以消除嬰幼兒腹部的不舒服、脹氣等。	注意： 腹部水車式雙手掌面應保持貼在嬰兒腹部上。 腹部日月法雙手皆為順時針方向按摩。 腹部手指走路法使用右手進行，倒著走路。

活動 （Activity）	教學重點／步驟 （Teaching Point）	使用歌曲 （Song）	功效 （Benefits）	備註 （Notes）
腹部手指走路法	右手先向上，再向4點鐘方向畫圈，好像在畫一個「∩」字的馬蹄形。 左手重複同樣的動作。 操作步驟：右手放在嬰幼兒的腹部，由嬰幼兒的右腹至左腹（按摩者的左側至右側）。 手指指腹以點按的方式，倒著走過腹部。			腹部手指走路法： 進行此按摩時，記得勿用指尖按摩，且力道也不要過大，容易傷到嬰幼兒。
胸部開卷法 胸部蝴蝶式	胸部開卷法： 雙手在嬰幼兒胸部的中間位置，往胸部兩側的方向，像是打開書本將頁面撫平，雙手分開沿著嬰幼兒肋骨向下移動，手掌保持平坦，一直到雙手在嬰幼兒胸部下方。 胸部蝴蝶式： 雙掌平放在兩側肋骨的下方，將右手掌緩緩向上推滑至寶寶的左上肩，並用手指輕輕地揉按肩膀的部位（握一下肩頭）。按完右手不可離開嬰兒身體，回到原點。 雙掌交換，再用左手掌以相同的手法推按至寶寶的右上肩，雙手交換三次。	蝴蝶蝴蝶真美麗： 蝴蝶蝴蝶生得真美麗，頭戴著金絲，身穿花花衣，妳愛花兒，花也愛妳，妳會跳舞，它有甜蜜。	增強呼吸系統（肺部的氧氣量），且擁有強化胸肌的功效	胸部整合： 從嬰幼兒的胸部到腹部，再到腳部以及腿部撫觸按壓做整合，這流程可以重複數次，使嬰幼兒可以感到身體更加放鬆。

活動 （Activity）	教學重點／步驟 （Teaching Point）	使用歌曲 （Song）	功效 （Benefits）	備註 （Notes）
腋下點按 手部印度擠奶式 手部滾動搓揉式	腋下點按： 將幼兒一隻手微微舉高，在腋下柔軟處由上往下推按。 手部印度擠奶式： 將幼兒的手微微舉起，用一隻手支撐手腕，另一隻手從肩膀處往外向手腕進行按摩，接著換手支撐手腕，另一隻手由腋窩處往手腕按摩，兩手如此交替進行數次。 手部滾動搓揉式： 用雙手包覆幼兒的上臂根部，雙手前後滾動逐漸向上到幼兒的手腕處。	拔蘿蔔： 拔蘿蔔，拔蘿蔔，嗨喲嗨喲拔蘿蔔，小姑娘，快快來，快來幫我們拔蘿蔔。	腋下富含淋巴系統，按摩有助於免疫系統的強化。 這是離心的按摩手法，具有放鬆與釋放壓力的作用。	腋下點按法要先幫助幼兒放鬆後進行。 關節處輕輕帶過。 幼兒若喜歡某個按摩動作，可以多做幾次。
前額開卷法 眉心分推法 鼻梁至頰骨滑推	前額開卷法： 雙手從嬰幼兒前額的中間部位，往太陽穴的方向，用撫平的方式按摩。 眉心分推法：運用拇指從眉心中間，沿著眉骨往外按摩。 鼻梁至頰骨滑推： 兩隻手的食指，從嬰幼兒的鼻梁兩側先往上按摩到鼻梁骨中間較高點，然後順著頰骨往兩側向下到臉頰。	小星星： 一閃一閃亮晶晶，滿天都是小星星，掛在天上放光明，好像許多小眼睛，一閃一閃亮晶晶，滿天都是小星星。	可以帶給嬰幼兒很多好處，舒緩臉部肌肉，緩解各種可能因表情而累積的不舒服。	臉部按摩不需要再加任何的按摩油。 按摩者的臉可以盡量貼近嬰幼兒的臉。 要保持和其他部位一樣的力道。
背部來回掌擦	背部來回掌擦： 兩手放在嬰幼兒的背部，從肩膀開始，將手呈現一前一後的擺放並來回按摩，且逐漸往臀部的方向移動，接著再以同樣的手法從臀部按摩回到肩膀。	印地安人： 一個、二個、三個印地安，四個、五個、六個印地安，七個、八個、九個印地安，一共十個人。	可以增加嬰幼兒對於背部的身體意識感。 能幫助7到12個月的嬰兒做好爬行的準備。 有助於爬行兒與學步兒的動作發展和情緒舒緩。	來回掌擦法可以為嬰幼兒的爬行做準備。 頸至臀部掌擦法這個動作可以重複數次。 進行背部旋轉推按法要避開脊椎。

活動 （Activity）	教學重點 / 步驟 （Teaching Point）	使用歌曲 （Song）	功效 （Benefits）	備註 （Notes）
背部向下掌擦 背部旋轉推按	背部向下掌擦： 一隻手托住幼兒的臀部，另外一隻手，逐漸從嬰幼兒的頸部往臀部掃擦。 背部旋轉推按： 用手指四指的指腹在嬰幼兒的背部（包含臀部），以畫小圈圈的方式按摩整個背部，盡量覆蓋整個背部和臀部。	小寶貝：（改編） 一個、二個、三個小寶貝，四個、五個、六個小寶貝，七個、八個、九個小寶貝，一共十個你。		
瑜伽——對角線動作——水平交握 瑜伽——髖關節運動——屈膝及胸—腳踏車式	水平交握（手部）： 握住寶寶的手腕上方，將雙手牽引至幼兒胸前，一手在上一手在下，然後交換上下位置，再交換一次，接著向外伸展。 水平交握（腳部）： 握住寶寶一邊手腕與對角腳踝，讓手和腿在身體前一上一下交叉，然後手腳交換位置，再交換一次，接著向外伸展。 腳踏車式： 握住寶寶兩邊腳踝，將一邊膝蓋彎曲引向寶寶腹部，另一腳伸直，雙腳輪流。 舒緩運動以交叉、交叉、交叉、伸展作為節奏韻律，可搭配音樂歌曲，有助於加強寶寶的穩定節奏感。	Twinkle Twinkle Little Star: Twinkle twinkle little star, How I wonder what you are! Up above the world so high, Like a diamond in the sky, Twinkle twinkle little star, How I wonder what you are!	有助於增加寶寶關節柔軟度，能為未來爬行所需的協調性做準備。有助於寶寶自主動作發展。	可隨時獨立進行，也可在完成按摩後進行。可連續進行數次。

九、課程教案：單元9

<table>
<tr><td colspan="2" align="center">課程教案（Lesson Plan）
日期（Date）：</td><td colspan="2" align="center">課程（Course Work）
時間（Time）：</td></tr>
</table>

時間 （Time）	活動 （Activity）	教學重點／步驟 （Teaching Point）	使用歌曲 （Song）	功效 （Benefits）	備註 （Notes）
3分鐘	開場 環境介紹 注意事項	各位爸爸媽媽們你們好，我是今天嬰幼兒的按摩老師，我是滿天星星的欣欣老師。在課程開始前，我要先為大家介紹我們的環境。首先，哺乳室在旁邊小房間，如果爸爸媽媽們有需要可以到那邊使用。飲水機在門的左手邊，如果有需要都可以使用。最後是廁所，廁所在門走出去後，左手邊走到底是男廁，女廁在右手邊走到底，如果爸爸媽媽在過程中想去洗手間，都可以自行前往。按摩課程開始前，有幾項事情需要爸爸媽媽們一起配合。請家長們取下你們手上的手鍊、戒指、項鍊或手錶等物品，這樣等一下才不會將您的寶寶弄傷。請您檢查一下自己的指甲是否太長，如果有需要指甲剪的話，我們櫃台這邊都有提供工具。若您有攜帶手機，麻煩請調整為靜音模式，這樣我們的課程就能夠順利地進行，如有重要事情，也可自行到教室外面聯		幫助家長對課程和教室環境有基本了解。	提醒家長檢查指甲以及取下首飾等，介紹課堂流程

時間 （Time）	活動 （Activity）	教學重點／步驟 （Teaching Point）	使用歌曲 （Song）	功效 （Benefits）	備註 （Notes）
3 分 鐘		絡，謝謝爸爸媽媽們的配合。 接下來在課程進行前，需要請大家進行暖身活動。			
5 分 鐘	自我介紹 自我介紹歌	各位媽媽好：我是XX老師，在活動開始前，我先帶媽媽們唱一首自我介紹的歌。歌曲中要介紹媽媽們自己的名字和寶寶的名字。 自我介紹歌： 我的名字是叫做XX， 嗨呀嗨呀吼嗨呀， 我的小孩叫做寶貝， 嗨呀嗨呀吼嗨呀。 媽媽們繼續介紹下去。	原住民歌曲	幫助大家放鬆心情。 認識各位媽咪，開始進入今天的課程。	速度跟不上可以放慢。 大家可以一起唱。
5 分 鐘	暖身運動	放慢呼吸節奏聆聽音樂步調。 隨著音樂確實延伸身體部位。 第一步：腹式呼吸。 第二步：頸部運動。 第三步：手臂延伸。 第四步：腰部伸展。 第五步：手腳暖身。 搭配呼吸依序舒展身體部位。	君の名は （純音樂鋼琴版）	讓爸媽伸展身體、放鬆身心，並凝聚專注力。	跟著音樂節奏搭配呼吸，依序伸展身體。
5 分 鐘	背部靜置撫觸 背部來回掌擦	靜置撫觸： 加一點按摩油在手心上，雙手摩擦生熱之後進行靜置撫觸，並告訴寶寶：「寶寶這是你的背，我現在幫你按摩你的背。」 背部來回掌擦： 兩隻手放置在寶寶的背上，從肩膀開始，雙手和寶寶身體呈垂直狀，一前一後來回	妹妹背著洋娃娃： 妹妹背著洋娃娃，走到花園來看花，娃娃哭了叫媽媽，樹上小鳥笑哈哈。	安撫寶寶的情緒。 背部按摩能為7到12個月的寶寶做好爬行的準備。 學會爬行的寶寶也可以藉由按摩加以放鬆。 促進寶寶背	按摩之前要先讓寶寶轉成趴姿，一邊幫寶寶翻身，一邊告訴寶寶：「我們現在要翻身了」，這樣寶寶比較有安全感。 速度放慢，

時間 （Time）	活動 （Activity）	教學重點／步驟 （Teaching Point）	使用歌曲 （Song）	功效 （Benefits）	備註 （Notes）
5分鐘	背部旋轉推按 背部耙子按摩（梳式法）	按摩，並且逐漸往臀部方向移動，接著再以相同的方法從臀部按摩回到肩膀。 背部旋轉推按： 用手指的指腹，在寶寶的背部（包含臀部），以小圈圈的方式按摩整個背部，盡量覆蓋整個背部和臀部。 背部耙子按摩（梳式法）： 把手像梳子一樣的形狀，用指腹在寶寶的背由上往下梳理，一開始用比較大的力道，然後漸漸減輕力道，直到力道像羽毛般輕盈，最後剩下手部的熱度感，並將手離開嬰幼兒的背部。		部肌肉發展。	不宜過快。 雙手力道相同，不可過度用力。 用漸進式離開的方法，可以增加安全感。
5分鐘	腳部擠轉式 腳底拇指連續推按	腳部擠轉式： 把嬰幼兒的大腿微微舉起，兩隻手上下交疊，握住大腿根部，運用雙手手腕與手肘同時反方向開合，帶動手部往腳踝方向滑轉，力道保持一致，兩隻手都保持在關節的同一側。 腳底拇指連續推按： 以雙手握住嬰幼兒的腳踝，腳底朝上，雙手大拇指平行放於嬰幼兒腳底，由腳跟往腳趾方向進行按摩，雙手大拇指採輪流交替方式，在嬰幼兒的腳底由下往上進行連續推按。	倫敦鐵橋： 倫敦鐵橋垮下來，垮下來，垮下來，倫敦鐵橋垮下來，就要垮下來。 三輪車： 三輪車跑得快，上面坐個老太太，要五毛給一塊，你說奇怪不奇怪。	具有放鬆且釋放壓力的作用。 舒緩嬰幼兒腳部壓力。	兩手之間要保持貼合，不要出現空隙。 雙手要呈現水平方式推按。

時間 （Time）	活動 （Activity）	教學重點／步驟 （Teaching Point）	使用歌曲 （Song）	功效 （Benefits）	備註 （Notes）
5分鐘	手部滾動搓揉式 手部瑞典擠奶式	手部滾動搓揉式： 用雙手包覆幼兒的上臂根部，雙手前後滾動，逐漸向上到幼兒的手腕處。 手部瑞典擠奶式： 將幼兒手微微舉起，一隻手支撐手腕，另一隻從手腕往內向肩膀進行按摩。	釣魚歌： 釣魚，釣魚，釣到什麼魚，看我釣到一隻小鯨魚。釣魚，釣魚，釣到什麼魚，看我釣到一隻美人魚。	讓幼兒放鬆手臂。	搭配兒歌節奏進行按摩。
5分鐘	腹部靜置撫觸 腹部水車式 腹部拇指分推法	靜置撫觸： 擠一點按摩油在手心上，雙手來回摩擦生熱之後進行靜置撫觸，並告訴寶寶：「寶寶這是你的腹部，我現在幫你按摩你的腹部」。 腹部水車式： 用一手手掌平放在嬰幼兒的腹部，小指剛好在肋骨下面位置。雙手交替，用掌心以輪轉的方式，朝自己的方向按摩，重複數次。 腹部拇指分推法： 將兩手的大拇指放在嬰幼兒肚臍的兩側，然後將兩手四指圍繞著嬰幼兒的腰，並保持大拇指的平坦，穩定地將大拇指推至腰的兩側，重複幾次。	虎姑婆： 好久好久的故事，是媽媽告訴我，在好深好深的夜裡，會有虎姑婆，愛哭的孩子不要哭，他會咬你的小耳朵，不睡的孩子趕快睡，他會咬你的小指頭，還記得還記得，瞇著眼睛說，虎姑婆別咬我，乖乖的孩子睡著了。	安撫寶寶的情緒，告知寶寶，讓寶寶有心理準備。 在按摩寶寶腹部的過程中，若寶寶有便秘的問題，腹部按摩可減輕寶寶便秘的不舒服感覺，也可促進寶寶的腸蠕動，減少便秘的發生。幫助嬰幼兒營養的吸收與調整消化系統，可舒緩脹氣、腸絞痛與便秘的問題。	請家長在嬰兒餵食至少30分鐘後，才能進行按摩。 隨時注意嬰兒目前的身心狀態。 由於腹部有許多重要的消化器官，所以按摩時請特別小心，並且注意力道的控制。
5分鐘	臉部靜置撫觸 前額開卷法	靜置撫觸： 進行靜置撫觸，告訴寶寶：「寶寶這是你的臉，我現在幫你按摩你的臉」。 前額開卷法： 雙手從嬰幼兒前額的中間部分，往太陽穴的方向，像打開一本新書，把頁面撫平的方式按摩。	寶貝： 我的寶貝寶貝，給你一點甜甜，讓你今夜都好眠，我的小鬼小鬼，逗逗你的眉眼，讓你喜歡這個世界，哇啦啦	安撫寶寶的情緒。	按摩之前，告訴寶寶我們要按摩了。 保持讓嬰幼兒的視線可以看得見按摩者，讓還沒有建立物體恆存概念的嬰幼兒知

時間 （Time）	活動 （Activity）	教學重點／步驟 （Teaching Point）	使用歌曲 （Song）	功效 （Benefits）	備註 （Notes）
5分鐘	眉心分推法 鼻梁至頰骨滑推 上唇微笑法	眉心分推法： 運用拇指從眉心中間，沿著眉骨往外按摩。 鼻梁至頰骨滑推： 用兩隻手的食指，從嬰幼兒的鼻梁先往上按摩到鼻梁骨中間較高點，然後順著頰骨往兩側向下到臉頰。 上唇微笑法： 從人中在嬰幼兒上嘴唇的上方，往外畫一個微笑的形狀到嘴角為止。	啦啦啦，我的寶貝，倦的時候有個人陪，唉呀呀呀呀呀，我的寶貝，要你知道你最美。	針對長牙的位置進行微笑法按摩，可以舒緩長牙的腫脹感。	道按摩者還在眼前，增加安全感。如果嬰幼兒喜歡，前述動作重複幾次。
5分鐘	瑜伽—對角線動作—水平交握 瑜伽—對角線動作—對角線交握	「寶寶我們要來進行舒緩運動」。 水平交握： 成人用雙手握住嬰幼兒的兩手手腕上方一點點，將雙手牽引至嬰幼兒胸前交叉，一手在上，一手在下，然後交換上下位置，再交換一次，接著向外側伸展，並且輕微晃動讓嬰幼兒的手放鬆。 對角線交握： 握住嬰幼兒的一邊手腕和對角的腳踝，可以離開關節一點點的距離，避開直接拉扯關節。讓手和腿在身體前面一上一下交叉，然後手腳交換位置，再交換一次，接著將手腳向外側伸展，並且輕微晃動。持續進行數次。	小星星： 一閃一閃亮晶晶，滿天都是小星星，掛在天上放光明，好像許多小眼睛，一閃一閃亮晶晶，滿天都是小星星。	安撫寶寶的情緒，告知寶寶，讓寶寶有心理準備。 有助於增加嬰幼兒身體的柔軟度，也能為未來爬行所需的協調性做準備。 有助於嬰幼兒自主動作的發展。	請家長在嬰兒餵食至少30分鐘後，才能進行按摩。 動作一定要緩和，注意嬰幼兒的舒適程度。 較小的嬰幼兒可使用躺姿，較大的嬰幼兒可使用坐姿。
3分鐘	課後舒緩	請家長躺下，並將燈光調暗，請家長閉上眼睛冥想並休息。	古典音樂*	幫助家長放鬆，舒緩情緒。	音樂請選柔和歌曲。

十、課程教案：單元10

課程教案（Lesson Plan）　　課程（Course Work）
日期（Date）：　　　　　　時間（Time）：

時間 （Time）	活動 （Activity）	教學重點／步驟 （Teaching Point）	使用歌曲 （Song）	功效 （Benefits）	備註 （Notes）
10分鐘	開場 環境介紹 暖身動作 自我介紹	大家好歡迎來到按摩教室，我是ＸＸ老師，這是我們的團隊老師，在課程開始之前就由我來做介紹。廁所的位置在這個教室出去的左側，接著我們要介紹教室內的設備，在教室的右側是哺乳室，如果有需要餵寶寶喝奶或是換尿布，可以到母嬰室使用；在教室的前方有指甲剪，忘記修剪指甲的爸爸媽媽可以到教室前方取用；教室後方及兩側都設有洗手臺，大家記得在按摩前要去洗手。現在我唱一次「跟著老師唱：動吃動」，你們跟著我一起複誦一次。現在請爸爸媽媽坐下。首先來進行背部的按摩教學。	跟著老師動吃動： 跟著老師動吃動，跟著老師動吃動。 跟著老師動吃動，跟著老師動吃動。	認識環境、暖身、認識大家。	提醒爸爸媽媽記得剪指甲、洗手。
5分鐘		先讓寶寶轉成趴姿，一邊幫寶寶翻身，可以一邊告訴寶寶：「現在要翻身」，這樣寶寶能預期要發生的事情，較有安全感。若寶寶能自己支撐頭部的重量，就可以讓寶寶平行的躺在按摩者的前方；若寶寶仍需要額外的頭頸部支援，則可以運用枕頭、棉被等輔助，讓寶寶趴在按摩者腿上。	小星星： 一閃一閃亮晶晶，滿天都是小星星，掛在天上放光明，　好像許多小眼睛，一閃一閃亮晶晶，滿天都是小星星。		幫寶寶翻身時，要告知寶寶。 若寶寶仍需要額外的頭頸部支援，可以運用枕頭、棉被等輔助。

時間 （Time）	活動 （Activity）	教學重點／步驟 （Teaching Point）	使用歌曲 （Song）	功效 （Benefits）	備註 （Notes）
5分鐘	背部靜置撫觸 背部來回掌擦 背部向下掌擦	靜置撫觸： 按摩開始前，手保持放在寶寶的身上，加一點按摩油在手心，摩擦生熱之後靜置撫觸，告訴寶寶：「寶寶！這是你的背，我現在要開始按摩你的背」。 為了讓寶寶延長接受按摩時間，可以在寶寶面前，放一些較吸引寶寶的書或者鮮豔的玩具，來吸引嬰幼兒注意力。 背部來回掌擦： 將兩隻手放在寶寶背上，從肩膀開始，雙手和寶寶的身體呈垂直狀，一前一後來回按摩，且逐漸往臀部方向移動，接著再以相同的方式從臀部按摩回到肩膀。 背部向下掌擦： 一隻手托住寶寶的臀部，另外一隻手逐漸從寶寶的頸部往臀部掃擦。		背部靜置撫觸可以增加嬰幼兒對於背部的身體意識感，幫助全身放鬆，強化呼吸與消化系統，強化背肌，增加全身肌群協調。	
5分鐘	腳部印度擠奶式	腳部印度擠奶式： 先將寶寶的腿部微微抬起來，用一隻手握住腳踝，另一隻手從大腿與臀部交接處往腳踝的方向進行按摩，接著換手支撐腳踝，另一隻手則由大腿與鼠蹊部交接處往腳踝方向按摩，兩手交替進行數次。要注意在按摩時經過寶寶關節輕輕帶過就好，不要按太大力，寶寶還在發育。也要隨時注意都要有一隻手支撐寶寶的腳踝。	三輪車跑得快： 三輪車跑得快，上面坐個老太太，要五毛給一塊，你說奇怪不奇怪。	腿部及腳部按摩可以讓寶寶全身放鬆及釋放壓力。	要注意手勢與手的力道，要注意寶寶反應，適時做調整。

時間 （Time）	活動 （Activity）	教學重點／步驟 （Teaching Point）	使用歌曲 （Song）	功效 （Benefits）	備註 （Notes）
5分鐘	腳底拇指連續推按	腳底拇指連續推按： 雙手托住寶寶的腳踝，腳底朝上，雙手大拇指平放於寶寶的腳底，由下往上進行連續推按。要注意在推按時雙手手指要呈現水平的方式。	小猴子： 小猴子吱吱叫，肚子餓了不能叫，給香蕉他不要，你說好笑不好笑。		
5分鐘	手指揉捏 手背輕撫	手指揉捏： 先用拇指溫和地幫寶寶打開手心，接著向外順勢打開一根手指後（每一次都從手心根部開始），開始滾動揉捏手指，每一根手指頭都用同樣的方式。 手背輕撫： 一隻手支撐著寶寶的手腕，另一隻手則從手腕開始朝向手指的方向按摩嬰兒的手背。	大拇哥： 大拇哥，二拇弟，三中娘，四小弟，小妞妞，來看戲。 兩隻老虎： 兩隻老虎，兩隻老虎，跑得快，跑得快，一隻沒有耳朵，一隻沒有尾巴真奇怪，真奇怪。	手部按摩可以讓寶寶活化關節，增強寶寶的抓握力量，並讓寶寶獲得適度的放鬆。	搭配冷壓植物的按摩油，避免過度摩擦寶寶的皮膚。 力道輕且溫柔。
5分鐘	眉心分推 鼻梁至頰骨滑推	眉心分推： 用雙手拇指從寶寶眉心中間，沿著眉骨往外按摩，不要太輕，也不要太重。 鼻梁至頰骨滑推： 進行鼻梁至頰骨滑推法時，兩隻手的拇指，從寶寶的鼻梁兩側先往上按摩到鼻梁骨中間較高點，然後順著臉頰骨往兩側向下到臉頰。	魯冰花： 天上的星星不說話，地上的娃娃想媽媽，天上的眼睛眨呀眨，媽媽的心呀魯冰花。	臉部按摩可以帶給嬰幼兒很多刺激方面的好處，舒緩臉部肌肉可能因為各種表情而累積的不舒服。	嬰幼兒的臉部是很小的區域，如果過多的油脂流入眼睛，對嬰幼兒來說是不愉快經驗。 要保持與其他身體部位的按摩力道一致，過輕的手法容易引起幼兒觸覺防禦的反應。

時間 （Time）	活動 （Activity）	教學重點／步驟 （Teaching Point）	使用歌曲 （Song）	功效 （Benefits）	備註 （Notes）
5 分 鐘	腹部拇指 分推法 腹部日月 法	最後是腹部按摩，腹部是身體上相對敏感的部分，也是比較容易發生生理不適的部位。也有許多重要的消化器官，例如：肝、膽、腸、胃，常見的不適，有腸絞痛、脹氣等症狀。 要按摩腹部時，需在寶寶餵食至少30到60分鐘後才能進行。 剛開始寶寶可能會緊張不安，但經過一段時間靜置撫觸舒緩後，便會開始放鬆。 腹部拇指分推法：將兩手的大拇指放在寶寶肚臍的兩側，然後將兩手四指圍繞著寶寶的腰保持大拇指平坦，往外推至腰的兩側（四指在腹部兩側不動，拇指由肚臍兩側往腰紛推）。 腹部日月法： 將左手放在寶寶的腹部，以順時針的方向，以手掌環繞寶寶的肚臍畫一個圓圈（太陽），接著，換右手在寶寶的腹部，同樣以順時針的方向，用手掌環繞著寶寶的肚臍畫半個圓圈（半月亮，約10點鐘到5點的位置），雙手交替式的在寶寶腹部上，重複進行一圈、半圈的按摩順序。 結束後，告訴寶寶：「寶寶你好棒，媽咪愛你，要乖乖長大！」	伊比呀呀： 伊比呀呀，伊比伊比呀，伊比呀呀，伊比伊比呀，伊比伊比呀呀，伊比伊比呀呀，伊比伊比呀，伊比伊比呀。	腹部拇指分推法可減緩脹氣及便秘不適。 日月法可強化消化系統與促進腸胃蠕動。	在寶寶餵食至少30到60分鐘後才能進行按摩。

十一、課程教案：單元11

<table>
<tr><td colspan="2" align="center">課程教案（Lesson Plan）
日期（Date）：</td><td colspan="4" align="center">課程（Course Work）
時間（Time）：</td></tr>
<tr><th>時間
（Time）</th><th>活動
（Activity）</th><th>教學重點／步驟
（Teaching Point）</th><th>使用歌曲
（Song）</th><th>功效
（Benefits）</th><th>備註
（Notes）</th></tr>
<tr><td>2分鐘</td><td>自我介紹</td><td>大家好，我是XX老師，歡迎大家來到今天的按摩課程，在開始課程之前，有幾件事要請爸爸媽媽注意的：請取下首飾、剪指甲、手機關靜音或震動。</td><td></td><td>讓家長認識上課老師。</td><td>確認家長取下首飾、剪指甲。</td></tr>
<tr><td>1分鐘</td><td>環境介紹</td><td>男廁、女廁、飲水機、哺乳室、出口。</td><td></td><td>家長對教室環境更加認識。</td><td></td></tr>
<tr><td>3分鐘</td><td>暖身活動</td><td>1. 邀請爸爸媽媽起立。
2. 頭部的拉伸。
3. 肩頸的放鬆。
4. 腰部的拉伸。
5. 臀部的活動。
6. 膝蓋的拉伸。
7. 腳踝的扭轉。
8. 手腕的扭轉。
配合呼吸讓家長的動作做到最大幅度。</td><td></td><td>讓家長透過暖身運動全身放鬆，進入按摩課程。</td><td></td></tr>
<tr><td>5分鐘</td><td>自我介紹</td><td>各位爸爸媽媽好，我是XX老師，剛剛大家都已經做完暖身操了，有很放鬆了吧，接下來是我要認識你們，你們也可以互相認識喔！
所以我們要來自我介紹，在自我介紹時，我會搭配一個小遊戲，我們一起來練習一下。
老師唱：「小寶貝在哪裡」。
媽媽：「XX寶貝在這裡。大家好我是XX媽咪」。</td><td>小寶貝在哪裡：
東找找，西找找，小寶貝在哪裡，在這裡，歡迎你。</td><td>家長互相認識。
增加寶寶社會互動的機會</td><td></td></tr>
</table>

時間 （Time）	活動 （Activity）	教學重點／步驟 （Teaching Point）	使用歌曲 （Song）	功效 （Benefits）	備註 （Notes）
5 分 鐘	自我介紹	所有參與者：「ＸＸ歡迎你」。 老師：「現在從第一位媽媽開始」。 老師：「大家都介紹完了，那我們準備進入按摩課程，有沒有爸爸媽媽要去上廁所或喝水的」。			
5 分 鐘	腳趾揉捏 腳心擠按 腳背推按	今天要教三個腿部的按摩手法，分別是腳趾揉捏法、腳心擠按以及腳背推按，這些手法可以促進幼兒在爬行階段的腿部肌肉發展。 在開始按摩之前，請各位爸爸媽媽先告知寶寶：「寶寶我們要開始按摩了！請各位爸爸媽媽跟我做一次。記得把手搓熱。」 腳趾揉捏： 一隻手握住寶寶的腳踝，另一隻手以旋轉的方式輕壓寶寶的腳趾頭，每一根腳趾頭都要按摩到。 腳心擠按： 一手握住寶寶的腳踝，一手比C字型，將大拇指放在寶寶的腳跟，食指慢慢的由上往大拇指方向滑。 腳背推按： 手放在寶寶的腳底，以爸爸媽媽雙手的大拇指，輪流在寶寶的腳背上由腳趾往腳踝的方向推。 我們搭配音樂複習一次。	大拇哥：大拇哥，二拇弟，三中娘，四小弟，小妞妞，來看戲。	促進幼兒在爬行階段的腿部肌肉發展。	在使用腳趾揉捏法時，每根腳趾只進行一次。 在進行腳背推按法時，方向要由腳趾往腳踝。

時間 （Time）	活動 （Activity）	教學重點／步驟 （Teaching Point）	使用歌曲 （Song）	功效 （Benefits）	備註 （Notes）
5分鐘	腹部靜置撫觸 腹部水車式 腹部我愛你法	接著要做的是腹部的按摩。做腹部按摩需注意：要在嬰幼兒餵食完30到60分鐘後，才可進行按摩。 靜置撫觸： 按摩前先做靜置撫觸，讓幼兒適應被撫觸的感覺，使幼兒放鬆。 腹部水車式： 一手手掌平放在嬰幼兒的腹部，小指剛好在肋骨下面，接著雙手交替，用掌心以輪轉的方式，朝自己的方向按，接著搭配兒歌。 腹部我愛你法： 首先說明按摩步驟。從嬰幼兒的左腹部（你的右邊）開始，從肋骨下面往下畫一條直線，就是用你的手掌心在嬰幼兒的腹部畫一個長長的I，I代表我；從嬰幼兒的右側腹部（你的左邊）開始，在嬰幼兒肋骨以下，用掌心在嬰幼兒的腹部畫一個相反的L，L代表愛（Love）；用平坦的掌心和穩定的力道，在嬰幼兒的腹部畫一個顛倒的U，從自己的左邊開始到右邊，U代表你（You）。接著可以用溫柔的聲音說：「I Love You」。	火車快飛： 火車快飛，火車快飛，穿過高山，越過小溪，不知走了幾百里，快到家裡，快到家裡，爸媽看見真歡喜。	讓嬰幼兒先放鬆。 減少腸絞痛、脹氣等症狀的發生。	需注意室內溫度及手的溫度，避免嬰幼兒著涼。 注意手部位置的精確度。
5分鐘	腋下點按	現在要教手部的按摩： 腋下點按： 把小寶貝的一隻手微微舉高，在腋窩的地方由上往下推按，請爸爸媽媽試一次。	蝴蝶： 蝴蝶蝴蝶生得真美麗。頭戴著金絲，身穿花花衣。你愛花兒，花兒	強化免疫系統。 可以幫助肌肉放鬆。 增強血液循環。	

時間 （Time）	活動 （Activity）	教學重點／步驟 （Teaching Point）	使用歌曲 （Song）	功效 （Benefits）	備註 （Notes）
5分鐘	手部印度擠奶式 手部滾動搓揉式	手部印度擠奶式： 把小寶貝的手微微舉高，手要呈C形，一隻手從手臂到手腕的地方滑下去，另一隻手由腋窩往手腕滑下去，兩手交替進行，這個手法會讓小寶貝放鬆，請爸爸媽媽試一次。 手部滾動搓揉式： 雙手包覆小寶貝像泡牛奶一樣，雙手前後滾動，由手臂往手腕，到了關節的地方要輕輕地按摩，請爸爸媽媽試一次。 綜合三個按摩手法（腋下點按、手部印度擠奶式、手部滾動搓揉式），各搭配一首兒歌實施按摩。 最後摸摸小寶貝的頭說：「愛你喔！小寶貝！」親寶寶一下。	也愛你，你會跳舞，它有甜蜜。		擠奶式經過關節處輕輕帶過。 速度放慢輕輕地幫寶寶按摩。
5分鐘	眉心分推 鼻梁至頰骨滑推 微笑按摩——上唇微笑法	現在要教大家臉部按摩，請大家先把手搓熱。 眉心分推： 四隻手指扶著寶寶的頭，運用拇指從眉心中間，沿著眉骨往外按摩。 鼻梁至頰骨滑推： 拇指從寶寶鼻梁兩側先往上推，按摩到鼻梁骨中間較高點，順著頰骨往兩側向下到臉頰，如果會鼻塞，可在迎香穴按揉。 上唇微笑法： 用拇指從寶寶嘴唇上方，往外畫一個微笑的形狀到嘴角為止。 我們搭配音樂複習一次。	甜蜜蜜： 甜蜜蜜，你笑得甜蜜蜜，好像花兒開在春風裡呀，開在春風裡。 （2次）	讓寶寶舒緩心情及放鬆壓力。 使呼吸道更為暢通、平順，減緩鼻塞的困擾。 減緩牙齒生長疼痛，及增加語言發展。	雙手溫柔，力道不要太重。

時間 （Time）	活動 （Activity）	教學重點／步驟 （Teaching Point）	使用歌曲 （Song）	功效 （Benefits）	備註 （Notes）
3分鐘	活動舒緩	按摩結束，播放較溫和的旋律音樂，例如：天空之城，老師帶領爸爸媽媽以舒服的姿勢進行休息，閉眼吸氣吐氣重複兩次，之後想想遼闊的草原，微風徐徐吹來，慢慢放鬆。	播放音樂。	幫助家長放鬆身體，調整呼吸，緩解緊張情緒。	音樂小聲並且說話的語氣漸漸變慢變小，直到沒有聲音。

十二、課程教案：單元12

課程教案（Lesson Plan）　課程（Course Work）
日期（Date）：　　時間（Time）：

時間 （Time）	活動 （Activity）	教學重點／步驟 （Teaching Point）	使用歌曲 （Song）	功效 （Benefits）	備註 （Notes）
1分鐘	開場	各位爸爸媽媽你們好，歡迎你們帶寶貝來上這堂按摩課程，我是負責今天課程的XX老師。		自我介紹，讓家長認識自己。	
5分鐘	環境介紹	首先介紹教室裡的設施，這間按摩教室的地板是原木的，每次課堂結束後都會進行教室的清潔並且消毒；左前方是儲藏室，裡面擺放上課用的瑜伽軟墊；左後方小房間是哺乳室，歡迎媽媽使用。哺乳室裡面有舒適的躺椅，旁邊有洗手臺；飲水機在門口左邊；男廁在門口左轉，女廁在門口右轉直走到底。		為家長介紹環境，讓家長熟悉。	

時間 （Time）	活動 （Activity）	教學重點／步驟 （Teaching Point）	使用歌曲 （Song）	功效 （Benefits）	備註 （Notes）
5 分鐘	自我介紹 歡迎歌	歡迎親愛的家長與可愛的小朋友來到我們的課程，我是ＸＸ老師，首先我們一起唱首歡迎歌，讓我們認識所有的媽媽們及可愛的小孩。	歡迎歌（自編）： 見到你我真高興，哈哈笑來歡迎你，想必今天是一個快快樂樂的日子。	透過歡迎歌來熱絡氣氛以及破冰，能使家長與孩子們更融入課程之中。	
3 分鐘	腳底拇指連續推按	腳底拇指連續推按： 以雙手托握住嬰幼兒的腳踝，腳底朝上，雙手大拇指平行放於嬰幼兒的腳底，由腳跟往腳趾方向進行按摩，雙手大拇指輪流交替，在嬰幼兒的腳底由下往上進行連續推按。		舒緩嬰幼兒腳部壓力。	雙手大拇指要呈水平方式來推按。
3 分鐘	腳趾揉捏	腳趾揉捏： 一手握住嬰幼兒的腳踝，另一手以大拇指與食指捏握住嬰幼兒的腳拇趾，揉捏的方式：由拇趾根部往趾尖方向按摩，並且依序為每一個腳趾頭輕柔的進行揉捏。可以一邊按摩一邊為嬰幼兒念童謠，或是輕柔的與嬰幼兒交談：「這是寶寶的右腳，這是大拇指，這是食指等」。	大拇哥： 大拇哥，二拇弟，三中娘，四小弟，小妞妞，來看戲，腳心腳臂，心肝寶貝。	加強嬰幼兒對身體部位的知覺與語言發展，也可建立親子間親密的溝通關係。	揉捏的力道要輕柔，不要太重。
3 分鐘	腳底拇指點按	腳底拇指點按： 抬起嬰幼兒的腳部，將雙手支撐握住嬰幼兒的腳踝，用雙手的大拇指在腳底連續點按，兩手的大拇指一起進行，彷彿在腳底走路般。			點按時要包括整個腳底的範圍。

時間 （Time）	活動 （Activity）	教學重點／步驟 （Teaching Point）	使用歌曲 （Song）	功效 （Benefits）	備註 （Notes）
3分鐘	腹部水車式	腹部水車式： 一手平放在寶寶的腹部，小指剛好在肋骨的下面。然後雙手交替，用掌心輪轉朝按摩者的方向按摩。		緩解寶寶腸脹氣。	
3分鐘	腹部抬腿（單手）水車式	腹部抬腿水車式： 把寶寶兩隻小腳抬起來。一手抬起寶寶的腳，另一隻手單手輪轉按摩腹部，這樣可以讓寶寶更放鬆。		讓寶寶更放鬆，有效舒緩情緒。	用力的時候，媽媽要注意寶寶的表情，如果寶寶有難受的表情，要減輕力道或者停止按壓。
	腹部手指走路法	腹部手指走路法： 右手放在寶寶腹部，從左側走到右側，用手指指腹以「倒著走」的方式點按寶寶腹部。邊按摩邊唱郊遊。大家一起唱。	郊遊： 走走走走走，我們一起手拉手。走走走走走，一同去郊遊。		
3分鐘	胸部開卷法	胸部開卷法： 雙手從寶寶胸部的中間部位，往胸部兩側的方向，像打開一本書把頁面撫平的方式按摩，雙手分開沿著寶寶的肋骨向下移動，保持手掌平坦。			保持手掌平坦。
3分鐘	胸部蝴蝶式	胸部蝴蝶式： 雙手放在寶寶的肋骨，一手開始斜向寶寶對邊肩膀移動，握一下肩膀，右邊和左邊肩膀交換進行（像蝴蝶翅膀）。	蝴蝶蝴蝶真美麗： 蝴蝶蝴蝶生得真美麗，頭戴著金絲，身穿花花衣，妳愛花兒，花也愛妳，妳會跳舞，它有甜蜜。	可以讓幼兒更加放鬆身體。	開始的位置在肋骨兩側，不要過低。

時間 （Time）	活動 （Activity）	教學重點／步驟 （Teaching Point）	使用歌曲 （Song）	功效 （Benefits）	備註 （Notes）
3分鐘	前額開卷法	前額開卷法： 雙手從寶寶前額的中間部位，往太陽穴的方位，以撫平的方式按摩，保持讓寶寶的視線還可以看得見按摩者。		讓還沒建立物體恆存概念的嬰幼兒知道按摩者還在眼前，增加安全感。	撫平的方式按摩。
3分鐘	眉心分推	眉心分推： 用拇指從嬰兒的眉心，沿著眉骨往兩側按摩。			沿著眉心中間往外。
3分鐘	鼻梁至頰骨滑推	鼻梁至頰骨滑推： 兩隻手的食指，從嬰兒的鼻梁兩側先往上按摩到鼻梁骨中間較高點，再順著頰骨往兩側向下到臉頰。	好一朵美麗的茉莉花： 好一朵美麗的茉莉花，好一朵美麗的茉莉花，芬芳美麗滿枝椏，又香又白人人誇，讓我來將你摘下，送給別人家，茉莉花呀茉莉花。		鼻梁兩側先往上按摩到鼻梁骨中間較高點，順著頰骨往兩側向下到臉頰。
3分鐘	腋下點按	腋下點按： 把嬰兒的一隻手微微舉高，在腋窩柔軟處由上往下推按。		有助於嬰幼兒免疫系統的強化，增加抵抗力。	
3分鐘	手背輕撫	手背輕撫： 用一隻手扶住嬰幼兒的手腕，另一隻手則從手腕開始往手指的方向按摩。		有助於嬰幼兒手部放鬆，消除緊繃壓力。	
3分鐘	手部瑞典擠奶式	手部瑞典擠奶式： 一手握住手腕，另一手四指與拇指呈C形往腋窩處按摩，兩手如此交替進行數次。	小星星： 一閃一閃亮晶晶，滿天都是小星星，掛在天上放光明，好像許多小眼睛，一閃一閃亮晶晶，滿天都是小星星。	增加正向刺激，可促進血液循環。	

時間 （Time）	活動 （Activity）	教學重點／步驟 （Teaching Point）	使用歌曲 （Song）	功效 （Benefits）	備註 （Notes）
3分鐘	背部來回掌擦	背部來回掌擦： 雙手放在幼兒背上，從肩膀開始，雙手和幼兒身體呈垂直狀，一前一後來回按摩，慢慢按摩到臀部，之後再用一樣的方法按到肩膀。		有效舒緩情緒。	速度平均，不可以忽快忽慢。
3分鐘	背部旋轉推按	背部旋轉推按： 用手指的指腹按摩嬰幼兒的背部跟臀部，以畫小圈圈的方式按摩整個背部跟臀部。		增加身體自我意識。	雙手力量一致。 避開脊椎推按。
3分鐘	背部耙子按摩（梳式法）	背部耙子按摩（梳式法）： 手撐開像梳子一樣的形狀，用指腹在嬰幼兒背部由上往下梳理，一開始使用較大的力道，然後慢慢減輕力道，直到像羽毛一樣輕盈，之後離開嬰幼兒的背部。	兩隻老虎：兩隻老虎，兩隻老虎，跑得快，跑得快。一隻沒有耳朵，一隻沒有尾巴。真奇怪，真奇怪。（兩遍）	安撫寶寶情緒。	視寶寶的狀態調整力道。
3分鐘	瑜伽──對角線動作──水平交握	水平交握： 雙手放在幼兒手腕上方一點，將雙手牽引至寶寶的胸前交叉，一隻手在上，一隻手在下，然後交換，之後再將雙手向外側伸展，並且輕微晃動幼兒的手再放鬆。		利於寶寶雙側肢體協調能力的發展，對翻身也有幫助。	可以按照交叉、交叉、交叉、伸展的節奏進行，動作一定要緩和，不能太大力。
3分鐘	瑜伽──髖關節運動──屈膝及胸	屈膝及胸： 雙手握住嬰兒兩邊腳踝，稍稍施力將其膝蓋彎曲，引向腹部稍微施一點壓力，停留幾秒之後，接著把寶寶的雙腳朝自己的方向伸直，輕輕晃動放鬆一下。		促進寶寶的腸胃蠕動，促進消化。	動作一定要緩和，不能大力，腹部施壓也不能太大。

時間 (Time)	活動 (Activity)	教學重點／步驟 (Teaching Point)	使用歌曲 (Song)	功效 (Benefits)	備註 (Notes)
3分鐘	瑜伽——髖關節運動——腳踏車式	屈膝及胸—腳踏車式：雙手握住幼兒的腳踝，像幫嬰兒踩腳踏車一樣，先把一邊的膝蓋彎曲引向幼兒的腹部，另一隻腳伸直，接下來再把另一隻腳彎曲，交替輪流左右腳踩腳踏車，最後讓雙腳輕微晃動、放鬆。	小腳踏踏：小腳小腳踏踏，我的小腳踏起來；小腳小腳踢踢，我的小腳踢起來；小腳小腳跳跳，我的小腳跳起來，跳起來！	利於寶寶爬行、行走，運動能力的協調。	可以輪流開始起步的腳，比如先左右左，後右左右，可以讓兩邊得到平衡，動作一定要緩和。

第三節　按摩課程故事範例

一、小熊的一天

　　一天住在森林裡的小熊慵懶地起床了（背部小熊走路），她用手梳了梳頭髮（頭部按摩—理髮師），站起身來伸了一個懶腰，一隻手在後腦勺按了按脖子。好啦，我覺得我應該打扮得美美的出去了，她心想。於是她照了照鏡子，在鏡子前，從上往下仔細撥弄了一番，現在她準備出門了。忽然有幾隻蝴蝶飛到了她的周圍（胸部蝴蝶式），似乎是因為她身上香香的，嗯，真的好香啊。和蝴蝶玩了一會兒，她覺得自己應該去找好朋友兔子玩（掌心點按—小兔跳），所以她決定走下山找兔子，來到兔子家，她看見兔子在做麵包呢（肩部撫按—麵包師傅）。小兔子看見她來了，邀請她一起來做麵包，揉啊揉，揉啊揉，她們一起做了大大的愛心麵包（胸部心形按摩），小的愛心麵包和中的愛心麵包，她們看起來很開心，因為她們覺得愛心麵包真的很好吃、很好吃。肚子也吃得好飽、好飽，但是吃飽過後要洗自己的餐盤，並且要收拾、掃地（肩頸長撫按—掃走雪）。雖然她們都看起來有點累，但是她們真的很開心呢（背部心形按摩）。「這是多麼美好的一天啊！」小熊說（背部小熊走路）。

二、小兔子找媽媽

　　有一天，孤獨的小兔子想要找到從未見過的媽媽（掌心點按─小兔跳），她剛走到森林裡，就看見小貓阿姨在搔癢，小兔子看見貓阿姨和自己有一樣的白色絨毛（頸後揉捏─貓緊抓），上前叫著：「媽媽」。貓阿姨說：「我不是你的媽媽，你的媽媽和你一樣跑得快！」小兔子失望地走了。途中，小兔子遇到了蝴蝶姊姊（胸部蝴蝶式），問道：「蝴蝶姊姊，附近誰跑得最快？」蝴蝶說：「你去馬廄看一看！」小兔子高興地跑去馬廄，看到馬兒正在刷著背（背部向下掌擦─刷刷馬），小兔子說：「媽媽、媽媽！」馬兒看著小兔子說：「我不是你媽媽，你的媽媽跟你有一樣的短尾巴！」小兔子離開了馬廄。「咚咚咚」，熊阿姨走了過來（背部小熊走路），小兔子見了熊阿姨，叫著：「媽媽！」熊阿姨說：「我不是你媽媽！你的媽媽在樹洞裡。」話音未落，小兔子就往樹洞跑去，見到了自己的媽媽（胸部心形按摩），小兔子回到媽媽溫暖的懷裡。

三、小紅帽歷險記

　　今天小紅帽要去外婆家玩，早上起來她就開始梳妝打扮（肩頸長撫按─掃走雪），整理頭髮、噴點香水。臨出門的時候，媽媽過來為她整理了一下衣領，然後小紅帽開心地出門了（背部小熊走路）。走了不多遠，小紅帽看見一隻蝴蝶（胸部蝴蝶式），於是她開始抓蝴蝶，追著蝴蝶跑。沿途又看見了一隻小兔子（掌心點按─小兔跳），她輕輕地摸了摸兔子，跟著小兔子走，一會兒來到了一座鐵橋。小紅帽有點害怕，她小心翼翼地走過了鐵橋，然後開心地跳了起來。突然，她看見了一隻大灰狼，嚇得拚命地跑，為了躲避大灰狼，她爬到樹上去（C形握法─爬下繩子）。大灰狼走後，她繼續向外婆家走去，終於走到外婆家，遠遠地就看見外婆站在門口等她，乖巧的小紅帽拉著外婆進門，然後給她做按摩，外婆抱著她說：「我愛你」（胸部心形按摩），並摸摸她的頭，誇她是好孩子（頭部按摩─理髮師）。

四、四個好朋友

　　有一天，女主人正在揉麵糰（肩部撫按－麵包師傅），小貓咪也跑到廚房，於是主人把小貓咪拎到了花園（頸後揉捏－貓緊抓），結果小貓咪在花園看到了一隻美麗的蝴蝶，於是小貓咪想去抓蝴蝶（胸部蝴蝶式）。小貓搆不著，於是順著繩索往上爬，爬啊爬、爬啊爬（C形握法－爬下繩子），這時小白兔看到了，於是跳起來幫小貓咪一起抓蝴蝶（掌心點按－小兔跳），爬啊爬（C形握法－爬下繩子），跳啊跳（掌心點按－小兔跳），牠們終於抓到了蝴蝶，也成為了好朋友（背部心形按摩：小愛心、中愛心、大愛心）。但是牠們突然覺得蝴蝶好可憐哦，於是把蝴蝶給放了，於是蝴蝶快樂地飛走了（背部蝴蝶式）。然後小貓咪和小白兔來到了農場，牠們看到馬兒很難受，於是問馬兒怎麼了，馬兒說它的背上有好多蟲子很難受，於是小貓咪和小白兔跳到馬背上，幫馬兒趕走那些蟲子，刷刷刷刷刷刷（背部向下掌擦－刷刷馬），馬兒很開心，牠們三個成為好朋友（背部心形按摩：小愛心、中愛心、大愛心），於是牠們一起去滑冰（背部溜冰：小步滑、大步滑）。小熊正遠遠地走過來，一步、兩步、三步、四步……（背部小熊走路），馬兒發現小熊的頭上全是樹葉，於是牠們幫小熊清理乾淨樹葉（肩頸長撫按－掃走雪），最後牠們四個成為了最好，最好的，好朋友（背部心形按摩：小愛心、中愛心、大愛心）！

五、小螞蟻回家

　　在森林裡有一隻獨自居住的小螞蟻叫小喬，有一天牠很思念牠的爸爸媽媽，於是踏上了回家的旅程。牠走啊走啊走（頭部按摩－理髮師），翻過了一座很高很高的山（頸後揉捏－貓緊抓），來到一條河邊，又坐著小船渡過了小河（胸部蝴蝶式），回到了爸爸媽媽的家裡，進門看見媽媽正在做它最喜歡的麵糰（肩部撫按－麵包師傅），爸爸正在修房子。牠爬啊爬啊爬（C形握法－爬下繩子），爬到了屋頂，叮叮咚咚地敲著屋檐（掌心點按－小兔跳）。等媽媽做好了飯，一家人坐在一起快樂的吃著晚飯（背部心形按摩）。晚飯後媽媽說：「我們一家人已經很久沒有一起出去玩要了。」小喬說：「那吃完飯我們就去公園玩吧！」剛到小公園的小喬非常高興，看見五

顏六色的蝴蝶就迫不及待地去捉蝴蝶（胸部蝴蝶式），捉了一會什麼都沒捉
到，小喬就很傷心。爸爸走過來撫摸著小喬的背（背部向下掌擦——刷刷
馬）說：「沒關係，下次爸爸再帶你出來捉蝴蝶。」媽媽說：「小喬你看！
那邊是什麼呀？是溜滑梯哦，媽媽帶你去玩吧！」（背部溜冰：小步滑、大
步滑）小喬玩著溜滑梯時，注意力不是那麼集中，小喬看見草叢中有一隻可
愛的小兔子，又想去捉小兔子。小喬一步一步輕輕地走到小兔子的身後（背
部小熊走路），正準備去捉小兔子的時候，咚地一聲摔倒了，小兔子也跑掉
了。爸爸媽媽走上來撫摸小喬的肩膀說：「改天爸爸媽媽帶你去寵物店買小
兔子呀！」不久，全家人散完步就開心地回家了。

六、西遊記

　　從前有座山，山裡有座廟（頭部按摩—理髮師），廟裡有個和尚叫唐
僧，他騎了白龍馬（頸後揉捏—貓緊抓），朝西去西天取經。他上坡、下
坡、翻山越嶺（「C」形握法—爬下繩子），路過一個小攤，吃了一個麵糰
（肩部撫按—麵包師傅），然後繼續爬山。唐僧看到山上貼著一張符，於是
唐僧將符揭開（背部蝴蝶式），救下了孫悟空。孫悟空很感謝唐僧（背部心
形按摩），於是決定護送唐僧去西天取經。他們在路上遇見了正在偷吃東西
的豬八戒（背部小熊走路），豬八戒想跑，但是被孫悟空按倒在地！於是被
孫悟空懲罰去幫忙洗白龍馬（背部向下掌擦—刷刷馬），還被抓著一起去西
天取經。隨後他們到了流沙河，河水結冰了，太滑過不去，幸好這時在河面
上溜冰的沙僧幫助了他們（背部溜冰），溜著冰分三次將他們送過了河，作
為感謝，他們邀請沙僧一起去西天取經。師徒四人一路上遇見了許許多多困
難和許許多多妖精，想要他們留下來一起種蘿蔔的兔子精（掌心點按—小兔
跳），想和他們一起在花叢裡跳舞的蝴蝶精（背部蝴蝶式）等，但是師徒四
人始終沒有忘記自己要去西天取經。他們走呀走、走呀走。終於到了西天，
取得了真經，他們高興地睡了一個好覺。（放鬆）

第七章 柔軟體操與親子遊戲

第一節 嬰幼兒分齡按摩

一、1-6個月的嬰兒

　　皮膚接觸對於在醫院出生的新生兒能產生許多好處。在分娩完畢、孩子出生後，護士立刻將新生兒抱過來趴在媽媽的胸口，讓孩子跟媽媽產生肌膚接觸。除了基本的測試與檢查之外，盡可能讓其他執行測試與預防接種的醫療人員稍後（1小時後）再實施，以便孩子與媽媽建立親子連結。新生兒出生之後，最好是先有一些時間做親子依附與連結的撫觸（例如靜置撫觸），然後醫院會執行許多例行性的檢查以及為嬰兒預防接種。醫院例行的產後檢查及對嬰兒預防接種包括：

1. 阿普伽測試：阿普伽測試（Apgar Test）是美國醫師阿普伽（Dr. Virginia Apgar）在1953年提出的，主要是對新生兒健康狀況進行快速評估的方法。嬰兒出生後一分鐘即進行阿普伽測試：「若出生後1分鐘時為低分，表示新生兒立即需要醫護，但不一定表示將有長遠問題。特別是如果5分鐘時分數有改善，通常對成長沒有長久影響。但如果到10、15、30分鐘時，分數仍低於3，那麼嬰兒腦部神經受損的機會將增多。早產、剖腹生產、高危險妊娠的嬰兒通常評分會稍低。」

2. 維生素K針劑：新生兒可能會缺乏凝血所需的維生素K，為減少嬰兒不正常出血的風險，醫院例行為新生兒施打維生素K針劑，幫助凝血功能的正常運作。

3. 眼藥膏：塗抹含抗生素的眼藥膏，以免分娩過程接觸所導致的細菌感染。

4. 血液篩檢：許多醫院會對剛出生的新生兒進行血液測試，包括血型測

試、Rh因子、鐮狀細胞病等測試。新生兒出生48小時且確定開始進食後，會進行血液篩檢，由醫護人員在寶寶腳跟兩側採集少量血液，進行11項篩檢：先天性甲狀腺低能症、苯丙酮尿症、高胱胺酸尿症、半乳糖血症及紅細胞葡萄糖-6-磷酸脫氫酶缺乏症（俗稱蠶豆症）、先天性腎上腺增生症、楓糖漿尿症、中鏈醯基輔酶A脫氫酶缺乏症、戊二酸血症第一型、異戊酸血症、甲基丙二酸血症等。

5. 聽力測試：新生兒出生之後立即執行聽力測試。

　　許多醫院有母嬰同室的選項，讓嬰兒待在媽媽的房間而不帶去嬰兒室，在實施撫觸及加強親子連結時較為方便。剛生產的媽媽可能因為自己需要休息，因此不知是否要選擇母嬰同室。事實上，產婦在醫院的時候，醫療人員會24小時不斷進來巡訪，等到出院回家才真正能夠好好休息。

　　分娩完畢後，媽媽抱著新生兒有助於催產素與內啡呔的分泌，能夠促進親子依附，並有助於母體分泌乳汁、子宮恢復及避免感染等（關於催產素與內啡呔的功用，請參閱第一章第三節：四、神經傳導物質與荷爾蒙）。母親在這樣早期建立親子連結的時間，用眼神專注凝視孩子的眼睛，您將會很驚訝於新生兒的覺醒程度。分娩後媽媽在醫院跟新生兒相處的時間越多，親子間的依附會更緊密，媽媽越能了解孩子的需求與情緒線索。

　　如果孩子是足月生產，在新生兒出生後，就可以在醫院開始實施一些簡單的撫觸按摩。但是要記得，新生兒跟早產兒一樣，對於刺激相當敏感，必須慎防過度刺激，因此剛開始最好是隔著衣服為新生兒進行撫觸按摩。為孩子脫去衣服進行撫觸會造成過度刺激，首先是因為新生兒散熱較快，脫去衣服會讓嬰兒覺得冷。其次，新生兒肌肉沒有足夠控制能力，身體柔軟、頭部無法支撐起來，穿脫衣服相當費事，容易讓新生兒感到不舒服。最後，嬰兒在子宮內有液體提供支撐與接觸，穿著柔軟的衣服讓新生兒較有全面接觸的安全感。嬰兒穿著衣服按摩也可省去使用按摩油以及孩子過敏等問題的困擾。新生兒可以使用靜置撫觸、胸部心形按摩和腹部抬腿水車式按摩技巧，請參閱第三章第二節和第三節。

　　儘早給新生兒定期實施按摩，可以讓新生兒習慣按摩程序。照顧者只要一天保留幾分鐘為孩子按摩，就可以建立一個規則性的程序，逐漸養成習慣，孩子會期待按摩時間的來到。請參閱第二章第三節所介紹的：小睡、洗澡、換尿布等時間的嬰幼兒按摩。當孩子剛從醫院回到家中的時候，建議您

按照本書第三章的方法，從腳部開始為嬰兒實施按摩。因為腳部按摩對孩子的刺激比較小，比較不具有侵入性。孩子也可以穿著衣服做這個按摩，而且任何時間與場合都可以應用。嬰兒習慣這個按摩程序以後，孩子甚至會在洗完澡時眼睛看著您、雙腳抬得高高的，等待您來幫他按摩。當新生兒喜歡腳部的按摩以後，就比較能夠接受手部、背部、臉部以及其他部位的按摩。讓新生兒習慣按摩程序的方法就是盡早給新生兒定期實施按摩，只要一天保留幾分鐘為孩子按摩，就可以給孩子一個規律的新習慣，他會期待這個按摩的時候。請參閱第二章第三節，我們有介紹小睡的時候和換尿布等時間的嬰幼兒按摩。當孩子剛從醫院回到家中的時候，我們建議您按照本書第三章的方法，從腳部開始為嬰兒實施按摩。

　　新生兒在剛出生幾週時，大部分醒著的時間都在餵食，如果您決定餵食母乳，要注意每2-3小時要餵一次，一天24小時不間斷。如果您餵食配方奶，餵食的時間可能較長些，因為配方奶不像母乳那麼容易消化。純母乳有充足的腸道細菌可以幫助消化蛋白質，產生比較柔軟的大便。母乳比配方奶有更高的荷爾蒙，即腸動素（Motilin），有助於腸道蠕動。配方奶除了有更高的便秘風險之外，孩子對配方奶過敏也可能導致便秘。例如，餵食後，寶寶仍然很煩躁；寶寶肚子膨脹，有腸胃脹氣；嬰兒經常會吐、溢奶；排便通常很困難，這些都是配方奶過敏的徵兆。

　　餵食母乳對母親與嬰兒都有好處。當然，每個人情況都不相同，有些媽媽由於健康、工作或其他因素而無法餵食母乳，只要情況允許，建議還是盡可能選擇母乳。因為餵食母乳顯著降低乳癌的風險；母乳比配方奶容易消化，並且不易產生過敏；母乳含有一些抗生素，可以提升嬰兒的免疫力；餵食母乳不用另外花錢買配方奶；餵食母乳的產婦，子宮復原較快，產道感染的機率也較低。餵食母乳每日消耗熱能約500到1,000卡，可以幫助身材恢復；餵食母乳的早產兒，體重較快追上足月生產的嬰兒；餵食母乳的過程中，母體會分泌激素，有助於媽媽放鬆。

　　餵食太多也可能導致嬰兒嘔吐、溢奶、煩躁或者肚子脹氣。大部分嬰兒在6個月左右的時候便開始添加副食品，每個嬰兒情況會有些許不同，因此可以和兒科醫生討論正確的時間和方法來添加副食品。當進行添加時，小心注意嬰兒的糞便變化。如果嬰兒出現便秘，說明他還不適合添加這種副

食品。有些家長在嬰兒在還很小、消化系統未健全之前就添加副食品，此時孩子的腸道還沒習慣吸收乳品之外的食物，這些副食品會使嬰兒產生脫水現象。

　　在照顧嬰兒的時候，無論是餵食母乳或配方奶，媽媽都可以抱著孩子、餵他、愛他。爸爸也可以參與照顧嬰兒，共同享受親子連結的喜悅。如果是餵食母乳或者是第一胎的媽媽，往往需要一點時間去適應餵食新生兒的程序。在照顧者與新生兒都習慣照顧的程序時，就可以開始實施撫觸與按摩。在嬰兒幾個月，甚至幾週之內，就可進行完整的撫觸按摩。撫觸按摩最初的方法是，一手抱著孩子，另一手撫揉寶寶的身體。如果是餵食母乳，可以使用側身餵食，並且用手指畫圓圈按摩嬰兒的腳底。當您換邊餵食時，就按摩嬰兒的另一隻腳。如果孩子願意讓您碰觸頭部，可以眼睛看著寶寶的眼睛，輕輕撫觸他的頭部。如果用奶瓶餵食母乳或配方奶，可以讓爸爸來餵食，同時撫觸按摩孩子的腳、腿和手等部位，有助於增進寶寶與爸爸之間的親子依附。如果照顧新生兒的工作已經使您心力交瘁，夜間已經太疲乏，沒有心力再去幫嬰兒實施按摩，那麼，請好好放鬆休息，把自己身體調養好，以後還有很多機會可以幫孩子按摩。

　　如果照顧者經常為孩子進行撫觸按摩，可以考慮在適當的時機增加一些手法，並且可以把時間延長一些。如果嬰兒在按摩過程中肌肉放鬆、表情沉靜愉快，表示孩子覺得很舒適，可以考慮增加撫觸的時間。對於新生兒或早產兒，只用一種到兩種按摩手法，同時密切觀察孩子接受撫觸的刺激反應。同時實施太多種按摩手法，不容易追蹤個別手法對寶寶的刺激程度。為了避免寶寶因為過度刺激而對撫觸按摩產生反感，剛開始按摩必須以低刺激的「離心」手法為主（從腿部到腳趾、手臂到手指），並細心觀察孩子的反應。如果孩子對於離心手法的刺激程度已經很適應，可以慢慢加入「向心」手法（從腳趾到腿部、手指到手臂），同時密切觀察幼兒受刺激的程度。如果您對寶寶實施身體正面按摩的全部手法，而孩子沒有呈現過度刺激的情緒線索，則可以開始引入背部的撫觸按摩。當寶寶可以接受包括頭部的全身按摩以後，就可以開始進行臉部與頸部的按摩手法。

二、7-12個月的嬰兒

　　照顧者在幫嬰兒按摩時，要盡可能保持嬰兒受刺激的程度比較低。但是對於較大的嬰兒和幼兒，要使用刺激的手法來保持他們的興趣，使他們能夠長時間地接受按摩。寶寶剛出生的時候，媽媽幾乎一直都抱著孩子，每秒都知道孩子的行蹤。當寶寶慢慢在長大，開始學著爬行，媽媽更多時間和精力是在確保居家環境對寶寶是否安全、寶寶是否會感到無聊。如果在寶寶嬰兒時期就開始實施按摩，那麼孩子會更容易集中注意力，長時間接受按摩。當孩子對於撫觸有良好的經驗時，就像洗澡一樣，按摩已經成為生活的一部分。然而孩子越來越大，就越需要用新奇有趣的方式來使孩子保持興趣。2歲的孩子正處於叛逆期，要保持長時間的按摩是具有挑戰性的任務，但是實施撫觸按摩將會有很大的收獲。照顧者要有耐心，在這個年齡階段，無論給予何種按摩都是有助於媽媽和孩子的。

　　6-12個月的嬰兒會在媽媽腿上停留的時間更少，對自身周圍的環境更加感興趣。寶寶在6-9個月開始爬行，並在不久之後嘗試站起來。他對自己的身體非常感興趣，並且喜歡把自己的腳趾頭放進嘴巴裡；會抓住一切觸手可及的東西。當媽媽離開時，嬰兒會注意到並且對陌生人感到害羞。同時，寶寶正處於語言發展期，所以會聽到很多咕咕嚕嚕聲。要繼續把按摩融入寶寶的生活，最好的建議就是一定要有創意。媽媽最了解自己的孩子，可以使用任何他感興趣的事物來保持注意力。例如：嬰兒在學習新事物的時候，很喜歡得到鼓勵。當嬰兒在學習爬行的時候，媽媽要在孩子練習爬行的幾分鐘裡給予他鼓勵。當他變得沮喪的時候，要獎勵他嘗試，並且用按摩來減少他的沮喪感。較大的嬰兒喜歡看鏡子裡的影像，在孩子獨自坐著時，可以把他放在落地鏡前面，當寶寶看著鏡子笑的時候，可以按摩他的頸部、肩膀或者背部。在這個階段，長牙可能會對寶寶造成嚴重的不適。可以透過按摩寶寶的牙齦和臉頰，來緩解長牙帶來的疼痛。較大的嬰兒都喜歡把東西放進嘴巴裡。當嬰兒躺著的時候，給他一個安全的固齒器，讓他吮吸著，並給他做身體正面按摩。多數較大的嬰兒都很喜愛歌謠，他們正在開始學習說話的技巧，還喜愛有文字的遊戲。歌謠韻文等可以幫助寶寶在按摩的時候保持興趣，一個額外的好處就是可以同時教寶寶語言和聲韻覺識。照顧者可以在按摩的時候哼唱童謠、念詩詞韻文或歌詞，也可以把緩和運動（嬰幼兒瑜伽）

納入按摩中。

三、13-24個月的學步兒

　　學步兒是指12個月到2歲大的孩子。學步兒已經可以行走，常常是媽媽的小幫手，渴望嘗試自己穿衣服、在房子四處找事做。「不」是他最喜歡說的一個字，經常會模仿他人講話的腔調。一幾半的學步兒開始進入最大勞力期，喜歡搬重物、跑和攀爬，喜愛體育遊戲、跳躍和體操，喜歡創造藝術和玩各種形狀的物品。學步幼兒有天然的好奇心和短暫的注意力，應該把按摩時間設定在短短幾分鐘以內，這樣會使孩子更容易注意力集中。可以使用韻文和歌謠來保持學步幼兒對按摩的興趣。要盡可能讓孩子參與活動，所以可以考慮請孩子一起唱這些歌謠，並且鼓勵肢體緩和運動等親子互動。例如，可以嘗試一下「如果幸福您就拍拍手」。如果不喜歡一直都聽到自己的聲音，在按摩的時候也可以播放音樂兒歌，和學步兒一起跟著唱流行的幼兒歌曲。

　　如果媽媽還沒有為學步兒朗讀的習慣，筆者強烈推薦您儘快開始。照顧者可以在朗讀繪本的時候同時為孩子按摩。把孩子放在大腿上，在給他按摩的同時，可以讓孩子幫忙翻頁。請記住：除非學步兒有過按摩的經驗，不然他可能會覺得太刺激而無法馬上入睡。如果寶寶按摩後不容易入睡，表示刺激過度，因此要避免在孩子睡覺前實施按摩。可以考慮在孩子看最喜愛的電視節目時進行按摩，也可以加入有創意的遊戲。例如：玩「老師說」，告訴孩子當媽媽按摩他的肩膀時要靜止不動；玩「捉迷藏」，誰被找到就要接受按摩；請孩子趴睡在一個沙灘球上面，給他一個背部的按摩。鼓勵他在按摩前後，在球上面盡情地翻滾和跳動。

四、2歲以上的幼兒與較大兒童

　　對於滿2歲的幼兒，可以鼓勵家中其他孩子或整個家庭一起實施按摩，同時創建更加堅強的親子依附。對較年長的孩子進行按摩有許多好處，包括可以使手足之間對新生寶寶的自然嫉妒降到最低；可以教導年長的孩子如何接受和進行充滿關心及愛護的按摩；增強兄弟姊妹之間的依附；媽媽可以享

受到更充分的休息。兄弟姊妹之間的親子依附很強，按摩可以讓他們更加親密。雖然很多手足的關係在童年到成年期間都有起伏、吵吵鬧鬧的，但是這種情感多數都仍能持續長久。

　　如果要大的孩子為年幼的孩子按摩，顯然要注意的是，大孩子的年齡和能力以及年幼的孩子的需要。可以教導一個7、8歲的孩子學習書中比較複雜的手法，例如：拉太妃糖法，不過較年幼的孩子則需要學習比較簡單的手法。讓年長的孩子選擇他喜歡的按摩技術，讓他負責為幼小的孩子做特定的按摩。讓孩子先在媽媽身上進行按摩技術的練習，這樣可以確定正確的按摩力道。鼓勵年長的孩子在他最喜歡的洋娃娃上練習按摩。如果施作按摩和被按摩的孩子都相對年幼，建議爸爸媽媽隨時監督按摩的進程。年長的孩子可能無法辨別幼兒受到過度刺激的情緒線索，在按摩時使用的力道可能會過大。參與按摩的兩個孩子可能需要媽媽的指導，確保按摩手法是安全和有愛的。

　　如果要在整個家庭中實施按摩，這將是很了不起的決定。每個人的家庭都不一樣，因此沒有一個特定的方式必須遵循，照顧者必須不斷嘗試，找出使家人獲益的最好方法。有助於創意流動的方法，包括：當父母中一位（媽媽）在為學步兒讀睡前故事時，另一位（爸爸）可以實施按摩。在看電視期間，兄弟姊妹之間可以輪流互相按摩，父母之間也可以。家庭度假期間，甚至出遊的時候，都可能會把每個人的睡眠模式打亂，所以使用按摩是一個帶來輕鬆心情的好辦法。

　　2歲幼兒在父母的幫助和指導下，努力調和自己的需要和自主性。這個年齡階段的孩子，表達自己自主權的方法往往就是說「不」。有時候，2歲幼兒會對一切事情說「不」，即使那是他想要的東西。例如，可能幼兒說他不要吃粥，可是當你轉身幾秒後，他卻要一碗粥。作為父母或者照顧者，有必要為幼兒設定界限。大家有時候可能會懷疑這點，但是這對孩子在得不到想要的東西、受到限制或經歷挫折時，能夠幫助他調整或修正自己對事情的態度。為幼兒設定界限也有助於父母尊重孩子說「不」的權力，傾聽並回應孩子的需求與想法，教導孩子掌握環境的能力。

　　照顧者在對較大孩子實施撫觸按摩時，必須時時意識到，施作的接觸方式必須符合文化與社會習俗的常規。因為兒童性侵害的發生率很普遍，對潛在危險的認識，有助於保護家庭成員。幫助兒童避免性侵的方法，包括：

教導孩子關於觸摸的知識。安全觸摸和感覺不對的觸摸之間有一定的區別，確保孩子明白沒有人可以觸摸他的私密部位。讓孩子明白，他可以對任何想要碰觸他的人說「不」。不要讓他親吻或者擁抱別人，讓孩子早早知道保守某些「祕密」是不好的。有些罪犯會試圖欺騙孩子說，這些事是祕密不可以告訴別人。如果孩子知道保守祕密是不好的，那他將會知道什麼事情是不能做的。相信孩子，孩子不會說這種謊。如果孩子告訴父母有人摸他，並且覺得很不舒服，請父母一定要相信他。大部分罪犯都是父母和孩子熟悉的人。研究資料表明，這些罪犯往往是家長讓孩子信任的人，而不是陌生人[1]。教導孩子身體部位的正確名稱，可以在換尿布的時候帶入陰道和陰莖等專業名詞，使用正確的詞彙會使父母和孩子之間的溝通更加容易。父母可以選擇明智的方式，避免和孩子發生主導權的衝突，孩子的任性如果沒有影響到安全與發展，就可以加以包容，如果牽涉到安全的風險，那麼就不可任由孩子任性。例如，當孩子想要在夏天戴冬天的帽子時，那就讓他戴。然而，當他不想牽著媽媽的手，獨自穿過人群密集的街道時，這顯然是不能妥協的。如果孩子拒絕按摩，家長應當尊重孩子的意見。照顧者可以傳遞一些明確的資訊：孩子的身體是他自己的，他對誰可以觸摸有自主的發言權。這是一個要傳達給任何孩子的重要訊息。美國關於兒童性虐待的統計資料表明，每4個女孩子中有1個、每6個男孩子中有1個在18歲之前遭受性侵害。施虐者通常是孩子認識的人而不是陌生人。教導孩子對不喜歡的觸摸說「不」，有利於降低被性侵害的可能性。父母應尊重孩子的感覺和界線，鼓勵孩子更加自主。作者也鼓勵父母，當孩子要求要按摩時，應當尊重孩子給予按摩。如果無法在孩子要求的時間實施按摩，要告訴孩子可以按摩的時間。請記住，被滿足的童年需求往往會逐漸消失，而沒有被滿足的需求會一直跟隨著個體進入成年階段。

　　為2歲幼兒設置界線有助於他們的安全，讓他們知道適當的行為邊界。例如：在進門之前記得先敲門；在給予身體接觸時先徵求同意；在過馬路的時候必須牽著媽媽的手；在寒冷的冬天裡必須穿上大衣外套；不可以玩爸爸的筆記本。請記住：嬰兒和孩子透過觀察他人的行為進行學習。如果伴侶之

---

[1] Bagshaw, J., Fox, I., *Baby Massage for Dummies*. Indianapolis,. Indiana: Wiley Publishing, Inc. 2005. p.153.

間、孩子之間有明確的、一致的界線，那麼幼小的孩子就會知道什麼樣的行為可以帶來良好的關係。有助於幫助幼兒建立有效界線的方法有：保持一致——如果設置的限制和規則一直不斷變化，會使孩子感到困惑。留意孩子的發展——了解他在情感和身體上的發展，有助於建立接近現實的界線。記住設置界線並不是控制孩子，而是在幫助孩子保持安全並學會自我約束。為年長的孩子或者2歲幼兒按摩時，可以設置界線並透過以下的做法讓孩子知道父母是尊重他的，例如：徵求他的同意之後再進行按摩；如果孩子之間互相按摩，要確保他們都是自願的；如果孩子出現過度刺激或者感覺到無聊在看其他東西時，要馬上停止按摩；尊重孩子的要求。有時候孩子的要求在大人看來可能是很無聊的，但這是他們表達自主權的一種方式。例如，孩子可能很喜歡你按摩他的手臂，可是卻拒絕你按摩他的腿部。這是一個尊重孩子界線的完美機會。

　　按摩創造了持續的機會，讓父母與孩子之間建立親子連結與依附，同時讓他們接受「溫和的紀律」：父母用溫和堅定的語氣與態度，持續堅持讓孩子養成建設性的生活習慣。孩子也必須對愛的指導做出積極的反應，例如：孩子必須相信媽媽（按摩者）；他需要認識到與媽媽之間清楚而一致的界線；他需要學習與媽媽之間的語言與非語言的交流；他需要知道媽媽對他的需求很敏感。請記住：「紀律」一詞在這裡意味著，實際上是可以藉由按摩幼兒來教導紀律。由於按摩可以幫助孩子們獲得界線、信任和非語言交流，即使新生兒或嬰兒都可以透過按摩來了解紀律的意義與內涵。

　　父母定期撫觸和按摩孩子，能成為敏感的照顧者，更好地適應孩子的需要。這種教育方式培養的親子關係是建立在信任的基礎上，因為父母需要富有同理心和敏感及時地回應孩子的需求。孩子的成長是在媽媽積極的陪伴下，伴隨著尊重而不是害怕。照顧者積極的陪伴方法有：用積極正面的態度對孩子，凡事「對事不對人」、不與孩子鬥心機；設置適當的限制和界線；用敏感與具有同理心的方式管教孩子；要溫柔而堅定地實施紀律，但是不要情緒化，容忍孩子不代表父母是弱者。每一次表達積極的管教時，是用非對抗性的合作方式加強與孩子之間的信任和相互尊重。持續按摩可以幫助照顧者保持協調與敏感，隨時意識到孩子不斷變化的需求，因此親子間的關係會隨著孩子的成長而發展。

　　當孩子感覺被情緒淹沒、不知道如何處理的時候就容易發脾氣。觸發

這些不好感覺的因素可能是孩子累了、餓了、沮喪或者憤怒。可惜的是，孩子往往會在公共場合發脾氣，讓家長不知所措。照顧者不知道如何在這麼多人的注視下很好的解決這個問題。因此發脾氣對於媽媽和孩子來說都是一件非常緊張的事情。當孩子發脾氣的時候，盡可能保持冷靜和客觀；有必要時應該抱著孩子，防止他傷害自己，或者把他帶到安全的地方；不能忽視孩子發脾氣。要記住，孩子發脾氣是因為他不知道怎麼處理這種緊張激烈的情緒。在孩子發脾氣期間，要和孩子在一起並且盡量守護他。舒緩的話語可能會有所幫助，但是話語要堅定，例如：「我知道你很生氣也很累，但是我們必須完成購物，因為如果不買的話，今天的晚餐就沒有得吃了。」當幼兒冷靜下來的時候，花一些時間與他進行交流，使用一些詞語幫助他表達自己的情感，這樣就可以更了解到底發生了什麼事；因為孩子已經承受了很多的壓力，可以透過按摩來幫助他釋放壓力。當他平靜下來的時候，可以實施按摩，幫助他冷靜下來。

第二節　嬰幼兒柔軟體操

　　嬰幼兒柔軟體操主要包括媽媽的體操、嬰兒抱持法和嬰幼兒瑜伽等。瑜伽動作可以補充嬰幼兒按摩在感覺統合的整體發展需求。嬰幼兒按摩主要可以提供觸覺、視覺與嗅覺等感覺統合的功能，而瑜伽動作可以提供前庭覺與本體覺的感覺統合功能，促進嬰幼兒大腦的整體發展。因此，嬰幼兒按摩課程都在按摩開始前後做一些柔軟體操，幫助嬰幼兒放鬆，並促進感覺統合發展。

　　柔軟體操是我們身心與自然的和諧共鳴，以及靈性的深度探索。經由意識與外界環境產生聯繫，透過身心靈全面的體驗，讓自己身心平衡，增長愛與智慧。柔軟體操透過肢體動作，結合呼吸與放鬆，來達成身體的強化與心理的寧靜。生理舒緩帶動心理的放鬆，而心理的寧靜也回溯生理的調和。平衡的心境與良好的姿勢可以確保身體運作順暢，從而保持體內器官的健康。柔軟體操的姿勢源於印度瑜伽，在活動中刺激各種內分泌腺，其伸展動作也有助於骨酪肌肉的放鬆與強化。柔軟體操的好處，包括：增強親子依附與連結、增進寶寶的安全感、消除緊張、穩定嬰兒情緒、改善睡眠品質、促進寶寶血液循環、強化肌肉筋骨等生理發展、改善嬰兒腸絞痛等症狀、促進神經

系統及腦部發展、加速排除廢物與毒素、使各種生理系統達到平衡，同時協助寶寶從自然反射動作過渡到自主運動階段。在撫觸按摩與柔軟體操活動下培育的寶寶，由於較佳的安全感與親子連結，比較能夠主動探索環境並克服障礙。

　　親子柔軟體操通常是12週以上頭頸部較穩固的嬰幼兒都可以實施，對於有過動傾向（活動量較高）的嬰兒或12週以下的新生兒，則需要額外的培訓方可實施。柔軟體操可以結合本書第二章第二節的嬰幼兒抱持法以及第三章至第五章的撫觸按摩一起實施。月齡較小的嬰兒可以從抱持法與靜置撫觸開始，等嬰兒的脖子可以支撐頭部重量之後，再增加一些柔軟體操的動作。照顧者在對寶寶做柔軟體操之前，應該先確認孩子有沒有不舒服，例如：尿布溼了、肚子太飽、太餓，或者寶寶太累想睡覺等。避免為焦躁不安的寶寶實施柔軟體操，預防接種後12小時之內，也應避免實施撫觸按摩或柔軟體操，尤其避免碰觸接種區域，應選擇寶寶活動力佳、精神飽滿、情緒好的時候實施。

　　親子柔軟體操可以在一天中任何時間進行，長度從幾分鐘到半個小時都可以，甚至可以在嬰兒沐浴或就寢之前，結合撫觸按摩進行親子柔軟體操，經由制約作用逐漸成為生活的習慣。親子柔軟體操環境可以使用撫觸按摩的環境，參考本書第二章第一節中「時間與場地的選擇」部分。若孩子或照顧者有特殊醫療狀況，例如，嬰兒有脊柱裂、腦性麻痺等症狀，或者照顧者有病毒感染等，需要尋求專業醫療的諮詢。唐氏症的嬰兒或有髖關節脫臼等問題的寶寶，在做臀部柔軟體操時都要注意，避免相關部位過度活動。溫馨提示：按摩油以冷壓植物油為原則，且須做簡單的過敏測試：滴一小滴在寶寶下臂的皮膚上，觀察10分鐘，看看是否有過敏症狀。

　　親子柔軟體操的第一部分是媽媽的體操和嬰兒抱持法，在第二章中介紹了媽媽的體操和抱持法十八式，可以分為四類，包括：媽媽的體操（Moves for Mum）、放鬆抱持與最小前傾與搖擺的行走法（Relaxed Holds and Walks with Mini Dips and Swings）、舉抬法（Lifts）以及放鬆行走法（Relaxed Walks），此處不再詳細展開論述。

一、媽媽的體操（Moves for Mum）
　　(一) 手臂伸展（Arm Stretches）。
　　(二) 肩膀轉動（Shoulder Rolls）。

(三) 和緩扭轉（Gentle Twists）。

(四) 前彎（Forward Bend）。

二、放鬆抱持與小搖擺行走法（Relaxed Holds and Walks with Mini Dips and Swings）

(一) 向前直立抱法（Forward Upright Hold）。

(二) 趴臥式抱法（Prone Hold）。

(三) 搖籃抱法（Cradle Hold）。

(四) 老虎爬樹抱法（Tiger in the Tree）。

(五) 消防員抱法（The Fireman's Hold）。

(六) 滾動放鬆抱法（Rolling Relaxed Holding）。

三、舉抬法（Lifts）

(一) 螺旋式抬舉、放下（Spiral Up and Down）。

(二) 舀起再螺旋式抬舉（Scoop Spiral Up）。

(三) 照顧者帶著寶寶站起來（Carer Up to Standing with Baby in Arms）。

(四) 拉拉仰臥起坐（Self Lift）。

(五) 飛向月球（Zoom to the Moon）。

四、放鬆行走法（Relaxed Walks）

(一) 駱駝式行走（Camel Walk）。

(二) 鋼索行走（Tightrope Walk）。

(三) 閉合式／交叉式行走（Closing / Crossover Walk）。

親子柔軟體操的第二部分是嬰兒體操的動作，包括以下內容。

一、髖關節運動（Hip Sequences）

(一) 屈膝及胸（Knees to Chest）

屈膝及胸（Knees to Chest）柔軟體操的操作步驟如下：

1. 寶寶仰躺，腳部朝向照顧者，寶寶的腳與肩同寬。
2. 照顧者雙手虎口張開，四指並攏，手掌分別握住寶寶的膝蓋下方。
3. 輕輕將寶寶的膝蓋向上提，沿著髖骨旋轉寶寶的腿部，像在抬腿一樣的動作。

4. 寶寶兩腿分別輕壓腹部兩側，膝蓋輕觸肋骨下方，保持這樣的姿勢，然後漸漸鬆開，讓寶寶的腳恢復伸直。

5. 重複上述動作。

6. 屈膝及胸柔軟體操的另一種姿勢變化，是讓寶寶兩腳交替伸展，寶寶的左腳膝蓋向上提、右腳伸展；然後寶寶的右腳膝蓋向上提、左腳伸展，像是在騎腳踏車的動作。

溫馨提示：屈膝及胸可以做成兩腳輪流彎曲和伸直，像在踩腳踏車，此法稱為「腳踏車式」。屈膝及胸柔軟體操可以幫助寶寶排氣，並伸展脊椎，同時有促進消化的成效。

圖7-2-1　屈膝及胸（Knees to Chest）

(二) 膝蓋左右擺動（Knees from Side to Side）

膝蓋左右擺動（Knees from Side to Side）柔軟體操的操作步驟如下：

1. 寶寶仰躺，腳部朝向照顧者，寶寶的兩腿並攏。

2. 照顧者雙手虎口張開，四指並攏，手掌分別握住寶寶的膝蓋下方。

3. 照顧者輕輕將寶寶的膝蓋向左擺動，寶寶的腿輕壓其右側腹部，然後漸漸向中央擺動，同時讓寶寶的腳恢復伸直，保持這樣的姿勢5-10秒。

4. 換邊操作，照顧者輕輕將寶寶的膝蓋向右擺動，寶寶的腿輕壓其左側腹部，然後漸漸向中央擺動，同時讓寶寶的腳恢復伸直，保持這樣的姿勢5-10秒。

溫馨提示：屈膝及胸柔軟體操可以幫寶寶做下背按摩以及扭轉脊椎的運動。

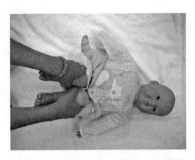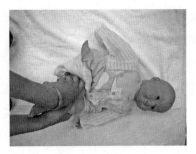

圖7-2-2 膝蓋左右擺動（Knees from Side to Side）

(三) 臀部滾動（轉圈圈）（Hip Rolls, Round and Round）

臀部滾動（Hip Rolls），或稱轉圈圈（Round and Round）柔軟體操的操作步驟如下：

1. 寶寶仰躺，腳部朝向照顧者，寶寶的兩腿並攏。
2. 照顧者雙手虎口張開，四指並攏，手掌分別握住寶寶的膝蓋下方。
3. 照顧者輕輕將寶寶的膝蓋以髖骨為中心，在寶寶身體上方水平轉圈圈。
4. 先順時針轉、再逆時針轉圈圈。從小圈圈逐漸轉大圈圈，最後到輕輕貼近腹部為止。

溫馨提示：臀部滾動（轉圈圈）柔軟體操可以幫助寶寶強化關節，同時有幫助消化排除脹氣的效果。

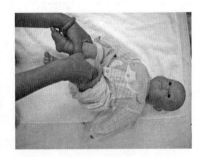

圖7-2-3 臀部滾動（轉圈圈） （Hip Rolls, Round and Round）

(四) 半蓮花坐（Half Lotus）

半蓮花坐（Half Lotus）柔軟體操的操作步驟如下：

1. 寶寶仰躺，腳部朝向照顧者，寶寶的兩腿並攏。
2. 照顧者雙手虎口張開，四指並攏，手掌分別握住寶寶的腳踝上方腿部外側。
3. 照顧者的右手輕輕將寶寶的左腳往寶寶的右側方向伸展，形成一個類似半蓮花坐的姿勢。
4. 寶寶左腳大約伸展到右側髖骨附近，然後放鬆，回到雙腿伸直的姿勢。
5. 換邊操作，照顧者的左手輕輕將寶寶的右腳往寶寶的左側方向伸展，形成一個類似半蓮花坐的姿勢。寶寶右腳大約伸展到左側髖骨附近，然後放鬆，回到雙腿伸直的姿勢。

溫馨提示：半蓮花坐（Half Lotus）柔軟體操可以幫助寶寶強化關節，同時有助於發展協調動作。

圖7-2-4　半蓮花坐（Half Lotus）

(五) 進階半蓮花坐（Acrobatic Half Lotus）

進階半蓮花坐（Acrobatic Half Lotus）柔軟體操的操作步驟如下：

1. 寶寶仰躺，腳部朝向照顧者，寶寶的兩腿並攏。
2. 照顧者雙手虎口張開，四指並攏，手掌分別握住寶寶的腳踝上方腿部外側。
3. 照顧者的右手輕輕將寶寶的左腳往寶寶的右側方向伸展，如同半蓮花坐的動作。
4. 接著讓寶寶的左腳進一步伸展到右側腋窩下方的位置，然後放鬆，回到

雙腿伸直的姿勢。

5. 換邊操作，照顧者的左手輕輕將寶寶的右腳往寶寶的左側方向伸展，如同半蓮花坐的動作。接著讓寶寶的右腳進一步伸展到左側腋窩下方的位置，然後放鬆，回到雙腿伸直的姿勢。

6. 如果寶寶的腳可以伸展到腋窩以上，可以在第二輪之後的動作慢慢增加伸展的高度到腋窩，並逐漸嘗試抬高到鼻子和額頭的位置。

溫馨提示： 進階半蓮花坐（Acrobatic Half Lotus）柔軟體操的動作要配合寶寶的柔軟度，讓寶寶自然伸展，不可勉強寶寶抬高腳。

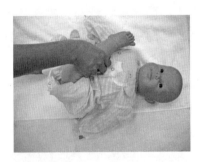

圖7-2-5　進階半蓮花坐（Acrobatic Half Lotus）

(六) 蝴蝶式（Butterfly）

蝴蝶式（Butterfly）柔軟體操的操作步驟如下：

1. 寶寶仰躺，腳部朝向照顧者，寶寶的兩腿自然伸展。

2. 照顧者雙手虎口張開，四指並攏，手掌分別握住寶寶的腳踝上方腿部外側。

3. 輕輕將寶寶的兩腳掌對貼、讓寶寶膝蓋自然張開，寶寶雙腿成為一個蝴蝶式。

4. 照顧者左手握住寶寶的兩腳掌、右手握住寶寶的左腿，輕輕將腿推向寶寶的腹股溝，輕輕擠壓腹股溝，然後放鬆。

5. 蝴蝶式（Butterfly）柔軟體操的另一種姿勢變化，是讓寶寶腿部以髖骨為中心轉圈圈，先順時針轉、再逆時針轉圈圈，寶寶的左腿做完柔軟體操之後，換做右腿操作。

溫馨提示： 蝴蝶式（Butterfly）柔軟體操可以幫助寶寶擴張髖關節。

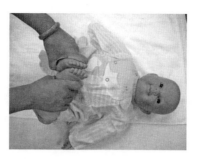

圖7-2-6　蝴蝶式（Butterfly）

(七) 水車轉轉（Roly Poly）

　　水車轉轉（Roly Poly）柔軟體操的操作步驟如下：

1. 寶寶仰躺，腳部朝向照顧者，寶寶的兩腿自然伸展。
2. 照顧者雙手虎口張開，四指並攏，手掌分別握住寶寶的腳踝上方腿部外側。
3. 輕輕將寶寶的兩腳掌略呈相對、讓寶寶膝蓋自然張開。
4. 寶寶的左腳橫向放置在腹部下方，腳掌朝右放置；右腳橫向放置在腹部上方，腳掌朝左放置。
5. 輕輕將寶寶的兩腳以膝蓋為中心，在垂直方向畫圓圈，讓寶寶的腳像水車一樣，兩腳互相繞著轉。
6. 剛開始的時候慢慢繞著轉，如果寶寶喜歡這樣的動作，可以加快水車轉轉的速率。

溫馨提示： 水車轉轉（Roly Poly）柔軟體操可以幫助寶寶強化關節，同時有助於發展協調動作。

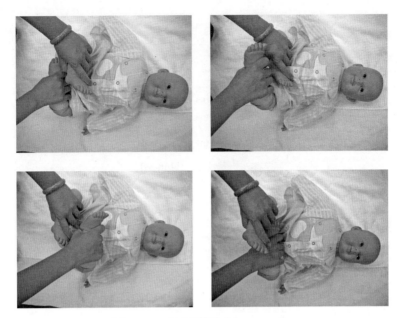

圖7-2-7　水車轉轉（Roly Poly）

(八) 開／合髖關節（Opening / Closing Hips）

開／合髖關節（Opening / Closing Hips）柔軟體操的操作步驟如下：

1. 寶寶仰躺，腳部朝向照顧者，寶寶的兩腳並攏，自然伸直。
2. 照顧者雙手虎口張開，四指並攏，手掌分別握住寶寶的腳踝上方腿部外側。
3. 輕輕將寶寶的膝蓋並攏，寶寶的雙腿向腹部方向擠壓，沿著髖骨旋轉寶寶的腿部，像在抬腿一樣的動作。
4. 慢慢將寶寶兩腳的膝蓋往兩側延伸，呈現類似蝴蝶式的動作，讓寶寶的髖關節打開。
5. 然後把寶寶的腳朝照顧者方向伸展，一直到自然伸直。
6. 最後將上述動作反過來操作，讓寶寶的髖關節合攏。

溫馨提示：開／合髖關節（Opening / Closing Hips）柔軟體操可以幫助寶寶增進腿部及髖關節的柔軟度。

圖7-2-8　開／合髖關節（Opening／Closing Hips）

(九) 踢踢腳（Push and Counter Push）

踢踢腳（Push and Counter Push）柔軟體操的操作步驟如下：

1. 寶寶仰躺，腳部朝向照顧者，寶寶的兩腳自然伸展。
2. 照顧者雙四指並攏，手掌張開分別握住寶寶的腳底。
3. 將寶寶的腳慢慢抬高到腹部上方的位置，讓寶寶膝蓋略微彎曲，兩腳踏在照顧者的兩手掌上。
4. 由於新生兒出現反射動作——踏步反射（Stepping Reflex）（或稱跨步反射），寶寶會對照顧者的手掌施力。
5. 當寶寶施力時，照顧者的手掌慢慢增加壓力，刺激寶寶更用力蹬腿。
6. 照顧者手掌的力道逐漸減小，然後再重複施加壓力。
7. 寶寶的左右腳輪流操作，鼓勵寶寶踢踢腳。

溫馨提示：踢踢腳（Push and Counter Push）柔軟體操有助於寶寶的爬行準備。

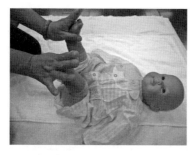

圖7-2-9　踢踢腳（Push and Counter Push）

(十) 背部伸展與放鬆（Back Stretch and Release）

　　背部伸展與放鬆（Back Stretch and Release）柔軟體操的操作步驟如下：

1. 寶寶仰躺，腳部朝向照顧者，寶寶的兩腳並攏伸直。
2. 照顧者雙手虎口張開，四指並攏，手掌分別握住寶寶的腳踝上方腿部外側。
3. 慢慢將寶寶的雙腿稍微向上（天空方向）提起，同時輕輕施加拉伸力量，伸展寶寶的腿部，一直到雙腿與身體垂直，然後慢慢將寶寶的雙腿放下來。
4. 對於月齡較小的嬰兒，背部伸展與放鬆的動作必須很輕柔，力道要控制好，不要讓寶寶的臀部離開地面，或者造成背部的滑動。等到寶寶可以做較大動作之後，寶寶的臀部才可以離開地面。

溫馨提示： 背部伸展與放鬆（Back Stretch and Release）柔軟體操有助於寶寶腿部與脊椎的伸展。

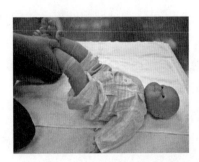 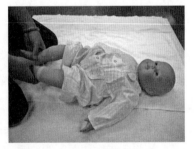

圖7-2-10　背部伸展與放鬆（Back Stretch and Release）

(十一) 背部按摩與放鬆（Back Tickle and Release）

　　背部按摩與放鬆（Back Tickle and Release）柔軟體操的操作步驟如下：

1. 寶寶仰躺，腳部朝向照顧者，寶寶的兩腳自然伸直。
2. 照顧者雙手手掌朝上（天空方向），放在寶寶軀幹兩側靠近腋窩的位置，手指自然張開。
3. 照顧者的手指插在寶寶的背部與墊子之間，左手手指朝向右側，右手手

指朝向左側。指尖位於脊椎兩側，指腹輕輕貼合在寶寶的背部。

4. 照顧者的手指指腹輕輕按摩寶寶脊椎兩側的肌肉，手指做交互動作，類似像在搔癢的動作，從寶寶的上背部慢慢按摩到下背部。

溫馨提示： 要注意避免直接按摩寶寶的脊椎。背部按摩與放鬆（Back Tickle and Release）柔軟體操能幫助寶寶弓起背部，有助於寶寶乘坐汽車安全座椅時的背部支撐。

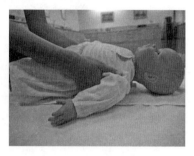

圖7-2-11　背部按摩與放鬆（Back Tickle and Release）

(十二) 小犁式（腳尖對鼻尖）（Mini Plough, Toes to Nose）

小犁式（Mini Plough），或稱腳尖對鼻尖（Toes to Nose）柔軟體操的操作步驟如下：

1. 寶寶仰躺，腳部朝向照顧者，寶寶的兩腳並攏伸直。

2. 照顧者雙手虎口張開，手掌分別握住寶寶的腳踝上方腿部外側。

3. 慢慢將寶寶的雙腿稍微向上（天空方向）提起，同時輕輕施加拉伸力量，伸展寶寶的腿部，一直到雙腿與身體垂直。

4. 繼續把寶寶的雙腿向上（頭部方向）提起，一直到超過頭部，寶寶的身體呈現自然捲曲的狀態。

5. 慢慢將寶寶的雙腿放下來。

溫馨提示： 小犁式（Mini Plough）又稱腳尖對鼻尖（Toes to Nose），是考慮每個孩子的柔軟度不同，剛開始可以做到將嬰兒的腳尖抬高到鼻尖位置，等到嬰兒柔軟度很好之後，嬰兒的腳尖可以抬高到超過頭頂。然而要注意，不可強拉嬰兒的腳，必須順應孩子自然的身體狀態，才能確保安全。這個動作是背部伸展與放鬆（Back

Stretch and Release）的進階延伸，照顧者在為寶寶做這個動作之前，必須確認寶寶已經能夠輕鬆做出背部伸展與放鬆的伸展運動。小犁式（Mini Plough）柔軟體操讓寶寶腿部與脊椎進一步伸展，有助於增進寶寶脊椎的彈性與柔軟度。

圖7-2-12　小犁式（Mini Plough），或稱腳尖對鼻尖（Toes to Nose）

二、對角線動作（Diagonals）

(一)對側手腳拍拍（Opposite Hand to Foot Touch）

　　對側手腳拍拍（Opposite Hand to Foot Touch）柔軟體操的操作步驟如下：

1. 寶寶仰躺，腳部朝向照顧者。
2. 照顧者雙手虎口張開，左手掌握住寶寶的右腳踝上方腿部外側，右手掌握住寶寶的左手腕上方上臂外側。
3. 輕輕讓寶寶的右腳和左手慢慢接近，甚至靠在一起，像手腳互拍的動作。
4. 慢慢將寶寶的右腳和左手恢復原來位置。
5. 換邊操作，照顧者右手掌握住寶寶的左腳踝上方腿部外側，左手掌握住寶寶的右手腕上方上臂外側。
6. 輕輕讓寶寶的左腳和右手慢慢接近，甚至靠在一起，像手腳互拍的動作。
7. 慢慢將寶寶的左腳和右手恢復原來位置。

溫馨提示：對側手腳拍拍（Opposite Hand to Foot Touch）柔軟體操能幫助

寶寶連結大腦左右兩側，增進孩子的動作發展與感覺統合。做這個動作時一定要注意，寶寶身體的中線必須維持，寶寶的頭部、頸部與脊椎要在一條直線上。

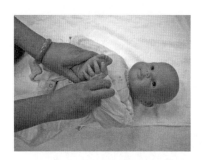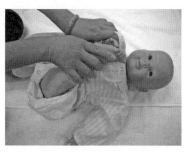

圖7-2-13　對側手腳拍拍（Opposite Hand to Foot Touch）

(二) 對角線的反向伸展（Diagonal Counter Stretch）

對角線的反向伸展（Diagonal Counter Stretch）柔軟體操操作步驟如下：

1. 寶寶仰躺，腳部朝向照顧者。
2. 照顧者雙手虎口張開，左手掌握住寶寶的右腳踝上方腿部外側，右手掌握住寶寶的左手腕上方上臂外側。
3. 輕輕將寶寶的右腳和左手慢慢向外伸展，右腳向右下伸展、左手向左上伸展。
4. 慢慢將寶寶的右腳和左手恢復原來位置。
5. 換邊操作，照顧者右手掌握住寶寶的左腳踝上方腿部外側，左手掌握住寶寶的右手腕上方上臂外側。
6. 輕輕將寶寶的左腳和右手慢慢向外伸展，左腳向左下伸展、右手向右上伸展。

溫馨提示：對角線的反向伸展（Diagonal Counter Stretch）柔軟體操能幫助寶寶伸展四肢，並減輕肩膀與關節的壓力。做這個動作時一定要注意，寶寶身體的中線必須維持，寶寶的頭部、頸部與脊椎要在一條直線上。

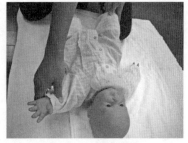

圖7-2-14　對角線的反向伸展（Diagonal Counter Stretch）

(三) 水平交握（Horizontal Binding）

　　水平交握（Horizontal Binding）柔軟體操的操作步驟如下：

1. 寶寶仰躺，腳部朝向照顧者。
2. 照顧者雙手手指張開，將寶寶的雙手在手腕上方上臂交叉、雙腳在腳踝上方腿部交叉。
3. 照顧者左（右）手掌握住寶寶交叉的雙腿、右（左）手掌握住寶寶雙手（照顧者左右手動作依照慣用手而定）。
4. 照顧者將寶寶交叉的雙腿慢慢移動到腹部、寶寶交叉的雙手慢慢移動到胸部。
5. 照顧者輕輕地左右搖晃左右手，讓寶寶感受抱成一團、左右搖晃的感覺。

溫馨提示：水平交握（Horizontal Binding）柔軟體操能讓寶寶有安全感，使寶寶情緒穩定。

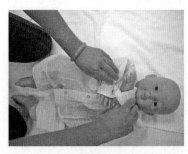
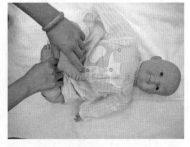

圖7-2-15　水平交握（Horizontal Binding）

(四) 對角線交握（Diagonal Binding）

對角線交握（Diagonal Binding）柔軟體操的操作步驟如下：

1. 寶寶仰躺，腳部朝向照顧者。
2. 照顧者雙手虎口張開，左手掌握住寶寶的右腳踝上方腿部外側，右手掌握住寶寶的左手腕上方上臂外側。
3. 輕輕將寶寶的左手慢慢移動到右側臀部附近，右腳慢慢移動到左手附近。
4. 慢慢將寶寶的左手和右腳恢復原來位置。
5. 換邊操作，照顧者右手掌握住寶寶的左腳踝上方腿部外側，左手掌握住寶寶的右手腕上方上臂外側。
6. 輕輕將寶寶的右手慢慢移動到左側臀部附近、左腳慢慢移動到右手附近。
7. 慢慢將寶寶的右手和左腳恢復原來位置。

溫馨提示：對角線交握（Diagonal Binding）柔軟體操能幫助寶寶伸展四肢，並減輕肩膀與關節的壓力。做這個動作時一定要注意，寶寶身體的中線必須維持，寶寶的頭部、頸部與脊椎要在一條直線上。

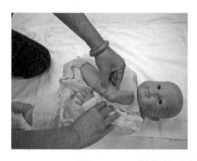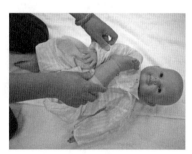

圖7-2-16　對角線交握（Diagonal Binding）

(五) 健腦圈圈（Brain Gym Circles）

健腦圈圈（Brain Gym Citrcles）柔軟體操的操作步驟如下：

1. 寶寶仰躺，腳部朝向照顧者。
2. 照顧者雙手虎口張開，左手掌握住寶寶的右腳踝上方腿部外側，右手掌握住寶寶的左手腕上方上臂外側。

3. 輕輕將寶寶的左手慢慢移動到左肩上方，右腳慢慢移動到右臀上方。

4. 照顧者雙手帶著寶寶的手腳，慢慢在水平面做畫圈圈的動作，逆時針旋轉，然後順時針旋轉。

5. 慢慢將寶寶的左手和右腳恢復原來位置。

6. 換邊操作，照顧者雙手虎口張開，右手掌握住寶寶的左腳踝上方腿部外側，左手掌握住寶寶的右手腕上方上臂外側。

7. 輕輕將寶寶的右手慢慢移動到右肩上方，左腳慢慢移動到左臀上方。

8. 照顧者雙手帶著寶寶的手腳，慢慢在水平面做畫圈圈的動作，逆時針旋轉，然後順時針旋轉。

9. 慢慢將寶寶的右手和左腳恢復原來位置。

溫馨提示： 健腦圈圈（Brain Gym Circles）柔軟體操能幫助寶寶發展動作協調，並增進腦神經連結。做這個動作時一定要注意，寶寶身體的中線必須維持，寶寶的頭部、頸部與脊椎要在一條直線上。

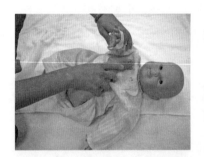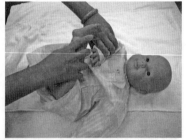

圖7-2-17　健腦圈圈（Brain Gym Circles）

三、趴姿（Prone Positions）

(一) 小眼鏡蛇式（Mini Cobra）

　　小眼鏡蛇式（Mini Cobra）柔軟體操的操作步驟如下：

1. 照顧者呈坐姿，寶寶俯臥（趴姿）照顧者的腿上或抱枕上，頭部朝向照顧者右方（慣用手的一側）。12週以上的嬰兒可讓他趴在鋪著毯子的地板上。

2. 照顧者細心觀察寶寶肩頸部及背部肌肉的支撐力，必要時用手掌輕輕托

著，然後慢慢放開，讓寶寶用自己的力量支撐起頭部，甚至逐漸抬起肩部，讓上身離開地面。

溫馨提示：俯臥的姿勢可以讓寶寶用另一個視角來觀察周圍環境的動態。小眼鏡蛇式（Mini Cobra）柔軟體操能幫助寶寶強化肩頸部及背部肌肉，爲爬行做準備，並且有助於消化系統的發展。

圖7-2-18　小眼鏡蛇式（Mini Cobra）

(二) 小倒立（Mini Handstand）

小倒立（Mini Handstand）柔軟體操的操作步驟如下：

1. 照顧者呈坐姿，寶寶俯臥（趴姿）在抱枕或照顧者的腿上，頭部朝向照顧者右方（慣用手的一側）。
2. 照顧者雙手虎口張開，左手掌握住寶寶雙腳脛骨前面、腳踝上方的位置，右手輕輕靠在寶寶背部、靠近肩頸部的位置（慣用手是左手的照顧者則左右顛倒操作）。
3. 照顧者左手慢慢抬起寶寶雙腳，讓寶寶腹部離開地面、胸口輕貼在照顧者的腿上。
4. 慢慢將寶寶的雙腳恢復到原來的位置。

溫馨提示：小倒立（Mini Handstand）柔軟體操能幫助寶寶強化腹部與腿部肌肉、促進背部肌肉的發展，並且有助於身體循環。對於月齡較小的嬰兒，要注意輕輕抬起寶寶的雙腳，等到寶寶較大、習慣這個動作之後，才能將寶寶的雙腳抬高起來。

圖7-2-19　小倒立（Mini Handstand）

(三) 滾滾樂（Rolling）

滾滾樂（Rolling）柔軟體操的操作步驟如下：

1. 照顧者呈坐姿，寶寶仰躺，上背部靠在照顧者的右大腿上，腳朝向照顧者左方（慣用手的另一側）。

2. 照顧者右手在寶寶的肩頸附近，保護寶寶頭部。

3. 照顧者左手將寶寶身體輕輕向前推，讓寶寶自然沿著照顧者的大腿，向膝蓋方向滾一圈，然後照顧者微笑看著寶寶，把孩子抱起來，用眼神接觸與聲音安撫寶寶。

4. 在寶寶肩頸肌肉能夠很好支撐頭部之前，只做一次滾滾樂動作。等到孩子長大些，肩頸肌肉能夠很好的支撐頭部之後，可以讓寶寶用肩部與臀部支撐身體，從照顧者的腿一路滾動到腳部，甚至到腳下的墊子上。必要時，照顧者可以在左側腳邊放置幾個抱枕，以保護寶寶的頭部。

溫馨提示：滾滾樂（Rolling）柔軟體操能促進寶寶前庭的發展，增進平衡感。做完滾滾樂柔軟體操之後，可以讓寶寶仰躺著，唱歌給寶寶聽或跟寶寶說說話，並順便為孩子按摩手部與腳部。

圖7-2-20　滾滾樂（Rolling）

(四) 雲霄飛車（Rollercoaster）

　　雲霄飛車（Rollercoaster）柔軟體操的操作步驟如下：

1. 照顧者呈坐姿，身體坐直。寶寶俯臥（趴姿）在抱枕或照顧者的腿上，頭部朝向照顧者右方（慣用手的一側）。

2. 照顧者右手掌護住寶寶臀部的位置，左手在後方，手掌平貼地面，左手臂支撐自己身體，慣用手是左手的照顧者則左右顛倒操作。

3. 照顧者慢慢抬起左腳，讓寶寶腹部隨著照顧者的左腳離開地面、寶寶的胸口輕貼在照顧者水平的右腿上。

4. 照顧者慢慢放下左腳，將寶寶恢復到原來的趴姿。

5. 換腳操作，照顧者慢慢抬起右腳，讓寶寶胸部隨著照顧者的右腳離開地面，寶寶的腹部輕貼在照顧者水平的左腿上。

6. 照顧者慢慢放下右腳，將寶寶恢復到原來的趴姿。

溫馨提示：雲霄飛車（Rollercoaster）柔軟體操能幫助寶寶強化肩頸部與腹部肌肉、促進背部肌肉的發展，並有助於身體循環。對於月齡較小的嬰兒，要注意輕輕抬起寶寶的腳，等到寶寶較大、習慣這個動作之後，才能將寶寶的腳抬高起來。照顧者可以選擇靠牆的位置，讓牆面支撐背部，或者用兩、三個抱枕支撐在背後，空出右手輕輕靠在寶寶肩頸部附近，以保護寶寶的頭部。

圖7-2-21　雲霄飛車（Rollercoaster）

四、趴姿髖關節動作（Prone Hip Sequences）

(一) 趴姿蝴蝶（Prone Butterfly）

　　趴姿蝴蝶（Prone Butterfly）柔軟體操的操作步驟如下：

1. 寶寶俯臥（趴姿），腳部自然伸直朝向照顧者。
2. 照顧者雙手虎口張開，手掌分別握住寶寶兩腳腳跟上方腿部的外側。
3. 將寶寶的兩腳放在臀部後方、腳掌相對，輕輕讓寶寶兩腳腳掌貼合在一起。
4. 慢慢將寶寶的膝蓋向兩側張開，像蝴蝶翅膀張開的動作。
5. 慢慢將寶寶的膝蓋恢復原來位置，寶寶的腳放回自然伸直的位置。
6. 再重複做幾次。

溫馨提示：趴姿蝴蝶（Prone Butterfly）柔軟體操能幫助寶寶強化頭頸部肌肉與控制力，並促進消化系統的發展。

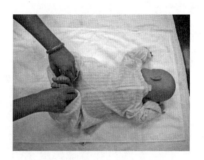

圖7-2-22　趴姿蝴蝶（Prone Butterfly）

(二) 趴姿和緩扭轉（Prone Gentle Twists）

趴姿和緩扭轉（Prone Gentle Twists）柔軟體操的操作步驟如下：
1. 寶寶俯臥（趴姿），腳部自然伸直朝向照顧者。
2. 照顧者雙手虎口張開，手掌分別握住寶寶兩腳腳跟上方腿部的外側。
3. 將寶寶的兩腳放在臀部後方、腳掌相對，輕輕讓寶寶的兩腳腳掌貼合在一起。
4. 慢慢將寶寶的膝蓋向兩側張開，像蝴蝶翅膀張開的動作。
5. 照顧者手掌帶動寶寶的兩腳，輕輕向左右兩側轉動，帶動寶寶臀部的轉動。
6. 慢慢將寶寶的兩腳轉回身體中線附近，膝蓋恢復原來位置，寶寶的腳放回自然伸直的位置。
7. 再重複做幾次。

溫馨提示：趴姿和緩扭轉（Prone Gentle Twists）柔軟體操能幫助寶寶脊柱的扭轉柔軟度，並啟動爬行反射，為爬行動作做準備。

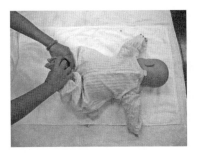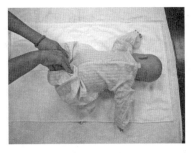

圖7-2-23　趴姿和緩扭轉（Prone Gentle Twists）

(三) 趴姿髖關節畫圈（Prone Hip Circles）

　　趴姿髖關節畫圈（Prone Hip Circles）柔軟體操的操作步驟如下：

1. 寶寶俯臥（趴姿），腳部自然伸直朝向照顧者。
2. 照顧者雙手虎口張開，手掌分別握住寶寶兩腳腳踝上方腿部的外側。
3. 將寶寶的兩腳放在臀部後方、腳掌相對，輕輕讓寶寶兩腳腳掌貼合在一起。
4. 慢慢將寶寶的膝蓋向兩側張開，像蝴蝶翅膀張開的動作。
5. 照顧者手掌帶動寶寶的兩腳，沿逆時針方向輕輕畫圈圈，帶動寶寶臀部的轉動與髖關節的運動。
6. 換方向旋轉，照顧者手掌帶動寶寶的兩腳，沿順時針方向輕輕畫小圈圈，帶動寶寶臀部與髖關節的運動。
7. 慢慢將寶寶的膝蓋恢復原來位置，寶寶的腳放回自然伸直的狀態。
8. 再重複做幾次。

溫馨提示：趴姿髖關節畫圈（Prone Hip Circles）柔軟體操能幫助寶寶放鬆臀部肌肉並強健身體。

圖7-2-24　趴姿髖關節畫圈（Prone Hip Circles）

(四) 趴姿按腳跟 (Prone Push / Counter Push)

趴姿按腳跟（Prone Push / Counter Push）柔軟體操的操作步驟如下：

1. 寶寶俯臥（趴姿），腳部自然伸直朝向照顧者。
2. 照顧者雙手虎口張開，手掌分別握住寶寶兩腳腳掌。
3. 將寶寶的兩腳放在臀部後方、腳底朝上（朝天空方向）。
4. 照顧者雙手輕輕按壓寶寶的兩個腳跟，讓寶寶的腳自然對照顧者的手掌施力。
5. 慢慢鬆開按壓的力道，將寶寶的腳恢復自然伸直的狀態。
6. 再重複做幾次。

溫馨提示：趴姿按腳跟（Prone Push / Counter Push）柔軟體操為寶寶的爬行動作做準備。

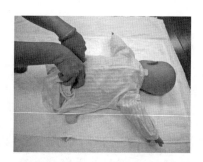

圖7-2-25　趴姿按腳跟（Prone Push / Counter Push）

(五) 趴姿踢屁股 (Prone Heels to Hips)

趴姿踢屁股（Prone Heels to Hips）柔軟體操的操作步驟如下：

1. 寶寶俯臥（趴姿），腳部並攏，自然伸直朝向照顧者。
2. 照顧者雙手虎口張開，手掌分別握住寶寶兩腳腳踝上方腿部的外側。
3. 將寶寶的兩腳放在臀部後方、腳底朝上（朝天空方向）。
4. 照顧者輕輕按壓寶寶的腳，直到寶寶的兩腳腳跟碰到臀部。
5. 慢慢將寶寶腳放回自然伸直的狀態，再重複做幾次。

溫馨提示：趴姿踢屁股（Prone Heels to Hips）柔軟體操能幫助寶寶提升平衡感。

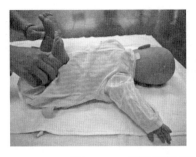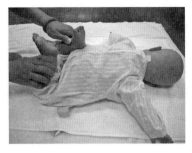

圖7-2-26　趴姿踢屁股（Prone Heels to Hips）

五、培養平衡感的動作（Moves to Develop Balance）

(一) 坐姿（Sitting）

坐姿（Sitting）的操作步驟如下：

1. 照顧者採坐姿。寶寶坐在照顧者的左腿上，臉部朝向照顧者右方（慣用手的一側）。
2. 照顧者右手虎口張開，右手臂繞過寶寶身體正面，右手掌放在寶寶左手腋下。
3. 照顧者左手手指張開，左手掌在寶寶臀部位置。
4. 讓寶寶用自己的力量坐在照顧者的腿上，當寶寶身體稍微前傾，照顧者的右手臂會支撐寶寶身體正面，並輕輕將寶寶推回原來位置。
5. 當寶寶身體稍微後傾，照顧者的左手掌會支撐寶寶臀部，並輕輕將寶寶推回原來位置，讓他練習自己平衡坐著。

溫馨提示：坐姿（Sitting）可以讓寶寶練習自己平衡坐著，有助於孩子身體肌力的發展。這個動作中，照顧者手臂圍住寶寶身體胸腹部位，成為一個類似欄杆的支撐，因此坐姿（Sitting）這個抱持法又稱為「欄杆抱持法」（Bannister Hold）。

圖7-2-27　坐姿（Sitting）

(二) 站立（Standing）

站立（Standing）的操作步驟如下：

1. 照顧者採坐姿。寶寶坐在照顧者的右腿上，臉部朝向照顧者右方（慣用手的一側）。

2. 照顧者右手虎口張開，右手臂繞過寶寶身體正面，右手掌放在寶寶左側胸前。

3. 照顧者左手掌張開，輕放在寶寶背部位置，在寶寶向後傾倒時，可以提供保護。

4. 讓寶寶的身體稍微向前傾，雙手跨在照顧者右手所形成的「欄杆」上，照顧者右手支撐寶寶大部分的重量。

5. 此時寶寶如果腳部使力想要站起來，照顧者可以用聲音和表情鼓勵寶寶獨立站起來，照顧者左手一直放在寶寶背部，隨時提供保護。

溫馨提示：站立（Standing）可以讓寶寶練習自己抓住「欄杆」，自己平衡站著，有助於孩子腿部與身體肌力的發展。

圖7-2-28　站立（Standing）

(三) 翹翹板平衡（See-saw Balances）

翹翹板平衡（See-saw Balances）的操作步驟如下：

1. 照顧者採坐姿。寶寶坐在照顧者的右腿上，臉部朝向照顧者右方（慣用手的一側）。
2. 照顧者右手虎口張開，右手臂繞過寶寶身體正面，右手掌放在寶寶左側胸前。
3. 照顧者左手掌張開，照顧者左手輕放在寶寶背後頸部的位置，隨時提供保護。
4. 讓寶寶的身體稍微向前傾，靠在照顧者右手所形成的「欄杆」上。
5. 接著讓寶寶的身體稍微向後傾，靠在照顧者的左手。
6. 繼續前兩個步驟的動作，讓寶寶身體像坐翹翹板一樣，前傾、後傾的平衡動作產生一個節奏感。
7. 如果寶寶適應這個前傾、後傾的平衡動作之後，可以將動作做大些。寶寶後傾的時候，可以整個身體伸展開來，躺在照顧者的左手上，而前傾的時候可以到達前述站立（Standing）的姿勢。

溫馨提示：翹翹板平衡（See-saw Balances）可以發展成寶寶們的社交活動，許多照顧者帶寶寶一起做翹翹板平衡練習，讓寶寶們面對面坐在一起，給寶寶一些前傾、後傾的自主權。

圖7-2-29　翹翹板平衡（See-saw Balances）

六、附錄：瑜伽體位集

中文	英語	梵語
下犬式；金字塔式	Downward-Facing Dog	Adho Mukha Svanasana
手倒立式	Handstand；Downward-Facing Tree	Adho Mukha Vrksasana
拉弓式	Bow Posture up to Ear	Akarna Dhanurasana
合掌手印	Salutation Seal	Atmanjali Mudra
毗溼奴式	Posture of the Infinite；Sleeping Vishnu	Anantasana
半月式	Half Moon	Ardha Candrasana
半魚王第一式	Half Spinal Twist；Half Lord of the Fishes Pose	Ardha Matsyendrasana
半船式	Half Boat Posture	Ardha Navasana
束角式；坐蝴蝶式	Bound Angle	Baddha Konasana
起重機式；鶴式	Crane	Bakasana
嬰兒式；孩童式	Child's Pose（Relaxation）	Balasana
蛙式	Frog	Bhekasana
巴拉瓦伽第一式	Bharadvaja's Twist	Bharadvajasana
眼鏡蛇式	Cobra	Bhujangasana
（腳交叉）雙臂支撐式	Arm-Pressing Posture；Arm Pressure Posture	Bhujapidasana
車輪式	Wheel/ Circling Wheel Posture	Chakrasana
四肢支撐式	Four-Limbed Staff	Chaturanga Dandasana
手杖式	Staff Pose	Dandasana
弓式	Bow	Dhanurasana
單腿鴿王第一式	One-Legged King Pigeon	Eka Pada Rajakapotasana
單腿倒立式	Head Stand(by only holding) One Foot	Eka Pada Sirsasana
平衡式	Balance Posture for the Whole Body, by Extending one Leg	Eka Pada Prasaranasarvang Atulasana
鳥王	Eagle	Garudasana

中文	英語	梵語
胎兒式	Fetus；Womb Embryo Posture	Garbhasana
牛面式	Cow Face	Gomukhasana
犁式	Plow	Halasana
神猴哈努曼式	Monkey (Named after Hanuman)	Hanumanasana
臥扭轉放鬆式	Belly-revolving posture；the Spinal twist	Jathara Parivartanasana
頭碰膝前曲伸展坐式	Head-to-Knee Forward Bend	Janu Sirsasana
烏鴉式	Crow	Kakasana
鴿子式	Pigeon	Kapotasana
膝碰耳犁式	Ear-pressing	Karnapidasana
鴛鴦式	Heron	Krounchasana
公雞式	Cockerel；Rooster Posture	Kukkutasana
龜式	Tortoise	Kurmasana
支撐搖擺式	Pendant, Tremulous Posture；The Swing of Things	Lolasana
內女式	Great seal	Maha mudra
蝗蟲式變體	Crocodile (Relaxation)	Makarasana
無手支撐頭倒立式	Head stand	Mukta hasta sirsasana
環式	Circle	Mandalasana
魚式	Fish	Matsyasana
魚王式	Lord of the Fishes	Matsyendrasana
孔雀式	Peacock	Mayurasana
舞王式	Lord of the Dance	Natarajasana
船式	Boat	Navasana
無支撐肩倒立	Posture for the Whole Body	Niralamba Sarvangasana
手碰腳前屈伸展式	Standing Forward Bend	Padahastasana
蓮花式	Lotus	Padmasana
完全船式	Full Boat	Paripurna Navasana

中文	英語	梵語
三角扭轉側伸展式；側角轉動式	Revolved Side Angle	Parivrtta Parsvakonasana
三角扭轉伸展式；三角轉動式	Revolved Triangle	Parivrtta Trikonasana
榻式	Bed	Paryankasana
套索扭轉式	Noose	Pasasana
背部前屈伸展坐式	Seated Forward Bend	Paschimottanasana
雙角第一式；叭喇狗A式	Intense Spread Leg Stretch	Prasarita Padottanasana
鴿王式	Royal Pigeon	Rajakapotasana
蝗蟲式	Locust	Salabhasana
直角式	Straight Angle	Samakonasana
肩倒立第一式	Supported Whole Body Posture	Salamba Sarvangasana I
仰臥式	Corpse Pose (Relaxation)	Savasana
橋式	Bridge, Half Wheel	Setu Bandhasana
至善式	Perfect Pose	Siddhasana
獅子第一式	Lion	Simhasana I
頭倒立第一式	Headstand Posture I；Supported Headstand	Salamba Sirsasana I
簡易坐；簡單雙腿交叉式	Auspicious Pose；Easy Cross-Legged Pose	Sukhasana
臥蝴蝶式	Reclining Bound Angle	Supta Baddha Konasana
雙角犁式；臥束角式	Angle；Sleeping Angle Posture	Supta Konasana
臥手抓腳趾腿伸展式	Reclining Big Toe；Sleep Foot Big Toe Posture	Supta Padangusthasana
臥英雄式	Reclining Hero	Supta Virasana
臥雷電座	Thunderbolt	Supta vajrasana
繁茂式	Prosperous Pose	Svastikasana
山式	Mountain Pose	Tadasana
螢火蟲式	Firefly Pose	Tittibasana

中文	英語	梵語
三角扭轉伸展式；三角轉動式	Revolved Triangle Posture	Parivritta Trikonasana
蓮花支撐式	Balance Posture；Scales Posture	Tulasana
收腹收束法	The Abdominal Lock	Uddiyana bandha
束角坐式；坐廣角式	Open Angle	Upavista konasana
輪式第一式；向上弓式	Upward Bow, Backbend, or Wheel	Urdhva Dhanurasana
上犬式	Upward-Facing Dog	Urdhva mukha svanasana
頭倒立雙腿90度	Stick	Urdhva Dandasana
駱駝式	Camel	Ustrasana
龜伸展式	Upside-Down Tortoise	Uttana kurmasana
幻椅式	Chair	Utkatasana
加強脊柱前曲伸展式；前屈伸展式	Standing Forward Bend	Uttanasana
單腿站立伸展式；手抓腳趾單腿站立伸展式	Raised Hand to Big Toe；Extended Hand Big Toe Posture	Utthita Hasta Padangusthasana
三角側伸展式；側角伸展式	Extended Side Angle；Extended Lateral Angle Posture	Utthita Parsvakonasana
三角伸展式	Extended Triangle	Utthita Trikonasana
側板式	Side Plank	Vasisthasana
馬面式	Horse	Vatayanasana|
靠牆的倒箭式	Legs-up-the-Wall	Viparita Karani
金剛坐姿	Thunderbolt	Vajrasana
英雄式	Hero	Virasana
戰士第一式	Distinguished hero I；Warrior I Posture	Virabhadrasana I
戰士第二式	Distinguished hero II；Warrior II Posture	Virabhadrasana II
戰士第三式	Distinguished hero III；Warrior III Posture	Virabhadrasana III

中文	英語	梵語
樹式	Tree	Vrksasana
蠍子第一式	Scorpion Pose I	Vrschikasana I

＊資料來自維基百科

第三節　嬰幼兒柔軟體操課程教案

課程教案（Lesson Plan）　課程（Course Work）
日期（Date）：　　時間（Time）：

時間 （Time）	活動 （Activity）	教學重點 （Teaching Point）	使用歌曲 （Song）	好處 （Benefits）
3分鐘 (3)	歡迎並介紹參加者。 講師自我介紹。 介紹課程大綱與結構。 確認上課日期與時間。	強調孩子們在整個軟體操的課程可以自由加入、退出。 強調每個家長要對自己孩子的安全負責。 強調每個家長要做孩子的榜樣。	歡迎歌： 「歡迎歡迎，歡迎歡迎，歡迎歡迎，歡迎！」	讓每個孩子與家長都感受到其他人真誠的歡迎，因而能夠放鬆心情參加柔軟體操課程。
4分鐘 (7)	照顧者暖身操：介紹深度放鬆與深呼吸的技巧，手臂向上伸展，扭轉上身，旋轉手臂、關節與髖骨。	立姿：手臂向天空伸展，再向大地伸展，向上伸到天空，向下摸到腳趾。 坐姿：手臂向頭上伸展，再向兩側伸展，彎彎腰、扭扭腰，手指伸展摸摸腳。	Dance For The Sun: Sun Salutation, Dance for the Sun, Sun Salutation, Dance for the Sun, Sun Salutation, Dance for the Sun, I can do it, You can do it, We can do a Sun Salutation!	讓身體充滿能量並釋放緊張壓力。 提醒大家按照自己的節奏去做，不要急著跟拍子。 輕鬆做操，避免受傷。 伸展上身肌肉，講師吸引參加者的注意力，準備開始進行課程。
5分鐘 (12)	參加者相互介紹破冰活動（Ice-breaker）。	讓所有參加的孩子和父母（照顧者）相互熟悉對方。 （講師）要注	Hello Song（哈囉歌）： Hey! Hello! What's your name?	慢慢認識參加者，並請所有人放鬆，陌生的人經過介紹而熟悉，大家感到愉

時間 （Time）	活動 （Activity）	教學重點 （Teaching Point）	使用歌曲 （Song）	好處 （Benefits）
5 分 鐘 (12)		意，讓每個孩子得到同樣的歡迎與關注，以及大致相等的介紹時間。	講師讓每位參加者輪流說出自己的名字。	快且受到重視、受到歡迎。
3 分 鐘 (15)	撫觸頭部、肩膀、手和腳。	讓孩子熟悉身體部位的名稱，包括：頭、肩膀、膝、腳和趾，同時做擴胸運動（Opens chest）與脊椎伸展等伸展體操。 讓孩子在做運動之前先暖身，並放鬆身心。 伸展操做完時，家長親親寶寶的臉頰，慶賀寶寶完成歌曲與伸展體操。	身體部位歌： 「頭、肩膀、膝、腳、趾，膝、腳、趾。頭、肩膀、膝、腳、趾，眼睛、鼻和口。」	擴胸運動有助於緩解感冒。脊椎伸展運動有助於調節神經系統。慶賀寶寶完成歌曲與伸展體操，有助於孩子注意力的投入與心智的參與。
7 分 鐘 (22)	老師講故事「蝴蝶」。 柔軟體操：樹姿（Tree Pose）。 暖身動作、讓寶寶身體肌肉放鬆。向上伸展（Upward stretch）、向前彎（Forward bend）、滾動身體（Rolling）、毛毛蟲滾動（Caterpillar roll）、小眼鏡蛇式（Mini Cobra）、臀部伸展（Hip Stretch）以及呼吸練習。	小朋友俯臥（趴著），跟隨歌曲滾動身體。讓每個動作都模仿毛毛蟲的姿態。這樣可以吸引小朋友們的注意力，並提升孩子參與活動的興趣。	滾動歌： （香豆奶廣告歌：豆豆磨來磨去） 「咚！咚！滾來滾去、滾來滾去。咚！咚！滾來滾去、滾來滾去。咚！咚！」	在實際做活動之前，講一個故事能提升孩子們的興趣。 樹姿能增進寶寶的平衡能力，有助於嬰幼兒腦部的發展。

時間 （Time）	活動 （Activity）	教學重點 （Teaching Point）	使用歌曲 （Song）	好處 （Benefits）
4 分 鐘 (26)	絲巾遊戲：各種幾何形狀的練習。 深呼吸，並且吐一口氣在絲巾上，將絲巾藏起來。	深呼吸：幫助孩子們將注意力轉移到下一個活動上。 將絲巾摺成三角形、長方形、正方形。 將絲巾藏起來，讓孩子練習物體恆存的概念。		將絲巾摺成不同的形狀，讓孩子練習物體形狀的概念，熟悉各種幾何形狀的名稱，幫助孩子建立形狀的抽象概念。 將孩子的呼吸活動設計成一個物體恆存的遊戲，八個月以上的嬰幼兒都會有物體恆存的概念，當東西不見，就會去找。
4 分 鐘 (30)	下犬式（Dog Pose，或稱金字塔式）、稱小眼鏡蛇式（Mini Cobra）。	家長（照顧者）採取下犬式，形成一個隧道。 小朋友採取蛇姿，模仿毛毛蟲爬行穿過隧道。	毛毛蟲爬呀爬： 「毛毛蟲，爬呀爬，爬到花前不再爬，是休息，是看花，不！前面有隻大青蛙。毛毛蟲，爬呀爬爬到花前不再爬，是休息，是看花，不！前面有隻大青蛙。」	讓身體充滿能量，並讓大腦安靜下來。 伸展肩膀、大腿後肌、小腿肌肉以及手腳，強化手腳肌肉與身體背部肌肉，並緩解頭疼與疲勞。
5 分 鐘 (35)	擴胸運動（Open Chest）、臀部肌肉伸展（Hip Stretch）、脊椎扭轉（Spinal Twist）。 休息一下，深呼吸。做一些長長的深呼吸，把身體放鬆。	在孩子們做完費力的爬行活動之後，稍微休息一下，放鬆肌肉，深呼吸。學步兒可以躺在父母（照顧者）的腿上，家長指著孩子身上的部位，並說出該部位的名稱。例如：這是頭、這是眼睛、這是鼻子、這是耳朵、這是嘴巴、這是肩膀、這是膝蓋、這是腳掌、這是腳趾頭。	打電話： 「一角兩角三角形，四角五角六角半，七角八角手叉腰，九角十角打電話，喂喂喂！您是誰?我是可愛的XXX，請來做我的好朋友。」 拍拍手： 「叮噹當的小精靈，只要快樂就拍一拍手。好朋友，拍拍手，拍右手，拍左手，叮叮噹當的小精靈，只要快樂就拍一拍手。」	講師強調安靜的重要性，在放鬆休息的時間，孩子們都要安靜，給孩子一個學習自我控制的機會，利用同伴的影響力，讓孩子看其他安靜的小朋友，讓同伴的榜樣與影響力引導孩子自我控制。

時間 （Time）	活動 （Activity）	教學重點 （Teaching Point）	使用歌曲 （Song）	好處 （Benefits）
5 分鐘 (35)			紅蘋果： 「紅蘋果，紅彤彤。要吃蘋果先種樹。您澆水來我施肥，再邀小鳥來捉蟲，一起勞動樂融融。幾度冬去又春來，紅蘋果悄悄掛枝頭。小夥伴來把蘋果摘，您一個，我一個，再給小鳥留幾個。」	
3 分鐘 (38)	深度伸展（Deep Stretch）：伸展髖骨。 蝴蝶姿（Butterfly Pose）。 繡有金屬飾片的絲巾會發出金屬鏗鏘聲。	要確保孩子做蝴蝶姿之前，必須充分伸展肢體。金屬鏗鏘聲透過聽覺的感官，增進孩子投入活動的興趣。	蝴蝶： 蝴蝶蝴蝶生得真美麗。頭戴著金絲，身穿花花衣。你愛花兒，花兒也愛你，你會跳舞，它有甜蜜。	聽覺、視覺、觸覺等多重感官刺激，能強化孩子大腦的敏銳度以及心理的知覺程度（Mental Awareness）。
4 分鐘 (42)	圍圈圈（Circle time）： 小朋友仰臥，父母（照顧者）幫自己的寶寶按摩。	在進入課程尾聲之前，讓孩子們的感官安靜下來，這樣父母（照顧者）也會跟孩子一樣，心裡慢慢寧靜下來。	Clean Up： Clean up, clean up. Everybody, let's clean up. Clean up, clean up. Put your things away. （重複三次） Clean up! Clean up! Clean up! Put your things away. Pick up your toys. Pick up your books. Pick up your shoes. Put your things away.	從活動狀態逐漸轉變成寧靜，鋪陳出課程尾聲的心理狀態。

時間 （Time）	活動 （Activity）	教學重點 （Teaching Point）	使用歌曲 （Song）	好處 （Benefits）
4 分 鐘 (42)			Clean up, clean up. Everybody, let's clean up. Clean up, clean up. Put your things away. （重複一次）	
6 分 鐘 (48)	將電燈關暗，成人（照顧者）仰臥、閉眼休息。	成人（照顧者）放鬆全身的肌肉，回想今天整個活動的過程。	可以選擇輕聲播放具有舒緩效果的輕音樂。	舒緩與放鬆能增進記憶力，能夠讓課程的效果更深化。
3 分 鐘 (51)	擁抱、說再見 （Hug-and-Bye） 滿意度問卷調查 （Questionnaire）	講師說明做滿意度問卷調查的目的，請家長在課程結束之後幫忙填寫問卷。	Good-bye See You Again： Goodbye, goodbye, see you again Goodbye, goodbye, see you my friends Goodbye, goodbye, I had fun today I had fun today.	擁抱每個小朋友，表達對孩子溫暖的歡迎與愛。

注：括弧內的時間是課程進行的總時間，也就是個別招式的累積時間。

第八章　對症按摩

第一節　早產兒的撫觸按摩

撫觸按摩可以視為是非語言的溝通，對發展社會關係至關重要。日常生活中的握手、拍肩與擁抱溝通型式，是一種重要的非語言溝通方式，傳達著鼓勵和認同感，也使觸覺成為人際互動的重要環節。因此，觸覺的感官發展可提升社會關係、強化情緒知覺及調節生理發展，在醫療的程序中也是重要環節。

在1940年代之前，醫療與照護人員認為新生兒不能承受刺激，應當將嬰兒的感覺、刺激降到最低比較好，因而一般醫療機構限制家人或醫生在訪視嬰兒時對其加以觸摸。1950年代開始，學者認為嬰兒的「感覺剝奪」（Sensory deprivation）對孩子身心健康有不利的影響，主張應該給嬰兒撫觸按摩等「補充性的感覺刺激」（Supplemental stimulation）。在1957年法蘭克（Frank）發現嬰兒的觸覺和本體覺已發展得相當完善，且對認知與學習有重要影響。個體如果在嬰兒期觸覺經驗遭受剝奪或忽視，對未來語言以及認知的發展會產生負面影響，對個體未來觸覺性溝通會造成困難。1958年哈洛（Harlow）著名的研究顯示，處於壓力下的猴子對絨布偶母親代理人有強烈的依附，而對鐵絲網母親代理人則沒有依附的傾向，因此生物有尋求觸覺安慰的本能，舒適的觸覺感受是個體安全感與情感依附的重要基礎。1987年尚伯格（Schanberg）等人研究受到感覺剝奪的老鼠，發現這類幼鼠的生長激素的分泌和蛋白質的合成都受到抑制，並且在施以撫觸按摩等觸覺刺激之後，大部分老鼠都能正常生長。1982年傑依（Jay）將老鼠甲狀腺切除，探討撫觸按摩對老鼠存活率的影響。結果發現每天接受觸覺刺激的老鼠死亡率僅13%，未接受觸覺刺激的老鼠死亡率為79%。

1980年代關於人類觸覺的研究著重感覺輸入對嬰兒的影響，人類腦部的發展由懷孕初期開始，一直持續到嬰兒出生後，孩子體驗感覺輸入的多

寡，一定程度影響個體的腦神經發展。雖然個體在胎兒時期觸覺感官最早發展，早產兒在療育過程接受的感覺刺激卻多為視覺與聽覺，觸覺的感覺輸入明顯不足。因此，早期療育嬰幼兒的照顧和護理開始重視提供撫觸護理。1990年代美國推動個別化家庭服務計畫（IFSP），以「統合發展論」（Synactive theory of development）為核心，推廣以感覺刺激提升早產兒感受力，同時刺激反射反應，提升感覺運動的統合，促進嬰兒能量保存並減少壓力、減低各種生理症狀發生的機率。根據TRI（Touch Research Institute）1986年的研究，在醫療機構中接受撫觸按摩的早產兒，比沒有受到撫觸按摩的孩子體重多出47%。早產兒體重越早增加，越能夠提早出院回家。然而學者同時發現，過度的觸覺與本體覺刺激可能導致早產兒呼吸暫停、血氧降低及心跳變慢等情形。由於早產兒生命狀況尚未穩定，學者建議刺激性較低的撫觸手法，為嬰兒提供情緒的安撫，刺激自主神經反應的統整，有助於提升生理發展，同時滿足早產兒與照顧者間依附與連結的需求。

　　一般而言，健康正常的懷孕週期約為40週，嬰幼兒在孕期38-42週之間出生通常發育都很正常，36週以下出生及體重低於2500公克的嬰兒稱為「早產兒」。早產兒可能會伴隨各種身體功能的問題，需要特殊的醫院護理，例如：無法正常呼吸、不易保持熱量和維持溫暖、無法餵食母乳、肺部發育不良等。足月出生的嬰兒，在分娩過程中由於母體子宮收縮，已經獲得充足的觸覺經驗。這些經驗刺激自主神經系統、呼吸系統與內臟的發展，個體會調整生理狀態以適應子宮外的環境。由於早產兒出生過程時間較短，且牽涉許多醫療措施，臨床問題多與呼吸以及胃腸道有關。媽媽只要對早產兒進行撫觸，透過手指就可以刺激孩子的成長與發展。嬰兒被撫觸的部位血液循環會加快，帶來豐富的養分與氧氣，提升整體成長與健康。輕柔撫觸是母親傳達愛的一個簡單而重要的方式，同時實質上也是跟孩子產生連結。（Montagu, 1978）

　　早產兒往往必須接受一連串的醫療措施，同時有可能引發許多壓力症狀，包括呼吸暫停、肢體軟弱，甚至膚色改變等。早產兒的接觸經驗大部分是身體直接接觸，如果撫觸次數太多、刺激太大，反而會使早產兒心跳變慢且血氧濃度降低。臨床研究結果顯示，對早產兒觸摸造成的負面效應，大部分是因為醫療活動導致對嬰兒的過度觸覺刺激。哈里森（Harrison, 1996 & 2000）等學者建議生命徵象不穩定的早產兒，在施予高強度且頻繁的侵入

性療癒措施時，應審慎考慮所伴隨之觸覺刺激的影響，以及是否能達到預期的成效。刺激性較低的撫觸按摩可統整早產兒自主神經的反應，並且有助於生理指標的穩定，溫和的觸覺刺激除提供情緒的安撫之外，對早產兒與照顧者之間連結的需求也有幫助。

　　對早產兒適當的觸覺刺激、對個體心跳速率與血氧濃度的穩定，增進嬰兒的血比容積和氧氣需求量，甚至對早產兒住院天數的減少及體重增加都有幫助。因此，許多醫療機構根據早產兒觸覺刺激的需求，提出「撫觸護理」的醫療服務，依據IFSP發展性看護的原則，提供有計畫的嬰幼兒撫觸按摩與肌體覺刺激等療程。接受撫觸護理醫療服務的早產兒體重呈現穩定性增加、食量與排便次數也明顯增加。得到撫觸護理的嬰兒活動量有顯著的增加，感官也較為警覺。研究結果也表明，撫觸按摩可增進早產兒心智活動與交感神經的發展。

　　靜置撫觸是最適合早產兒的撫觸按摩方法，1982年傑伊（Jay）針對13位27到32週出生、體重不足1公斤，且出生後72小時內便需要呼吸器輔助的早產兒進行靜置撫觸的研究。靜置撫觸實施方式為：研究者一手置於嬰兒頭部、另一手在腹部。每日實施四次、每次12分鐘，連續共10天，並測量嬰兒的生理指標與行為表現。研究結果表明，接受受靜置撫觸的早產兒血比容積較高，並且較少輸血，在實施撫觸時行為較為放鬆，較少發生心跳變慢或呼吸暫停的情況。在1996年哈里森（Harrison）等人也針對30位26到32週出生的早產兒，進行靜置撫觸研究。實施方式為：研究者一手置於嬰兒頭部，一手放於背部。每日實施一次、每次15分鐘，連續共5天。研究結果表明，早產兒在接受靜置撫觸措施前後血氧濃度上升、心跳穩定性增加、行為不安的情況也明顯降低。2000年哈里森（Harrison）等人又針對42位27到33週出生的早產兒，進行相同的靜置撫觸研究。實施方式為：研究者一手置於嬰兒頭部，一手放於背部。每日實施三次、每次15分鐘，連續共10天。研究結果表明，早產兒在接受靜置撫觸後，生理指標的穩定性顯著增加，早產兒的壓力反應較低，證實撫觸的觸摸護理有安撫早產兒的作用，有助於提升嬰兒觸覺的舒適感。

　　過早出生的嬰兒外表與足月出生的嬰兒相當不同，早產兒的皮膚可能很紅。因為皮膚缺少足夠的脂肪層，早產兒的皮膚透明到可以看到血管。值得慶幸的是，拜先進科技所賜，儘管早產兒有這些症狀，32週後出生的嬰兒

仍有相當高的存活率，而且對於個體長期發展幾乎沒有什麼影響。

　　造成早產的因素很多，沒有絕對有效的方法可以預防，然而有些因素可能增加早產的風險，例如：懷有多胞胎，如雙胞胎或三胞胎等、孕婦在懷孕期間吸菸或營養不良、有糖尿病或高血壓等健康問題、承受高壓力、接觸毒品或者酒精等物質、前置胎盤、癲癇症、曾經有早產的經歷、孕婦體重不足或超重、曾經發高燒等，如果孕婦有這些情況，應該儘快就醫進行診斷，以減少早產的風險。

　　當嬰兒過早出生，對母親和寶寶都可能產生很大壓力，甚至可能會產生創傷的經驗，因為寶寶在身體發育和情感上尚未為子宮外的生活做準備，也可能寶寶身體有些問題、在分娩過程孕婦心理緊張且壓力很大，壓力可能因為使用緩和子宮收縮的藥物而延遲分娩的時間、可能孕婦還沒有成為一個家長的心理準備，或是父母還沒有為孩子找到適當的托嬰中心或托育人員、還沒來得及安裝汽車安全座椅等。另外，過早出生的嬰兒處理方式跟一般嬰兒的處理相當不同。早產兒分娩後立刻要進入特殊照護程序，其處理方法包括：分娩完畢寶寶不是馬上交給媽媽，而是要立刻接受測試，並開始特殊護理，媽媽和寶寶在醫院因為接受醫療程序而必須分離，親子之間的依附與連結可能會中斷。早產兒經常放置在保溫箱中進行保溫，並接受特殊照護，媽媽必須單獨離開而把孩子留在醫院。現在有些醫療中心提供一些嬰幼兒撫觸按摩的課程，由經過培訓獲得合格國際執照的專業人員指導父母為早產兒進行嬰幼兒撫觸按摩。

　　如果母親和寶寶已經搬到新生兒重症加護病房，醫護人員將介紹如何和為什麼母親需要去觸摸寶寶。早產兒接受撫觸按摩時獲得很多益處，包括：體重增加、改善呼吸模式、穩定心率、穩定體溫、壓力水平下降、改善感官意識、改善睡覺模式、減少厭惡接觸的機率。早產兒不像一般足月生產的嬰兒，出生後一直在媽媽懷裡。通常在出生後就被孤立，進行必要的醫療程序，因此正確的撫觸對早產兒很重要。關於觸覺的研究表明，被按摩的早產兒體重增加了將近一半，並且至少比未按摩的早產兒提前6天出院。

　　寶寶不是唯一從撫觸按摩中獲益的人，成人為早產兒實施撫觸按摩的時候，也會得到好處，包括：有機會加強與寶寶的連結、有來自醫院工作人員的的支持、寶寶能夠早點回家、感到更自信並且有能力能夠照顧你的早產兒。即使寶寶可能因為必要的醫療程序而與照顧者分離，為寶寶創造一個溫

暖且充滿愛的環境來促進連結仍然是很重要的。如果寶寶在保溫箱裡，媽媽可以帶一條毯子睡一晚。第二天把毯子放進保溫箱裡，包裹在寶寶身上，這樣孩子可開始感受照顧者的氣味，產生安全感。經常與寶寶說話，早產兒幾個月前就聽見媽媽的聲音，現在聽見會覺得很開心，也可以輕輕唱搖籃曲。幫媽媽儲存母乳，如果媽媽離開寶寶，所儲存的母乳能確保持續供應。因為寶寶比較早出生，母乳的成分會不同於正常懷孕週期的乳，所含的營養素會有些不同，並且較不易維持穩定。然而，母乳仍然可以加強寶寶免疫系統的發展。

一、早產兒在醫院的撫觸按摩

　　早產兒出生之後，醫院的工作人員會向照顧者介紹三種基本的撫觸按摩方式。主治醫生將會根據寶寶的大小、年齡和醫療狀況來建議哪一種觸摸方式最適合。在這個階段，任何撫觸按摩對照顧者和寶寶都有一定的好處。透過對寶寶頭幾天和前幾週的持續撫觸，將會為寶寶更強壯、更健康的成長奠定一個良好的基礎。照顧者可以使用的三種基本撫觸方式，包括：

1. **靜置撫觸**：當寶寶在保溫箱裡，只需要把手放在寶寶身上，根據寶寶的位置和對觸摸的接受度，可以把寶寶的頭靠在一隻手的手掌，另一隻手放在寶寶的背部或者腹部上。也可以一隻手（或幾根手指）在寶寶的身上觸摸。堅定的觸摸手法比輕輕的觸摸更好，並且寶寶更容易接受。這通常是寶寶第一次接受觸摸，透過體驗靜置撫觸，寶寶開始尋找撫觸並熟悉照顧者的氣味，在每一次的觸摸中，他會感覺更加安全可靠。靜置撫觸有助於保持寶寶的能量。當寶寶處於類似子宮的環境時，會感覺自己就在子宮裡，他的能量被孕育著。能夠儲存自己能量的嬰兒更能調節自己的系統並保持平衡。這樣的嬰兒更加專注，成長更快，也更少哭泣。因為他們的能量都用來發展、學習和成長。

2. **袋鼠式照護**：袋鼠式照護的名稱來自袋鼠母親餵食牠的孩子的方式。當寶寶體重增加到可以從保溫箱裡抱出來時，可以把他放在媽媽裸露的胸部，讓嬰兒穿著尿布，臉與胸口接觸媽媽的皮膚，感覺母體的溫暖與氣味。經由與照顧者密切接觸，有助於調節早產兒

的呼吸和心率。這樣的觸摸方式，寶寶可以感受到照顧者的身體溫暖，增進彼此的感情。袋鼠式照護使寶寶與母親和父親感覺更加親密，更勝任父母的角色。此外，使用袋鼠式照護的早產兒母親更容易進行母乳餵食。

3. **抱持撫觸**：隨著寶寶的成長，照顧者必須在寶寶的醫療過程中融入更多的撫觸。當照顧者在醫院時，盡可能常常將嬰兒抱在懷裡，主要是保持和寶寶之間皮膚的接觸。這種類型的撫觸為寶寶創造一個安全和照護的基礎，以利後續進行撫觸按摩。早產兒在神經系統完全發育之前就進入世界，他們還沒有完全發育，可能無法接受觸摸的刺激，因此應該使用抱持法，因為母親的抱持讓他們感受到子宮裡的安穩與安全感。如果寶寶對照顧者的觸摸有不良反應，請不要感到灰心。照顧者耐心緩和的動作會得到回報，因為寶寶會變得更加活潑、警覺，並且認真回應照顧者的按摩。

二、早產兒在家中的撫觸按摩

當寶寶可以出院回家時，仍然必須持續保持皮膚的接觸與抱持。要注意動作要輕、移動要慢。只要幾分鐘或者甚至幾秒鐘的觸覺刺激和抱持撫觸，對照顧者和寶寶都很有好處。需注意保持溫柔緩慢地移動，先用溫水來減少手對寶寶的摩擦，不要使用任何精油。可以讓寶寶穿衣服按摩，以保持寶寶身體的溫暖。從寶寶的腿、手指、腳趾開始按摩，這些身體部位是刺激性比較小，而且是非侵入性的。剛開始甚至可以靜置撫觸，將手放置在新生兒身體各部位上。避免頭部的揉捏，因為這對早產兒可能太過刺激，可以盡可能對腳部按摩。寶寶可能會覺得背部按摩太刺激，所以在寶寶能夠接受較大刺激之前，避免撫觸身體背部。盡量避免太輕的接觸，過於輕對寶寶來說是非常刺激的。寶寶比較強壯時，抱著的時候就可以按摩臀部，只需用整個手掌輕輕摩擦。因為寶寶太小不能自己躺在床上或地板上，按摩的時候讓寶寶傾斜躺在媽媽的胸部。盡量保持燈光柔和及減少噪音和人聲。早產兒容易受到刺激，因此暫時不要播放音樂。與孩子保持目光接觸，並且給予寶寶正面的話語，例如，「媽媽／爸爸在這裡，你很棒，一切都會好起來的。」早產兒身體可能太小，只能用手指來進行靜置撫觸。只要根據照顧者的判斷和嬰

兒的情緒線索來判斷寶寶的刺激程度。有兩個方法可以知道寶寶是否過度刺激。首先是可以觀察他的負面的情緒線索。其次是透過醫院的儀器細心觀察孩子重要的生理徵兆。如果嬰兒沒有生長或者體重減輕，那他可能是「發育不良」（Failure to thrive syndrome），醫生會追蹤寶寶何時開始發展停滯，並協助設法促進寶寶的成長。對於早產兒，「矯正年齡」（Corrected age）可用於觀察孩子的成長，即將產後年齡減去早產的星期數，就是孩子的矯正年齡。大多數早產兒到兩歲的時候可以趕上正常嬰兒的生長。

　　當照顧者從醫院回家，就不再有儀器可以追蹤孩子的生理狀況，所以必須密切關注寶寶對觸摸的反應。照顧者應該已經有一定的了解，知道怎樣的刺激會太多和寶寶過度刺激時的反應。如果寶寶受到過度刺激，應該來改變環境：把燈光關小、停止說話或唱歌、減少電視或收音機的噪音、減少進出房間。早產兒出院後帶回醫院檢查時，醫生會記錄寶寶的體重、身高和頭圍，並使用生長圖表比較他和其他同齡嬰兒的發展。如果您發現孩子已經有過度刺激的情緒線索，首先將燈關暗些並停止交談或唱歌，其次將房間其他聲音源關閉，例如，電視機、收音機、或者出入房間的人所發出的聲音。最後抱著孩子不動，用手掌撫觸嬰兒全身。

第二節　舒緩嬰兒症狀的按摩

一、腸絞痛和脹氣

　　腸絞痛發生時間通常在寶寶出生5天之後，一直持續到12到14週以後。大約25%的嬰兒都會經歷腹痛、腸絞痛。嬰兒會突然哭泣，每週至少3天每天至少哭3小時。寶寶會感覺腹部劇烈疼痛、無法緩解，孩子會一直哭鬧不休，他可能會把背拱起來和收緊胃部，看起來非常痛苦，尤其在晚上哭鬧更為嚴重。脹氣也會使寶寶因腹部疼痛，在氣體排出之前孩子都會哭鬧不停。照顧者在安撫被疼痛折磨的的寶寶之後都會筋疲力竭，父母自己也會感到痛苦與無助，發現照顧新生兒跟想像中相差甚遠。腸絞痛常見的發生原因，包括：不成熟的消化系統、情緒壓力、不成熟的神經系統、食物過敏，例如，母親食用牛奶或者乳製品，也可能由於嬰兒食用配方奶（或者牛奶或豆製品）、嬰兒的生理特質與性格、胃食道逆流導致。一般來說，腸絞痛可能是

上述各種因素綜合造成的。

　　嬰兒腸絞痛和脹氣的徵兆，包括：仰臥時情緒焦躁、頻繁地將膝蓋提到胸部、把背部弓起來、即使將他抱起來哭鬧依然不停止，哭泣停止後一會兒又會再哭。當嬰兒出現腸絞痛和脹氣的徵兆時，父母可以嘗試讓寶寶趴在自己肩膀上，抱著寶寶輕輕搖動；將寶寶放在嬰兒搖椅上，或者用手臂輕輕搖晃幫他做運動；把他用背巾（Sling）背起來，帶他到處走走；推著嬰兒車或者開車帶他兜風；給他洗個溫暖而放鬆的澡，也可以讓他跟自己一起洗澡，這可以使父母也感到平靜。

　　脹氣或腸絞痛的寶寶會藉由吸吮來分散注意力，並刺激內啡肽（Endorphin）的分泌，減輕疼痛。有的寶寶會「假吸吮」，有的寶寶則喜歡吸吮手指或是父母的手指。所謂假吸吮，就是嬰兒有做出吸吮的動作，而沒有真正在吸什麼東西。孩子如果養成這種不良的吸吮習慣，在餵食的時候嬰兒的嘴很容易從乳頭滑出來。假吸吮的嬰兒通常是吸自己的舌頭，而沒有吸到乳頭。醫學界現在認為嬰兒在子宮裡可能就已經形這種習慣，稱為「先天性」的假吸吮。由於吸吮可以減輕嬰兒脹氣的痛苦，有些父母會頻繁地給寶寶餵奶，特別是餵母乳。但是寶寶吃完奶需要2個小時以上才會消化，原本就已經脹氣的嬰兒可能更不舒服。可以給寶寶喝一些冷開水，幫助孩子排出脹氣。

　　美國著名的小兒科醫生愛德華茲（Dr. John Edwards）曾公開展示，腸絞痛（Crolic）造成的原因，往往是因為照顧者在嬰兒餵食之後30分鐘之內就幫孩子換尿布，而錯誤的換尿布方法導致嬰兒腸絞痛。一般照顧者幫寶寶換尿布的標準程序是讓嬰兒仰躺，將尿布攤開放在寶寶屁股下，將孩子雙腳高高地提起來，然後包尿布。然而愛德華茲醫生認為，將寶寶雙腳提起來會使孩子脊椎骨成C字形，導致腹腔器官壓迫到脊椎，由於位於腹部後方的神經是負責將腹腔的感覺刺激傳送到大腦，這樣的包尿布程序造成腹腔消化的訊息無法傳遞到大腦，因而使得消化酶分泌不足，嬰兒消化不良造成腸絞痛。因此換尿布時改為將嬰兒翻到側面，尿布攤開放在寶寶屁股下，再把嬰兒翻回到正面仰躺，包上尿布。這個程序避免了許多因為傳統換尿布程序造成的嬰兒腸絞痛。某些對症按摩的手法也可以幫助排出脹氣，暫時減輕腸絞痛的症狀。

　　研究表明，嬰兒腸絞痛會影響父母和寶寶之間的親子連結。當父母發

現無法安撫腸絞痛的寶寶時，他們會對自己養育孩子的能力失去信心。認爲在寶寶需要依靠父母來減輕痛苦時，由於自己的準備不夠充分而讓孩子多受苦。這時父母的反應通常都很慌亂、不知道如何積極應對。而適當的按摩技巧可以暫時緩解嬰兒腸絞痛的症狀，讓父母得以稍微喘息，覺得自己至少從某種程度上幫助了寶寶減輕疼痛。

在嬰兒腸絞痛期間，可以使用的按摩手法和技巧之一就是使用「足球式」抱著嬰兒，即嬰兒的臉朝下，腹部放在照顧者的前臂上，頭部靠近手肘，用手和手臂給嬰兒的腹部施加一定的壓力（想像一個美式足球運動員如何抱持足球），用另外一隻手摩擦他的骶骨。或者讓嬰兒平躺著，雙手抓住嬰兒的腳踝，使嬰兒的腿部彎曲，並輕壓使膝蓋貼在其胸部上，持續幾秒。也可以一次只做一隻腿。順著上面的手法步驟繼續，抓住孩子兩條腿，用膝蓋進行順時針方向打圈（順著結腸的方向）。另外可以幫助寶寶在腸絞痛期間緩解疼痛的方法有：腹部靜置撫觸；用背巾背著嬰兒；讓嬰兒躺坐在嬰兒車裡；使用嬰兒床或者寶貝運動床；和嬰兒一起洗熱水澡；每一次餵食嬰兒的時候都盡量少一些、慢一些；嘗試交換以上的放鬆措施。例如，可以用嬰兒背帶背著嬰兒一會兒，然後和他一起洗熱水澡，再把他放在嬰兒車裡。

腸絞痛會對嬰兒產生一定的壓力，但是不建議任由嬰兒大聲地哭泣。如果用盡一切方法都無法使嬰兒平靜下來，可以簡單抱著他，不停地和他說話。如果你的耐心已經消耗殆盡，可以尋求伴侶、朋友、家人的幫助。當嬰兒哭泣時，抱著他比讓他單獨待在嬰兒床上要更好。任由嬰兒不停哭泣，孩子將失去重要的自我安慰與情緒調控的學習機會，他的需求沒有被滿足，會對環境沒有安全感而自我封閉。照顧者無論多麼傷心沮喪，都不要大力搖晃嬰兒。嬰兒在遭受劇烈搖晃後可能會死亡，或者造成永久性的腦損傷（嬰兒搖晃症）。如果感覺手足無措即將對嬰兒生氣時，請把他放在一個安全的地方（如嬰兒床、遊戲圍欄），自己走到另外的房間冷靜。照顧者減輕自己壓力、不被壓力壓垮的方法，包括：找機會休息一下，每天至少離開嬰兒一個小時；找到有腸絞痛嬰兒的父母組成支持團體；如果無法找到可以滿足需求的治療組織，也可以找一個可以分享感受和傾訴的人；讓別人爲你按摩。請注意，不要讓嬰兒一人獨自哭泣，這絕不是爲人父母者該有的行爲。

在寶寶腸絞痛還不是很難受的時候就要幫他做靜置撫觸。如果寶寶躺著會覺得更疼，可以把他放在膝上，讓他的頭枕在你的膝蓋上，腳在你的臀

部，抬起你的雙膝讓他仰躺著。你可以讓寶寶穿著衣服或者尿布直接實施按摩，不過裸體的撫觸效果可能更好。要注意餵奶後至少30分鐘才能進行按摩，以免影響孩子的消化，讓腸絞痛加劇。對症的按摩手法可以幫助寶寶減輕排出脹氣、減輕疼痛症狀：

1. 抱持法──臂上彈跳

上臂抱持直立，伸出下臂。讓寶寶叉腿趴在你的下臂上，頭靠近你的手掌。另一隻手牢牢按住寶寶的背部，使他能穩定的待在你的上臂上。你的上臂根部貼近他肋骨以下的腹部。輕柔地上下彈動你的下臂。這可以緩解腹部疼痛，排除脹氣。請參考第二章第二節：趴臥式抱法（Prone Hold）、老虎爬樹抱法（Tiger in the Tree）。

2. 抱持法──豎直抱法

站起來抱著寶寶，使其身體直立靠在你的胸部，臉朝外。一隻手環住寶寶臀部以上的腹部，支撐住寶寶的重量。另一隻手隔著尿布抓住寶寶的胯下，保持寶寶身體平衡。一邊到處走走，一邊溫柔地上下晃動寶寶，或者站在原地晃動。這可以緩解腹部疼痛，排除脹氣。可以將他的屁股放在你的胯骨上，這樣你不需要用胳膊來承受他的全部體重，比較省力。請參考第二章第二節：向前直立抱法（Forward Upright Hold）、消防員抱法（The Fireman's Hold）。

3. 按摩腹部兩側

讓寶寶仰臥，腳部靠近你。將你的手放在寶寶腹部的一側，手指朝下，將皮膚拉向肚臍，然後換另一隻手。兩手交替有節奏地重複按摩。換到腹部另一側以同樣的方法按摩，這可以清空胃內物體。

4. 肚臍周圍畫小圈

一手食指和中指並攏放在寶寶肚臍附近，輕輕向下按，以順時針方向圍著肚臍畫圈，邊畫邊減輕壓力。逐漸擴大圈的範圍，直到你的手指可以碰到寶寶的右側臀部。這個按摩手法可以使小腸裡的內容物運動。順時針方向跟腸道蠕動的方向一致。

5. 在腹部畫大圈

將你的手放在寶寶腹部靠近右側臀部的地方。手掌和手指用輕撫的深層

手法向上滑，直到碰到寶寶的右側胸腔。手指撫過橫膈膜到達左側胸腔。向下滑按至左側臀部內側。撫過身體底部回到起始位置。可重複數次。這個按摩手法可以幫結腸裡的內容物快速蠕動。

6. 騎單車

　　一手握住寶寶的腳踝，彎曲膝蓋靠近腹部，拉直這條腿。拉直這條腿的同時，將另一條腿向腹部彎曲。緩慢而有節奏地重複這種騎單車運動，可重複多次。這個運動可以幫寶寶排出脹氣，這是屈膝及胸（Knee Chest）的手法。

7. 雙膝碰腹

　　一手各握住寶寶一隻腳踝。彎曲雙腿向上碰到腹部。保持這個姿勢幾秒鐘，然後再溫柔地將腿拉直。慢慢地重複數次。這個動作可以幫助寶寶緩解由脹氣引起的腹部疼痛，這也是屈膝及胸的手法。

8. 按摩脊椎根部

　　讓寶寶俯臥，腳朝向你。將你的手掌根部放在寶寶屁股中間的凹陷處。手掌根部輕柔地向下按，順時針方向畫圈。可重複數次。這可以幫助寶寶排出脹氣。

　　關於腹部的撫觸與按摩手法，請參考第三章第二節：腹部靜置撫觸、腹部水車式、腹部抬腿水車式、腹部拇指分推法、腹部日月法、腹部我愛你法、腹部手指走路法。

二、便秘

　　寶寶可能經常會被便秘所困擾，大便堅硬、乾燥、不頻繁，有時候還會伴隨疼痛。純母乳餵食的寶寶通常沒有這個問題，有便秘問題的嬰兒一般都是配方奶混合餵食的嬰兒、開始吃副食品的嬰兒或者兩者都吃的嬰兒。嬰兒排出硬糞便時會疼痛，所以寶寶在排便前或者排便時會哭鬧。如果寶寶超過3天沒有排便，那麼他就是便秘了。對於嬰兒或者幼兒來說，一天排便3次是正常，三天排1次便也屬於正常範圍，如果是母乳餵食，時間可能會更長一些。寶寶排便使勁不一定是便秘，寶寶在排便時臉會憋得通紅，如果排出的是成形的軟大便，那麼他就沒有便秘。

除了做腹部按摩之外，還有其他一些措施可以減輕或預防便秘的情況發生：首先是多吃液態食物，確保你的寶寶喝了足夠多的液體。鮮榨的橙汁可以促進胃腸蠕動。每天給寶寶喝60-120cc（毫升）稀釋過的橙汁，稀釋比例為1份橙汁、4份涼飲用水。其次是使用健康的食材，寶寶4個月之前需要喝母乳或者奶粉，還有現榨新鮮的柳橙汁。寶寶4個月以後可以吃嬰兒米粉、水果泥和蔬菜。6個月以後可以逐漸加入麥片、豆類和其他穀物類食物。食物纖維和流質食物能夠幫助預防便秘，同時也要給寶寶吃一些含有脂肪的食物。便秘是嬰幼兒時期常見的問題，一旦出現就非常容易復發。要聽取兒科醫師或營養師專業的建議，來幫助處理寶寶的便秘問題。

緩解便秘的按摩手法有：腹部水車式、腹部抬腿水車式、腹部日月法、腹部我愛你法等。在寶寶洗澡後，可以嘗試為他進行腹部按摩來緩解便秘。請注意：腹部按摩一定要依順時針方向進行，並且要使用一定的力道，不能太過於輕柔，以免寶寶覺得是在搔癢。寶寶便秘時，幫他按摩腹部可以緩解便秘症狀。寶寶可以穿著衣服或包著尿布按摩，但是裸體做效果更好。寶寶餵奶後一小時內應避免做腹部按摩，實施便秘對症按摩時，應讓寶寶仰臥、腳朝向按摩者。

1. 肚臍周圍畫小圈

參閱本節第一項：腸絞痛和脹氣。

2. 腹部畫大圈

3. 騎單車

4. 雙膝碰腹

除了以上的按摩手法，也可以結合適當的抱持法或緩和運動來促進嬰兒的腸胃蠕動：將嬰兒的腹部放在媽媽的膝蓋上。這個姿勢產生的壓力可以幫助嬰兒把氣體和糞便從腸道排出去；將嬰兒放在胸部或者肩膀上，按摩他的骶骨和腰背；當嬰兒平躺向上的時候，想像他的腹部就是一個時鐘，從7點到5點鐘的方向，用指尖畫一個順時針的小圓圈。以上的小技巧在嬰兒穿衣服的時候也都可以做。

三、長牙

　　嬰兒在子宮裡的時候就開始長牙了，所有20顆牙齒全都在牙齦下形成了。但是，寶寶的牙齒要在出生後的幾個月才會穿過牙齦。家長可能會注意部分長牙的跡象，寶寶第一顆牙在6個月左右會出現，有些嬰兒3個月、甚至更早，就會出現第一顆牙。通常情況下，寶寶第一顆牙齒會是上下切牙（俗稱門牙，上下共8顆），隨後是第一顆臼齒、尖齒（虎牙）、兩顆臼齒。寶寶要等到大約6歲之後，才會長出永久性牙齒。嬰兒長牙的跡象包括：大量流口水——因為流太多以致要戴上小圍兜；過度流口水可能會導致腹瀉或者大便鬆散；嬰兒很煩躁，想要咬玩具，無論是什麼東西，只要拿到就會往嘴裡送；會拉扯自己的耳朵；出現輕微的發熱；出現乾咳；可能因為疼痛而突然哭泣；夜晚可能比平常更頻繁地醒來；會開始咬東西。如果照顧者懷疑孩子正在長牙，可以用手指檢測。手指與指甲縫要洗乾淨，用食指輕輕摩擦寶寶的牙齦，如果牙齦有扭曲突出，就可以感受到。請注意：在長牙期間孩子的牙齦、口腔和臉部肌肉都是非常敏感的。可以先嘗試臉部、前額和頸部的按摩手法，這幾個區域都會受到長牙的壓力影響。

　　大部分的寶寶在長牙時都會有疼痛和不舒服的情況，因為此時牙齦會腫脹。按摩能緩解牙齦腫脹，使寶寶擺脫焦躁的情緒並緩解疼痛。如果可以的話，在寶寶長牙之前就做這些按摩，讓寶寶平常就熟悉這些動作，當他牙齦不舒服時才會讓你按摩。最好幫寶寶做全身按摩，這樣會刺激內啡肽的分泌，從而緩解疼痛。

1. 上牙齦線畫圈

　　雙手拇指並排放在寶寶的人中處，兩個大拇指慢慢畫小圈，然後鬆手。兩個拇指稍稍放開一點，再按摩一次。以同樣的方法沿著上頜一直按摩到兩側耳朵。

2. 下牙齦線畫圈

　　雙手拇指並排放在寶寶的下嘴唇下方中心處，兩個大拇指慢慢畫小圈，然後鬆手。兩個拇指稍稍放開一點，再按摩一次。以同樣的方法沿著下頜一直按摩到兩側耳朵。

　　按摩時要持續關注寶寶的反應。如果寶寶反應很積極就可以繼續，要是

他不喜歡就換其他的手法。有助於舒緩長牙的疼痛的按摩手法有：耳朵到下巴、下頜小圓圈式、輕敲下頜線、鼻梁至頰骨滑推、微笑按摩、唇部點按、按摩下巴、耳際後順頸線提下巴法、頸部畫小圈圈等，請參考第四章第一節和第二節。

其他可以緩解寶寶長牙疼痛的方法，包括：讓寶寶啃咬媽媽乾淨的手指；用乾淨的手指輕柔地摩擦寶寶的上下牙齦以釋放部分壓力；經常抱著寶寶或依偎著睡；用嬰兒背帶包裹或者背著寶寶；考慮一起睡，可以更好地安慰寶寶。除了使用按摩和觸摸的方法之外，也可以給嬰兒一個冷的物體進行咀嚼和吮吸，例如，毛巾、橡皮環（長牙時專用的）或者湯匙；使用無毒的固齒器或凝膠。

一些餵母乳的媽媽認為，當寶寶開始長牙的時候就要停止餵母乳。事實上是不用停止的，可以繼續餵甚至直到寶寶滿口牙都長成。嬰兒在吮吸母奶的時候不會咬媽媽的乳頭，因為他的舌頭會覆蓋在牙齦和乳頭之間。只是在哺乳前後的短暫時間需要稍加注意。當寶寶咬的時候，媽媽的驚嚇反應可能會使其停止咬嚼。這時不能快速地推開寶寶，如果他咬住不放，推開寶寶可能會傷害到媽媽自己。相反地，讓寶寶的臉靠近你的皮膚，這樣可以防止他喝奶嗆到鼻子，並且迫使他換氣呼吸時自己放開媽媽的乳頭。媽媽也可以把小指放到寶寶的嘴巴讓他吮吸，讓孩子放開媽媽的乳頭。

四、氣喘

氣喘是一種慢性疾病，氣管發炎並且充滿黏液導致喘息和呼吸困難。嬰兒出現氣喘時，孩子為除去氣管的黏液就會咳嗽，甚至肺部也會產生痙攣。最常見的氣喘類型是由過敏引起的。當嬰兒接觸花粉等過敏原，身體產生抗體並釋放一種調節介質的化學物質使氣管發炎，因而導致氣喘一系列症狀。

一般要6個月後，潛在的過敏原才會顯現出來。因此，一般是6個月以上的寶寶才會表現出對寵物或者特定的食物過敏。孩子在4-5歲之前不會產生季節性過敏。比較小的嬰兒哮喘是非常難以診斷的，所以很多嬰兒的氣喘都診斷不出來。以下症狀可以幫助診斷嬰兒是否有氣喘：頻繁的感冒、咳得很響、進食困難、快速呼吸、喘息呼氣聲像吹口哨、呼吸短促。如果擔心嬰兒有氣喘症狀，應及時聯繫主治兒科醫生，把嬰兒的症狀描述清楚，盡早診

斷出孩子是否氣喘。

　　雖然無法防止氣喘的發作，然而可以除去家裡環境中會觸發氣喘的過敏原，來減少嬰兒氣喘發作的可能性。例如：不要在嬰兒附近吸菸；避免讓嬰兒處在灰塵多的地方；如果是餵母乳，媽媽要注意避免吃容易過敏的食物，如雞蛋、堅果和貝殼類食物；記錄監測嬰兒的壓力水平。壓力可能會產生焦慮症狀，如呼吸急促，這會促使氣喘產生或者加重哮喘。

　　氣喘發作對父母和嬰兒來說都是可怕的。當嬰兒呼吸困難時，父母卻無法控制，毫無解決之力。醫生通常把氣喘發作分為以下三類：(1)輕度型：嬰兒的呼吸受影響；通常會出現喘息、咳嗽和呼吸急促；嬰兒比較警覺，皮膚顏色正常。(2)中度型：嬰兒的皮膚比較蒼白，比輕度型的呈現更多喘息、口哨聲和呼吸急促，依然很警覺。(3)嚴重型：呼吸非常困難，喘息和咳嗽也很嚴重，並且不再警覺，而是昏昏欲睡。皮膚可能是藍色的或者是非常蒼白。

　　對於患有氣喘的嬰兒，父母應該事先和兒科醫生討論氣喘發作時的處理步驟，並制定行動執行計畫。嬰兒氣喘發作時，按摩孩子的胸部上方有助於緩解其氣喘症狀。胸部開合運動適用於輕度型氣喘，並且也可以很好的預防氣喘，例如：胸部心形按摩、胸部開卷法、胸部蝴蝶式，請參考第三章第三節。如果嬰兒處於中度或重度氣喘，有可能因為缺氧而損傷腦部，建議家中準備急救裝置與器材，並及時聯繫相關醫療機構。氣喘發作結束後，可以給嬰兒一個輕鬆的按摩，減少氣喘帶來的壓力。

五、感冒症狀

　　當嬰兒的免疫系統還在發展時，特別容易感冒。常見的感冒症狀包括胸部和鼻竇充血。使用按摩幫助緩解充血現象，主要是透過排除胸部和鼻竇區的黏液，使嬰兒呼吸更加順暢。當嬰兒感覺不舒服時，父母可能很難分辨清楚到底是流感還是感冒，此時強烈建議聯繫醫療保健機構做出明確診斷。另外，明確兩者之間的區別差異也很重要，因為它們有許多相似的地方。感冒是由超過200種的病毒引起（而不是細菌）。感冒的大部分症狀都在頸部以上，最常見的症狀就是鼻塞、流鼻水、打噴嚏，月齡小的嬰兒和學步兒可能伴隨著低度發燒。抗生素不但不適用於感冒，而且可能會加重感冒。流感

（流行性感冒）是由單一的病毒（流感病毒）引起的，流感的症狀是覆蓋全身的，例如：發燒、身體疼痛、缺乏能量和暈眩。大多數情況下，身體症狀在幾天後會自動消失，流感停留在呼吸系統，伴隨著乾咳。呼吸系統受到影響後，通常會出現類似感冒的症狀。

　　爲了幫助緩解胸部充血，請保持按摩手法朝向頭部，以便除去任何可能停留在肺部的黏液。可以使用胸部按摩手法，例如：胸部心形按摩法、胸部開卷法、胸部蝴蝶式。也可以在嬰兒的背部進行按摩，例如，從嬰兒的骶骨開始，使用背部耙子按摩（梳子法）按摩到頭部，嬰兒可以躺著，也可以坐著背對按摩者。或者使用一隻手或兩隻手的兩根手指進行輕敲按摩，並且輕敲按摩背部。做這個手法的時候嬰兒可能會咳嗽。咳嗽可能是暗示著按摩正在除去黏液。也可以讓嬰兒平躺著，向上、向外打開他的雙手伸到頭上，進一步打開胸部促進呼吸。

　　有關於臉部、頸部的按摩手法，都有助於排除鼻竇的水，當然也可以使用鼻竇緩解法：讓寶寶平躺著或者坐著面向按摩者，兩隻手各伸出兩根手指放在寶寶的鼻梁兩側，移動手指從上往下，往外掃擦到顴骨處，更好推出鼻竇裡的黏液（鼻梁至頰骨滑推）。操作這個按摩手法的時候，可以使用紙巾或者橡皮球注射器。爲了使寶寶呼吸更加順暢，可以在寶寶洗澡水或者擴香器中添加一、兩滴桉樹或者薄荷精油。

　　雖然無法阻止嬰兒感冒，但是可以透過以下手法降低感冒的風險：母乳餵食。母乳餵食的嬰兒，比混合餵食的嬰兒更少生病，因爲母乳裡含有免疫抗體。爲了確保嬰兒接收到母乳餵食的所有好處，世界衛生組織建議母乳餵食至少兩年，美國兒科學院建議至少一年；如果家裡有新生兒，家裡人記得要經常洗手（朋友和親戚也要）；不要在嬰兒周圍吸菸；保持嬰兒水分充足。

六、皮膚乾燥

　　有的寶寶天生皮膚就乾燥，有可能出現在臉、手、腳或者是全身。修復乾燥的皮膚要花很長時間，特別是手肘、上臂、尿布區域和眉心等部位。定期擦油可以解決這個問題，一天擦一到兩次，加入撫觸按摩可以促進油被深層皮膚吸收。選用天然的植物油較佳，使用之前可以先用一小滴油塗在寶

寶手臂上，等候3-5分鐘，看看寶寶是否對按摩油過敏。如果需要擦在寶寶臉上，那麼要避開眼睛區域。如果乾燥的部位沒有好轉、變紅、發炎或者更糟，請聯繫醫生。實施皮膚乾燥對症按摩時，同時使用橄欖油、杏仁油、葵花籽油或者葡萄籽油，都有滋潤乾燥皮膚的作用。在手上倒點按摩油，揉搓雙手使按摩油稍微發熱，用手掌在寶寶身體乾燥的部位輕輕滑動。要避免使用任何含有堅果成分的按摩油，特別是如果你的家族史有堅果過敏。乾燥的皮膚通常也比較敏感，所以要注意皮膚對面霜、肥皂以及清潔劑的反應。

七、乳痂和溼疹

乳痂（Cradle cap）是一種皮疹，通常在剛出生到3個月大的嬰兒頭皮上發現。新生兒的皮膚細胞生長比脫落更快，留下一個硬殼層。根據維基百科，脂溢性皮炎（Seborrheic dermatitis，也叫做 Seborrheic eczema）是一種發生於皮脂溢出部位的慢性復發性皮炎，當出現在頭部時，便稱為乳痂。HIV感染者的患病率更高，而且症狀更重。症狀出現在嬰兒耳朵後、膝蓋、腋下、眼瞼、臉部、頸部或換尿布區域，而青少年和成人的症狀包括頭皮屑和乾燥剝落的皮膚。

可以搭配精油輕柔按摩頭皮來緩解嬰兒的乳痂。使用溫和的油，例如，植物油和橄欖油。太刺激的油會有殘留物，會刺激乳痂。使用溫和有力的按摩手法按摩嬰兒的頭皮，使油進入頭皮。讓按摩油在嬰兒的頭皮上停留大約10到15分鐘。如果皮膚有傷口、過敏或者紅腫，就不要按摩，以免感染發炎。可以利用這段時間按摩嬰兒身體的其他部分，例如：使用柔軟的牙刷或嬰兒的毛刷，輕輕地刷開頭髮，或者用溫和的洗髮精沖洗嬰兒的頭髮。每週使用幾次上面的治療方法，直到乳痂消失不見。請注意：一定要確保輕輕地按摩寶寶的軟斑。

溼疹（Eczema）是兒童最常見的皮膚疹子之一。它是由遺傳因素和環境因素綜合引起的一種皮炎。是由於反應過度的免疫系統對某種環境或特定食物過敏造成皮膚乾燥和皮炎。溼疹的一些症狀包括：皮膚上有白色微小的突起；皮膚上有白色乾燥或者紅色的斑點；頻繁發作時，乾燥的皮膚和突起可能會發炎和滲出；如果你懷疑寶寶有溼疹，請即時尋求醫療指導。有助於嬰兒皮膚的一些建議，包括：為嬰兒洗個短暫的溫水澡。一般不要使用肥

皂，除非眞的需要。在溼疹發作期間，嬰兒可能無法接受洗澡。在這樣的情況下，只需用水簡單清潔。洗澡後，用柔軟的毛巾擦乾嬰兒皮膚——100%純棉的毛巾是最好的，千萬不要過度摩擦。洗澡後，使用溫和的保溼霜或乳液進行按摩，例如，在嬰兒的臉上和身體上使用嬰兒天然皮膚護理霜。按摩時可以使用保溼霜保護嬰兒皮膚，使皮膚保溼或使用加溼器。衣服和床單要使用100%純棉製，特別要避免羊毛材質。盡量以母乳餵食嬰兒，至少等到6個月大之後才添加副食品。

八、易怒易哭鬧的寶寶

大部分的嬰兒一天約有2個小時在哭，有時哭鬧的原因很明顯，有時卻讓人毫無頭緒。寶寶哭鬧的原因，包括：過度刺激或刺激不足、飢餓、疲勞、尿布溼了、孤獨、太熱或太冷、尿布疹、食物過敏、鵝口瘡、胃食道逆流（GERD）等。本書第二章第一節曾介紹嬰兒情緒線索，其中有討論到嬰兒哭泣的種類以及其意義。無論寶寶哭鬧是什麼原因，只要是寶寶哭了，就應該把他抱起來安撫。研究結果表明，父母越快回應寶寶，寶寶就能越快停止哭泣。有時不管做什麼都不能安撫哭鬧的寶寶，這個便是讓父母們最惱火的時候。按摩可以幫助哭泣的寶寶恢復情緒，即使不能，你也會發現，按摩可以讓你和寶寶在他不哭鬧時好好放鬆一下。

安撫嬰兒哭鬧的方法，包括：(1)身體接觸：寶寶可能喜歡被抱著，可以爲他唱唱歌。你可能會覺得讓寶寶在你懷裡睡著是不好的，請不用擔心，回應寶寶的需求更爲重要。(2)運動：將寶寶放在嬰兒搖椅上，或者用你的手臂輕輕搖晃他。把他放在背巾裡，帶他到處走走，推動嬰兒車或者開車帶他兜風。(3)分散注意力：試著用電話、有聲音的玩具或者玩躲貓貓來轉移寶寶的注意力。(4)洗澡：水有按摩的作用，所以可以幫寶寶洗個澡。把他包起來，被包起來時寶寶會感到安全。(5)將他交給別人，如果你的情緒緊張，寶寶會感受到而且哭得更厲害。如果你把他交給別人，他可能會放鬆下來，這也能給你一個休息的機會。如果你的寶寶已經哭了很長時間，而你又不知道爲什麼，你可能會徹底失去信心，感到無比煩躁、憤怒和疲倦。如果你很生氣或者不知所措，可以先將寶寶放在一個安全的地方，比如他的小床裡，自己先離開一會兒冷靜一下，或是可以聯繫你的醫生、健康指導人員以

尋求幫助。

在所有不同民族與文化中，媽媽們總是傾向於陪伴在哭泣的寶寶身邊，設法安撫嬰兒直到他平靜下來。事實上，照顧者抱著寶寶、為他唱歌、給他玩具或用色彩鮮豔的物品來分散他的注意力等，都能使他感到舒服，逐漸緩解情緒。有些父母可能覺得，當寶寶哭鬧時，每次都回應會寵壞孩子。近來的研究證明，這種做法會產生相反的效果。研究成果表明，照顧者將哭泣的寶寶舉到肩膀上可以安撫情緒，寶寶看起來也明顯有精神些，這表明這種關注是合乎自然的。兒童心理學認為，透過回應寶寶的需求，父母可以幫助他建立自信。研究同時表明，媽媽們可以從寶寶的哭聲中，分辨出是因為疼痛而引起的哭泣。而且大多數的成人在寶寶哭泣時，都會試著做點什麼去安撫他。如果你的寶寶已經習慣於按摩了，當他哭鬧時，你可以這樣安撫他。如果他之前沒有被按摩過，那麼就在他哭鬧暫停時幫他按摩，讓他慢慢習慣。可以試著使用他平時最喜歡的按摩手法。穩定而有節奏地輕撫可以安撫寶寶，使他有安全感。按摩動作主要集中在寶寶腹部和背部，當然也可以試著按摩腿和胳膊。如果寶寶哭鬧就停止按摩，用毛巾把他裹起來以免著涼，然後抱起來安撫。你可以在他不哭的時候再進行按摩，但是如果他情緒又不好了就停止。寶寶哭鬧的按摩方法包括：

1. 向下撫按腹部

讓寶寶採取仰臥姿勢，將你的手掌橫放在寶寶胸部之下的腹部；用輕撫的深層手法，向下撫按直至寶寶的下腹部，在你的手要離開之前，將另一隻手放在起始位置，以同樣的方法向下按摩，可以重複數次，始終保持有一隻手跟寶寶的皮膚接觸，類似腹部水車式的手法。

2. 向下輕撫背部

一隻手掌心向下覆蓋寶寶背部，慢慢向下滑按直至寶寶的背部最下端；另一隻手放在起始位置後，再將之前那隻手抬起來；兩手交替按摩，可重複數次，這是背部長撫按的手法。

九、特殊需求兒童

特殊需求兒童是指特殊兒童中的障礙兒，其障礙類別包括：智能障

礙、情緒行為障礙、視覺障礙、學習障礙、聽覺障礙、多重障礙、語言障礙、自閉症、肢體障礙、發展遲緩、身體病弱以及其他障礙。發展遲緩是否會成為殘疾，取決於嬰兒是否有接收到需要的資源、遲緩的原因，以及發展遲緩的嚴重程度等。發展遲緩可能會影響寶寶粗大和精細動作的技能、說話、語言和社交技能。當所有發展領域都出現延誤時，就會出現整體的延遲。

當寶寶坐著、爬行或走路的時間落後於其他同齡嬰兒、不太會發音說話、餵食困難時，幼兒園教師或父母可能會依照「嬰幼兒發展檢核表」進行初步檢核，若發現孩子發展明顯落後於一般兒童的發展里程碑時，家長應該帶孩子到醫院掛健兒門診讓專業醫療團隊進行聯合評估，現在許多醫療機構提供包括醫生、治療師、臨床心理師、社工師的專業團隊服務。若孩子確診為發展遲緩，可針對特定的遲緩項目進行療育。孩子在3歲之前，大腦有很大的可塑性，如果療育的方法正確，孩子的發展趕上一般兒童的里程碑並不是很困難。家長本身也必須主動投入，了解「以家庭為中心」（Family Centered）的療育，其內容與實施架構是什麼、有什麼政府資源經費補助可以申請等。

導致發展遲緩的原因有很多，新生兒很難診斷出來，有些症狀不會自然的凸顯，直至寶寶到學齡前階段，認知和身體動作技能變得明顯的時候，才會凸顯出來。發展遲緩有些常見的原因：早產、出生體重較低、唐氏症、胎兒酒精症候群、智力缺陷、忽略和身體虐待、腦性麻痺、蕾特氏症（Rett syndrome, RTT）等。胎兒酒精症候群（Fetal alcohol spectrum disorder, FAS）也是嬰兒常見的智力遲緩原因。

「智能障礙」（Intellectual disability, ID），或稱為一般性學習障礙（General learning disability），是指在一般日常生活的智力思考障礙。有人簡稱「智障」，這是負面的語言，不宜使用。西方國家在學術上多稱為「心智遲緩」（Mental retardation, MR）。心智遲緩的成因，分為先天與後天兩種。先天的心智遲緩可能是由於染色體異常；而後天的成因則包括車禍等意外事件造成的腦部損傷。心智遲緩的孩子智商（Intelligence Quotient, IQ）小於75分，且日常生活技能相當困難。研究資料顯示，每100個人中，有3個人有一定程度的心智遲緩，其數量是腦性麻痺人數的十倍。在過去，心智遲緩的嚴重程度經常由智商高低來決定。目前心智遲緩嚴重程度的認定，取

決於個案需要的援助多寡。有些人可能需要間斷、有限的資源，有些人則需要廣泛、普遍的支援。大多數患有心智遲緩的人，都只有輕微的智力遲緩，他們只是比一般人的智力低一點，通常都看不出他們有心智遲緩。

造成智力遲緩的可能原因，包括：遺傳、嚴重營養不良、母親健康問題、嬰兒的健康問題、難產等。一些智力遲緩的學步兒或自閉症兒童睡覺前會用力敲擊頭部，這通常都是為了自我刺激。如果學步兒正在撞擊頭部，可以把按摩和洗熱水澡結合起來，教他學會自我安慰，以此創建一個輕鬆的睡前習慣。有時候孩子敲擊頭部是因為想要產生有節奏的聲音，找出寶寶喜歡的音樂，在洗澡、按摩和睡覺之前，一起與寶寶聆聽這個音樂或者跳舞。

智力遲緩的孩子需要媽媽給予更多的愛和關注。智力遲緩的兒童在成長時往往被同伴排斥或忽略，不容易有正常的生活。因此這些兒童需要額外的教導，學習如何照顧自己（例如：穿衣服、吃飯、上洗手間）、如何溝通、如何尊重界線、如何進行社交互動（包括怎麼玩）等。

特殊需求兒童的障礙會影響與孩子連結和依附的能力。和一個無法回應微笑和咕咕聲，或者無法聽到媽媽充滿愛的聲音的孩子建立依附關係，是一件非常困難的事。依附關係包含媽媽回應寶寶，與寶寶回應媽媽的部分，發展遲緩的孩子可能無法以媽媽期待的方式做出反應。所有的嬰兒都需要形成安全的依附，但是發展遲緩的嬰兒需要父母付出更多的努力。如果家裡有一個發展遲緩的嬰兒，那麼撫觸可能會是你們之間最重要的溝通工具。

特殊需求的孩子可能有健康問題和依附焦慮問題，媽媽可以用按摩來緩解這些問題。嬰幼兒撫觸按摩可以降低寶寶的壓力、增進與寶寶溝通、創建親子連結和依附、學著接受寶寶的缺陷和欣賞他發展方面的進步、察覺嬰兒的需求、刺激寶寶的學習欲望、促進寶寶體重增加、減少寶寶心理上的沮喪、增強寶寶的免疫系統。發展遲緩的孩子還會有特別的肌肉緊張，可以使用按摩來刺激或放鬆寶寶的肌肉緊張，不過這取決於寶寶個別情況。有些發展遲緩的寶寶肌肉非常柔軟鬆弛，有些孩子肌肉結實緊繃，有些則有交替的肌肉鬆弛和肌肉緊繃。

特殊需求的嬰兒不同於一般的嬰兒，他們一出生看起來就比較焦慮、緊張和容易被過度刺激。有些家長認為自己的孩子是特殊需求寶寶，直到他們遇到真正有特殊需求的幼兒才恍然大悟：特殊需求的幼兒往往很緊張；體能活躍，不斷跑來跑去；餵食頻繁，有時一個小時幾次；需要擁抱撫觸和很

多呵護；很敏感；經常醒來；需求很多；拒絕單獨待在嬰兒車、鞦韆、嬰兒搖椅上。如果發現自己的寶寶是一個特殊需求者，家長將需要進行觀念上的轉變：試著告訴自己很幸福，能有這麼特殊的寶寶！不要對這種情況感到消極，這些嬰兒雖然有很大的挑戰，但是只要你放開顧慮和期待，你會發現很容易就愛上他們。你和寶寶的良好關係，也會對寶寶和自身都有所幫助。

　　實施撫觸按摩可以幫助特殊需求幼兒提升身體知覺、提高肌肉張力、發展親子間非語言的交流、增進親子連結、安撫寶寶情緒使父母放鬆、讓父母感受到他們正在積極的幫助寶寶。例如，唐氏症或者腦性麻痺兒童通常有肌肉低張力的問題，可以透過按摩得到改善。而對於視覺障礙的兒童，按摩可以幫助孩子提升身體知覺。特殊需求兒童通常伴隨著身體感覺的問題，他們可能會對碰觸非常敏感或者非常不敏感。照顧者必須根據寶寶的感覺統合情況來決定按摩時力道的輕重。有些寶寶很不喜歡被輕輕的碰觸，此時就需要加大力道。如果你不確定應該要使用多大的力道，要仔細觀察寶寶的反應。有特殊的需求幼兒的家庭，為寶寶按摩時要注意使用適當的力道，並尊重孩子特有的節奏，家長可以向醫生、職能治療師或物理治療師等專業醫療人員詢問按摩相關的注意事項。關愛呵護特殊需求嬰兒的做法有：(1)聽孩子的心聲：特殊需求的嬰兒不會放棄哭泣，直到滿足他們的需求。所以他不會停止哭泣，直到有人一直抱他、背他或陪伴在他身邊。(2)和嬰兒一起睡覺：一起睡覺可以更方便額外的餵食和察覺孩子在夜間醒來。同時，媽媽也有可能得到需要的睡眠。(3)和嬰兒一起洗澡。(4)幫寶寶按摩：特殊需求的嬰兒常按摩會成長得更茁壯，所以可以頻繁按摩嬰兒。

　　用特殊需求嬰幼兒撫觸按摩的步驟進行按摩，寶寶一定會喜歡的。讓寶寶平躺著，孩子可以享受各種按摩手法，有助於舒緩心情。在按摩期間，要充滿愛意地和嬰兒說話，他會感覺非常開心。可以使用的按摩手法包括：腳部拉太妃糖、腳部揉麵糰、腳部擠轉式、腳部印度擠奶式、腳部瑞典擠奶式、腳部耙子按摩、臀部放鬆法、手部擠轉式、手部印度擠奶式、手部瑞典擠奶式、手部滾動搓揉式、手部輕撫、手背撫觸、手指輕撫、手指揉捏、腹部靜置撫觸、腹部水車式、腹部抬腿水車式、腹部日月法、腹部我愛你法、腹部手指走路法、耳朵到下巴、下頜小圓圈式、前額開卷法、眉心分推、前額畫大圈圈、按摩耳朵、按摩下巴等。相信自己的按摩技能，靈活地調整不適合自己和寶寶的按摩手法。按摩結束後，記得要和孩子大大地擁抱一下。

　　可以教導發展遲緩的孩子學習手語，在他們還不會說話之前，有一個重要的溝通工具，並刺激腦神經，促進語言的發展。每一次家長或家人離開時，對寶寶揮手說再見，透過重複學習，寶寶很快就學會揮手了。學習簡單的生活手語語詞，作為一種溝通的型式，不要學複雜的聾啞人士手語。任何年齡的嬰兒都可以學習手語，當孩子7-9個月大的時候就可以看到成果。用手語交流的好處包括：寶寶比較少感到沮喪，因為他可以清楚表達自己的需求；手語會刺激學習；手語很有趣；可以增強媽媽與寶寶的情感紐帶和促進關係。

1. 反應性依附障礙兒童

　　「反應性依附障礙」（Reactive attachment disorder, RAD）或稱「無依附障礙」的孩子，在早期的生活可能經歷了極度混亂、被忽略、剝奪和虐待，他們可能變得暴力、恐懼和草率。反應性依附障礙的孩子可能在嬰兒時期就有以下症狀：持續哭泣或腸絞痛；發育停滯；拒絕被安慰或抱著；很少反應或基本沒有反應，甚至不會微笑；被抱著的時候會生氣；喜歡被單獨留在嬰兒床而不是被抱著。具有RAD的兒童無法自我冷靜，他們一直處於恐懼狀態，並且對感覺產生劇烈反應。如果懷疑收養或寄養的孩子具有反應性依附障礙，請及時尋求專業的醫療幫助。治療依附障礙通常需要和專業的醫療團隊合作。使用安全和溫和的觸摸，以身體的直接撫觸，幫助寶寶從創傷中走出來。

2. 唐氏症患兒

　　唐氏症是發展遲緩最常見的原因。唐氏症的風險隨著婦女晚孕的年齡而增加；35歲以上的婦女生育唐氏症寶寶的機率急劇上升。美國每一年出生的嬰兒中，約有五千名為唐氏症。唐氏症是染色體異常引起的，雖然唐氏症有很多不同類型，但都涉及細胞分裂的錯誤。最常見的唐氏症類型就是寶寶出生時有3條21號染色體。

　　部分研究表明，有些唐氏症的原因是葉酸供應不足和缺乏維生素B。媽媽如果葉酸供應不足，較容易生育有唐氏症的嬰兒。葉酸有助於懷孕期間細胞快速地生長。氨基酸需要葉酸來轉化，如果沒有葉酸，血液裡將會有太多的同型胱氨酸。嬰兒的身體需要葉酸來保持正常運轉和產生DNA，在計畫懷孕之前，每天可以服用400微克葉酸。懷孕後，每天服用600-800微克葉

酸。大多數產前維生素中含有1000微克葉酸。含有葉酸的常見食物來源包括：深綠色葉子的蔬菜，如花椰菜、蘆筍和羽衣甘藍葉；扁豆和鷹嘴豆；橘子、香蕉和草莓；紅蘿蔔、番茄和馬鈴薯；強化穀物和穀類植物；堅果；雞蛋、牛奶和魚等。

　　如果婦產科醫生懷疑新生兒患有唐氏症，可能會進行染色體的診斷分析。唐氏症有很多不同的症狀，有些新生兒只有少數症狀，有些孩子有很多症狀。唐氏症常見的症狀有：肌張力過低；眼睛斜視；過度活動；耳朵形狀異常；頭部背面平坦。唐氏症常伴隨的醫療問題有：心臟缺陷、免疫力下降、聽覺和視覺問題、智力障礙、消化問題、傾向性脊髓損傷等。

　　如果嬰兒有唐氏症，請聯繫兒科醫生，以了解有什麼撫觸手法是要避免的，特別是當寶寶有心臟缺陷時，尤其要注意撫觸手法的使用。唐氏症嬰兒皮膚乾燥，難以調節自己的體溫，可以隔著衣服給寶寶按摩，但是要確保他不會太熱。唐氏症寶寶容易有鼻竇和胸腔的感染，可考慮在嬰兒的房間放加溼器。唐氏症的兒童可能會出現肌肉低張的情況，定期全身按摩和伸展動作可以幫他提升肌肉張力。如果有肌肉高張的問題，按摩可以幫忙放鬆肌肉。如果寶寶需要做物理治療，可以在治療開始前，快速做個按摩來進行熱身，以提升治療的效果。有些唐氏症的寶寶會有聽力問題，按摩同樣有益。為了能激發寶寶潛能，他們需要大量的刺激。按摩可以成為你刺激寶寶的一種方式，寶寶可能會非常喜歡被按摩。要記住一個關鍵：使用溫和的按摩手法，按摩唐氏症孩子。

　　適當的按摩手法有：腳部拉太妃糖、腳部揉麵糰、腳部擠轉式、腳部印度擠奶式、腳部瑞典擠奶式、手部擠轉式、手部印度擠奶式、手部瑞典擠奶式、手部滾動搓揉式、腹部靜置撫觸、腹部水車式、腹部抬腿水車式、腹部日月法、腹部我愛你法、腹部手指走路法、下頜小圓圈式、前額開卷法、眉心分推、前額畫大圈圈等。對唐氏兒的按摩要緩慢地進行，並且一次只使用一種或兩種按摩手法，只持續一兩分鐘，按摩結束後擁抱孩子對於發展遲緩的新生兒就足夠了。唐氏症的寶寶樂於人際互動，在被安撫時會表現出熱情愉快的特質。當家長和孩子獨處時，按摩是最好的活動。如果唐氏症寶寶有兄弟姊妹，可以鼓勵他們互相按摩，讓整個家庭都用這種方式進行交流。這可以幫助提升家庭關係，使孩子們感到幸福。

3. 感覺功能異常患兒

　　按摩能夠爲視覺障礙患兒建立一個豐富多彩的世界，因爲他們可以從按摩中學習觸摸，而觸摸可以幫他們探索周邊世界。透過按摩，視覺障礙寶寶的身體知覺也會得到發展，他們會知道自己手臂和腿的長度，更清楚的了解肢體的形狀。按摩將幫助家長和寶寶開啟一種新的交流方式，讓他感到舒適而安全。按摩同時可以提升感覺障礙寶寶的回應能力，教會寶寶如何進行社會交流。如果寶寶的視覺受損，在按摩過程中要確保始終有一隻手放在他身上，並且跟他說話來讓他安心。如果寶寶有聽力障礙，按摩的同時跟他說話，以刺激聽力，告訴他正在做什麼按摩手法，幫助他將語言和動作做連結。

4. 腦性麻痺

　　「腦性麻痺」（Cerebral palsy, CP），是指大腦受傷或大腦異常發展，發生在出生前或生命最初的2到3年內。美國腦性麻痺協會估計美國有50萬人患有腦性麻痺。腦性麻痺的嬰兒到5歲可能仍然無法靈活使用腳掌與腳跟，總是踮著腳尖走路，家長如果發現孩子有這些現象，應尋求專業醫療諮詢，做評估鑑定與追蹤。腦性麻痺不是一種慢性疾病，而是由於大腦控制運動的部位受傷而導致的狀況。常見症狀包括肌肉協調性差、肌肉僵直、肌無力、吞嚥及說話困難，以及顫抖等；同時也可能有觸覺、視覺，及聽覺等感官的缺損。通常不會像同齡嬰兒一樣翻身、端坐、爬行或走路。部分腦性麻痺病人會有認知障礙或是癲癇。常見的受傷原因有：大腦嚴重缺氧；黃疸病；RH血型不合；懷孕時感染等。腦性麻痺的孩子無法控制自己的運動和姿勢，一些腦性麻痺孩子有學習障礙、智力缺陷或者視覺障礙。

　　腦性麻痺有三種類型：(1)痙攣型：肌肉高張，動作僵硬，特別是在大腿部分。患有痙攣型麻痺的嬰兒肌肉無法放鬆。(2)手足徐動型：全身的動作都會受到影響。低張肌肉使行動遲緩和不受控制。(3)混合型：包含高張和低張肌肉。動作僵硬且難以控制，甚至無法保持平衡和協調。腦性麻痺沒有痊癒的治療方法，但是可以透過治療減少腦損傷對孩子的影響。物理和語言的治療，配合輔具儀器效果會更好，可請主治醫生示範如何在家爲新生兒使用物理治療。

　　腦性麻痺兒童癲癇發病率比較高。癲癇病是神經系統無法正常運行，

新生兒和嬰兒很難診斷出癲癇。可能患有癲癇的嬰兒，症狀包括：眼睛一直滾動；身體僵硬；哭泣的方式很不尋常；手和腳都是以抽搐的方式在移動；目不轉睛的凝視；動作很不自然；皮膚的顏色會變化；有時停止呼吸。如果孩子有癲癇，父母要盡量保持寶寶的冷靜和呼吸順暢；把寶寶抱在身體的一側；確保他的嘴裡沒有任何東西；把手放在孩子身上，但是不要阻止他抽搐；當癲癇發作結束時，打電話叫救護車的時候要抱著孩子，觀察並記錄孩子抽搐姿勢、動作、表情及持續的時間。癲癇不是非常危險，只是發作起來很難看。請記住，孩子在前幾年都發展得非常快速，如果孩子患有腦性麻痺，要盡可能把握孩子大腦的可塑性，及早接受治療，尋求治療對孩子的成長有很大幫助。

　　按摩可以幫助腦性麻痺的孩子體驗他們無法自主移動的身體，提高他們的身體知覺、減少肌肉緊張、增強肌肉控制力和改善姿勢。定期為寶寶進行按摩，也有助於改善孩子腦部和肢體神經的交流，減緩肢體的退化。有助於腦性麻痺孩子的一些按摩手法包括：透過教導來幫助寶寶改善坐姿；伸展寶寶的手臂和腿部，以防痙攣或肌肉萎縮；腦性麻痺的嬰幼兒常有便秘，可以透過按摩來緩解便秘；使用按摩手法來緩解肌肉萎縮帶來的疼痛。父母要注意，孩子可能會對觸摸感到過度刺激，要確保緩慢溫和的按摩，並且觀察他的情緒線索。每個孩子的需求都不盡相同，按摩前請先詢問物理治療師的意見，確定如何按摩才能達到最好的效果。定期按摩可以讓寶寶從運動中獲益，從而促進生長發育。

- **按摩腳部**：透過並攏手指輕柔按摩腳底來刺激腿部，這時寶寶肌肉會有收緊反應，可以逐漸提升肌肉強度。
- **彎曲雙腿**：一隻手撐住腳跟，另一隻手握住膝蓋，輕柔地彎曲膝蓋，幫寶寶慢慢熟悉類似走路的運動。
- **伸展及坐立**：首先向上伸展手臂，寶寶仰臥，雙腳放在媽媽的膝上。媽媽輕柔地握住寶寶的手腕，將他的雙手向上拉伸，越過頭頂。接著向下伸展手臂，媽媽將寶寶的雙手放回身體兩側。重複幾次前面2個步驟，刺激肩部及上臂的肌肉。最後輕輕地拉孩子的雙臂，讓他坐起來，這個動作可以刺激寶寶的手臂、背部及腹部肌肉。從仰臥姿勢坐起來時，要保持身體的平衡，寶寶需要用腳蹬住媽媽的膝蓋，這可以鍛煉腿部肌肉。

有些家長發現中醫療法，例如：針灸、拔火罐和氣功療法，對腦性麻痺孩子具有相當的療效。針灸是刺激嬰兒整個經絡，使得氣脈能量的流動更加平衡。針灸或使用消毒過的細針來刺激能量流動到穴位，來為這些部位提供能量；拔罐則是透過抽吸罐子中的氣體來刺激穴位。科學研究發現，人體穴位是神經傳導物質離子集中的區域。在解剖生理學中，身體感官所接收到的壓力（觸覺）、聲波（聽覺）和光波（視覺）等訊息，透過「離子通道」轉變成電流訊號，再傳遞到大腦。因此針灸可能具有平衡神經傳導物質的功能，以及刺激神經傳導的效果。氣功療法是一種溫和和強大的按摩治療，它可以改善神經系統的功能和減少壓力。溫和的氣功按摩可以幫助腦脊髓液的平衡、大腦和脊髓周圍的組織平衡。

5. 特殊需求嬰兒和手足間的關係

當寶寶知道有另一個嬰兒要來到時，通常都會嫉妒。當家裡有一個特殊需求的寶寶時，家長把大部分的心力都放在特殊需求嬰兒身上，所有活動與作息都以特殊需求嬰兒的狀況作為考慮的依據，這些都會造成手足的嫉妒加劇。如果新生兒有發展遲緩，對家庭會產生深遠的影響。家長應該誠實地和孩子們說明新生兒的狀況，盡量使用他們能理解的詞彙，使事情簡單明瞭。告訴孩子事實，可以讓他們感覺自己是屬於家裡的一分子，鼓勵他們說出自己的想法，媽媽要設法幫助孩子把自己的想法表達出來。

即使新生兒有特殊需求和需要額外的關注與外部的支持，媽媽也要確保不會把所有的注意力都放在他身上。如果媽媽把注意力都放在特殊需求嬰兒的身上，他會覺得自己最受寵愛，其他孩子也會這樣想。這將會導致孩子之間怨恨、競爭，手足的關係也會充滿衝突與矛盾。新生兒有殘疾，對其他孩子也會有一定的壓力，因此要事先對孩子清楚說明新生兒的狀況。如果新生兒有一個嬰兒房，請孩子們一起來布置房間，兄弟姊妹也可以在同一個房間睡覺。可以教導孩子如何給新的手足實施按摩，讓他們之間更親近，手足們也可能會更有同情心。這樣一來，特殊需求嬰兒的存在成為一份禮物，而不是一個負擔。

十、高風險幼兒

　　胎兒健康很容易受到母親的影響，孕婦在產前或孕期的不良生活方式，例如，服用未經醫生處方的藥品、酗酒或吸毒品等，可能連帶讓嬰兒接觸到毒品和酒精，導致新生兒健康受到嚴重影響。媽媽不良的性接觸，甚至可能讓新生兒在子宮裡就受到愛滋病毒的感染。這種情況可能生下高風險的孩子，他們出生後往往需要很多額外的關注和照顧。

1. 幫助感染毒品的嬰兒

　　孕婦當然不能接觸毒品，即使是未經醫生處方的藥品也會影響未出生嬰兒的健康，更何況是處方藥品與毒品。例如，在懷孕的最後三個月裡服用非處方的藥品阿司匹靈，會增加死胎的機率或是延長產期。某些處方藥會使胎兒上癮，導致嬰兒出生後出現戒斷症狀。例如，由於孕婦服用處方的止痛藥，其中的類鴉片藥物成分會導致藥物成癮，從2000年到2010年，美國部分地區銷售量增長16倍，造成新生兒成癮的數量急劇增加。因此，非法藥品與毒品對嬰兒的健康有強烈危害。

　　戒毒和戒斷藥物成癮有時是一件相當危險的事。如果嬰兒出生時有藥物成癮，他會很渴望母親使用的藥物。由於出生後沒有攝取這種成癮藥品，嬰兒的中樞神經系統受到刺激，產生戒斷症狀。成人上癮都很難戒斷，剛出生的嬰兒要戒斷成癮藥品衝擊會更大。出生時伴有藥物成癮的嬰兒症狀，包括：無法控制地搖擺和出汗、嘔吐、腹瀉、不間斷地哭泣、難以護理、癲癇發作、頭部比一般新生兒小、呼吸窘迫、中風、嬰兒猝死症候群（SIDS）的風險增加。

　　在成癮藥物成功戒斷之後，嬰兒仍然有受藥物長期影響的風險，包括：無法調節情緒；無法延遲滿足；衝動控制能力差；有社交問題；眼神難以聚焦。通常藥物成癮的新生兒，其母親也正經歷戒斷。在這種情況下，新生兒會經歷寄養的額外創傷。如果新生兒留在媽媽身邊，戒斷中的媽媽對嬰兒的情感會相對薄弱。這些嬰兒除了遭受藥物成癮的痛苦之外，還會受到由於與母親分離和情感疏離的創傷。這些影響產生的不安全依附，可能會對孩子造成一生的影響。

　　藥物成癮的嬰兒通常會在醫院待較長的時間，接受藥物戒斷治療。其中

很多治療都與早產兒的療程相同，有所不同的是，醫生會給予藥物成癮嬰兒一些安定藥片，以緩解戒斷的痛苦。感染毒品的嬰兒可能需要在重症病房住一個月的時間才能戒斷，因此對嬰兒的撫觸按摩必須在病房裡實施。這些嬰兒相當脆弱，他們一開始接受撫觸的時候，可能會發生痙攣和抽搐，因此需要更多細心的照顧與輕柔的撫觸。

當嬰兒處於安全戒斷期時，可以使用本書介紹的手法為嬰兒實施撫觸按摩。在按摩過程中要記住保持較低的刺激水平，確保燈光昏暗並且避免播放音樂，但是媽媽在按摩時，可以自己輕輕哼唱；並仔細觀察寶寶是否受有過度刺激的現象，寶寶要哭泣時就停止按摩。戒斷期時的嬰兒只使用溫和的按摩手法：腹部抬腿水車式、耳際後順頸線提下巴法、眼周旋推、前額開卷法、按摩耳朵、兩顎旋轉推按法、頸部畫小圈圈、肩頸長撫按、腳部拉太妃糖法、腳踝分推、腳背推按、背部耙子按摩──背部梳式法、腹部我愛你法、腹部日月法、胸部心形按摩、手部擠轉式、手部滾動搓揉式、手背輕撫、手指揉捏、臀部拇指交替旋推、背部長撫按等。除了按摩，可以使用以下小技巧讓嬰兒感覺更加舒服：用溫暖的毛毯包裹嬰兒；使用嬰兒背帶背著嬰兒；經常餵食嬰兒；在嬰兒處於平靜和輕鬆的狀態下才可以開始按摩；搖動嬰兒的時候，盡量緩慢而溫和；使用眼神交流或輕柔的撫觸。對於古柯鹼成癮的嬰兒，有時候甚至連眼神交流都是過於刺激。

另外，「無痛分娩」也牽涉大量的麻醉藥物。實施無痛分娩時，藥物是注射到母親腰部的脊椎區域。大量的藥物進入媽媽的血液，透過胎盤進入嬰兒的循環系統。雖然無痛分娩已大量廣泛的使用，而藥物的作用與影響還沒有充分研究。媽媽們可能認為無痛分娩對嬰兒不會產生藥物影響，事實上有可能會。無痛分娩可能造成嬰兒缺乏反應、降低視覺技能和警覺度、母乳餵食困難、心率下降等症狀。另外，無痛分娩會減低母親的推力，增加在分娩過程中使用產鉗或真空吸出的機率。一些研究表明，在生產過程中使用的藥物和嬰兒在成長過程中對藥物的上癮有相關性。顯然，這方面需要更多相關的研究。作者強烈建議，在決定分娩過程使用藥物之前，應該多向醫生和護理師提問，並深入了解相關議題。

2. 處理胎兒酒精症候群

酒精中毒是美國一個嚴重的問題。美國疾病管制中心（CDC）估計，在美國出生的2千名嬰兒中，就有3名患有胎兒酒精症候群。儘管人們知道

酒精對胎兒的影響，然而，每30位美國孕婦中，就有1個人每週飲用7種以上的酒精飲料。在懷孕期間，濫用酒精會對嬰兒造成長遠的破壞性後果。懷孕的婦女喝酒時，酒精會進入血液循環系統，透過胎盤傳到胎兒身上。酒精在胎兒身上分解得更緩慢，因此，酒精在胎兒身體停留的時間比成人更長。在懷孕的前3個月，酒精可能導致胎兒酒精症候群，在懷孕中期會有流產的風險。在懷孕最後的3個月，可能胎兒會有嚴重的生長缺陷。

「胎兒酒精譜系障礙」（Fetal alcohol spectrum disorders, FASDs）是母親在妊娠期間酗酒，造成胎兒先天異常。其症狀包括：身材矮小、體重過輕、智力不足、協調不佳、外觀異常、小頭畸形、行為異常，以及聽覺和視覺受損等。胎兒酒精譜系障礙可能導致孩子認知障礙，無法參與密集的肢體活動。胎兒酒精譜系障礙中最嚴重的是胎兒酒精症候群，一種終身致殘的症候群。

要判斷新生兒是否患有胎兒酒精症候群可能相當困難，甚至嬰兒從醫院回家，戒斷症狀可能還不會出現。許多識別特徵到孩子2-3歲時才會出現。如果家中收養了酗酒媽媽所生的孩子，應該去評估孩子是否有相關症狀。

胎兒酒精症候群的症狀包括：

(1) **臉部外觀異常**：患有胎兒酒精症候群的嬰兒通常有小眼睛、小臉部、上翹而短的鼻子、平坦的面部、寬鼻梁和薄上唇、有齶裂和下巴顎裂的風險。胎兒酒精症候群患者的臉部特徵往往在青春期變得比較正常。即使婦女在知道自己懷孕之後停止飲酒，由於懷孕的前3個月是胎兒眼睛生長期。眼睛是第一個被酒精感染傷害的臉部特徵，這些傷害是不可逆、無法恢復的。

(2) **中樞神經系統受損**：患有胎兒酒精症候群的嬰兒通常有發展遲緩現象，特別是平衡和協調能力不佳、肌肉力量不足、智力較低。他們經常會肌顫，有些孩子還會有過動症、行為問題、衝動控制力差和判斷力低等問題。在他們的兒童期到成年期前期，通常很難形成人際關係，並伴隨其他心理健康問題。胎兒酒精症候群的兒童行為衝動、不可預測，他們需要24小時的關注。

(3) **生長緩慢**：低體重在患有胎兒酒精症候群的孩子很常見。雖然他們的臉部特徵在青少年時期會有所改變，然而身高和頭圍並不會改變，仍然遠低於正常值。雖然胎兒酒精症候群的很多生理影響在成年後都不會再出現，

然而其伴隨的行爲問題和認知問題是終生的。事實上，胎兒酒精症候群是智力遲緩最常見的原因。

　　因爲胎兒酒精症候群是一種永久性疾病，醫療介入成效是有限的。有些畸形可以透過手術改變，精神藥物可以緩解一些行爲和健康問題。多數胎兒酒精症候群兒童由生母的親戚、寄養父母或收養家庭養育。如果孩子患有胎兒酒精症候群，要注意：盡可能使用依附撫養相關方法去提升親子依附；患有胎兒酒精症候群的孩子最好在低調、安靜與穩定的家庭中生活；需要設置一定的界線，並爲孩子清楚示範各種肢體動作。

　　按摩可以幫助患有胎兒酒精症候群的嬰兒與照顧者之間形成依附關係，並有效刺激中樞神經系統，讓孩子心情較爲平靜。不需要任何特殊的按摩手法來培養依附關係，只要多花些時間來幫孩子按摩，就可以提升親子依附。按摩的時候要細心，因爲要用觸摸來滿足孩子的特殊需求。如果嬰兒的神經系統發展比較慢，可以使用按摩來刺激。然而，即便是孩子的神經系統不夠活躍，也不能過度刺激嬰兒。仔細觀察孩子的情緒線索，並相信自己的直覺。可以刺激神經系統的按摩技巧，例如使用揉捏法按摩，包括：腳部揉麵糰、腳部擠轉式、腳部印度擠奶式、腳部瑞典擠奶式、手部擠轉式、手部印度擠奶式、手部瑞典擠奶式、手部滾動搓揉式，以及前額開卷法、眉心分推、前額畫大圈圈、按摩耳朵、按摩下巴、下頜小圓圈式。

　　開始揉捏法按摩時，可以用輕撫按摩手法來活動肌肉。例如，腹部或胸部的按摩；交替使用向心（比較刺激）和離心（放鬆）的按摩手法；在睡醒後進行按摩；在按摩中加入遊戲、旋律、音樂；在嬰兒趴著的時候給予按摩；利用零星的時間和日常規劃時間進行按摩。例如，在每天早上小睡後和換尿布的時段進行按摩。

　　如果嬰兒神經系統過於敏感，則需要一些技巧來撫慰他。在按摩前盡量抱著嬰兒，當嬰兒可以接受按摩時，就可以開始加入柔和的按摩手法。剛開始每次只用一個按摩手法，當嬰兒漸漸喜歡撫觸後，再按摩嬰兒的臉部。有些嬰兒喜歡臉部和頭部的按摩，有些則會覺得太刺激。按摩時要關注嬰兒的反應，如果他不喜歡的話就要停止。可以嘗試以下的按摩手法：上下唇微笑法、眼周旋推、前額開卷法、輕敲下頜線、耳際後順頸線提下巴法。只使用離心按摩手法，在昏暗安靜的房間裡按摩。爲寶寶進行浴後按摩，抱著嬰兒的時候，可以用一隻手進行按摩。

　　患有胎兒酒精症候群的嬰兒需要不間斷的照護、為孩子進行醫藥護理、尋找社工人員的幫助，並且尋求相關醫療機構的協助，以確保寶寶得到適當的照顧，這些都是很辛苦的。照顧者應該參加一些父母支持團體，在需要時可以尋求幫助。

3. 感染愛滋病毒的嬰兒

　　美國疾病管制中心估計，美國每年大約有280-370名嬰兒出生時感染愛滋病毒。全世界感染愛滋病毒或患愛滋病的50%都是婦女；美國愛滋病毒帶原的兒童中，91%都是被母親傳染；愛滋病是25-34歲非裔美國婦女死亡的主要原因；全世界每天約有2千名兒童感染愛滋病毒；約有1,300萬兒童因為愛滋病而成為孤兒。雖然愛滋病毒帶原的母親如果遵循治療程序，生下的嬰兒不會感染愛滋病毒，然而很多母親仍然會把愛滋病毒傳染給嬰兒。即使媽媽遵循治療程序，在嬰兒出生後仍然需要接受疫苗的藥物測試，以確保嬰兒沒有感染愛滋病毒。愛滋病毒帶原的媽媽生育的嬰兒經常還伴隨其他問題，例如，藥物或酒精成癮、被安置在寄養家庭，或者甚至被收養。用愛心的撫觸和按摩，可以幫助這些嬰兒成功地度過這些情況。

　　愛滋病毒可能在懷孕的時候、分娩期間、或者母乳餵食的時候傳染給嬰兒。大多數愛滋病毒的傳染都發生在分娩期間。愛滋病毒帶原的母親和她的嬰兒需要服用藥物以防病毒傳播，這種藥物具有嚴重的副作用，醫生和研究人員至今還不知道副作用確切的程度，這些措施只是提供短期的治療和預防。愛滋病毒帶原的母親可能停止服用愛滋病藥物，或者懷孕早期停止治療，在懷孕後期重新開始服用愛滋病藥物。愛滋病毒的傳染通常發生在懷孕後期，媽媽可以短時間停止使用藥物來減少對胎兒的潛在影響。愛滋病毒帶原的母親應該與醫生討論是否服用抗病毒藥物，如齊多夫定（AZT）。

　　愛滋病毒帶原的母親還可以使用其他措施，以確保愛滋病毒不會傳染給嬰兒：維持良好的產前護理、運動、不吸菸與充足的休息等。此外，應避免嬰兒在分娩的過程與母親的血液接觸，並以配方奶餵食嬰兒。儘管存在關於母乳餵食的爭議，目前在美國推薦，不進行母乳餵食是生育後最安全避免感染的方式。在發展中國家，用水清潔是一個問題，母乳餵食被認為是一個更好的選擇。即使感染嬰兒的風險很嚴重，飲用水的感染風險更加嚴重。

　　患有愛滋病毒的嬰兒在出生後1個月內可能出現類似流感的症狀，其

他愛滋病毒的跡象可能在6個月之後變得明顯，包括：生長緩慢和體重未增加、黴菌感染、嚴重尿布疹、發展遲緩、神經系統的問題。嚴重的症狀，如慢性腹瀉或肺部疾病可能在嬰兒早期不會出現，到嬰兒2歲才會慢慢呈現。由於患有愛滋病毒的嬰兒免疫系統差，因此有較高罹患流感和其他疾病的風險。特別的是，疱疹病毒和巨細胞病毒（CMV）對愛滋病毒帶原嬰兒可能是致命的。大多數健康的人接觸CMV，幾乎沒有任何症狀。但是，免疫系統受損的愛滋病嬰兒可能會有肺炎、腦部發展遲緩和其他嚴重問題。愛滋病毒和巨細胞病毒之間似乎有一些相互作用，愛滋病毒帶原的嬰兒更容易患有巨細胞病毒。感染巨細胞病毒的症狀，包括：肺部問題、生長和發育延遲、牙齒異常、體重增長緩慢、身體腫脹、肝炎、血液問題。許多嬰兒不易表現感染巨細胞病毒的症狀，但早產兒容易表現出這些症狀。約20%愛滋病嬰兒在第一年裡身體非常容易生病，並且往往比預期壽命更早夭折。

　　為愛滋病嬰兒和愛滋病毒帶原的嬰兒按摩的手法是一樣的。即使是沒有愛滋病毒帶原的嬰兒，若暴露在愛滋父母的病毒下，就需要接受藥物治療，這些嬰兒身心也會受到影響。按摩對愛滋病毒帶原嬰兒的益處有：提高免疫系統的功能、增加鬆弛激素、體重增加、有助於寶寶的睡眠、加深嬰兒與照顧者的依附關係、對智力發展有積極影響。沒有感染愛滋病毒但正在服用愛滋病藥物的嬰兒，在按摩中可以獲得以下好處：增加鬆弛激素、幫助嬰兒減輕壓力，睡得更好、在嬰兒與照顧者之間創建情感紐帶。

　　愛滋病毒帶原母親生下的嬰兒，通常在出生後立即服用藥物，這些藥物對嬰兒可能產生嚴重的副作用，例如，貧血或充血性心力衰竭，腹瀉和嘔吐也是常見的副作用。如果嬰兒正在經歷這些副作用，請諮詢相關醫生，以確保不會有任何禁忌症。一般而言，擁抱與靜置撫觸對經歷藥物副作用的嬰兒是最好的開始。穩定性和一致性對這些嬰兒的健康非常重要。嬰兒每天服用藥物3-4次，媽媽可以使用按摩幫助嬰兒培養好的服藥習慣。愛滋病毒帶原的嬰兒通常伴隨其他疾病，影響他們的健康，例如：心血管問題、行為問題、貧血症等。比較不嚴重的症狀，包括：慢性鼻竇炎和消化問題，也可以用按摩緩解症狀。

　　緩解藥物副作用的按摩手法有：耳朵到下巴、下頜小圓圈式、前額開卷法、眉心分推、前額畫大圈圈、按摩耳朵、按摩下巴、下頜小圓圈式。如果嬰兒不能接受整個完整的按摩程序，只要使用一、兩個按摩手法，例如前額

開卷法和太陽穴按摩。頭部按摩的時候，可以加入頸部和肩部的按摩，這些部位的緊張可能導致頭痛。頭部按摩結束後，握住嬰兒的腳並調整呼吸，想像能量從嬰兒的頭部漸漸擴散到腳部。

除了按摩，還可以使用其他補充療法和傳統療法來維持愛滋病毒帶原嬰兒的健康，包括：針灸、氣功療法、營養與維生素療法、嬰兒柔軟體操、推拿按摩療法。若家裡實施按摩等補充療法，應該告知主治醫生或護理人員。毒品和酒精成癮、愛滋病毒帶原和愛滋病是一個強烈影響家庭的嚴重的問題，將嬰兒按摩結合在日常生活中，無疑更能幫助媽媽和嬰兒。然而，所有相關人都需要關注的是，媽媽仍然需要大量的支援。

十一、寄養、收養與國際收養

1. 照顧寄養孩子

美國有超過50萬名嬰兒生活在寄養的家庭，其中只有一半會返回原來的家庭。有些寄養嬰兒或兒童已經被收養，有些孩子因為受虐、被忽視或者父母死亡，已經離開原生家庭。寄養家庭父母應該牢記：除非打算收養孩子，否則孩子的安置只是暫時的。孩子與寄養人在一起的時候，可能會有依附障礙。即使寄養的孩子很快將要搬到收養的家庭，也要盡量使用撫觸按摩來發展與孩子之間的關係。一開始要用安全、溫和的撫觸按摩，特別是當寄養的孩子之前受過創傷和虐待。有些新生兒會對觸摸敏感，一點點的撫觸對他們來說都是太刺激。本書所介紹培養親子依附的方法，同樣適用於寄養的孩子。要創建一個信任的關係，必須尊重孩子的意願，如果他一開始拒絕肢體接觸也不要放棄。在充滿愛和貼心的寄養家庭長大的孩子，更有可能在收養家庭永久生活。

2. 收養新生或嬰兒

家裡收養嬰兒時，媽媽需要向孩子解釋什麼是收養。例如：「收養是孩子出生後生活在另一個家庭」。當孩子更大的時候，可以進一步告訴他：「你弟弟的親生母親沒有辦法照顧他，於是我們收養他。」如果收養的孩子有殘疾問題，媽媽要告訴孩子已知的症狀：嬰兒的發展與行為，他的健康如何影響家庭生活以及將來會有什麼變化，會如何影響其他孩子。如果新寶寶

來自另一個民族或來自外國，可以與孩子們分享該民族的文化特色。

　　與收養的新生兒或嬰兒建立情感與依附，可以從較不刺激的撫觸按摩開始，擁抱是建立依附很好的方式。照顧者經常為嬰兒撫觸按摩，就可以及早和嬰兒建立信任的關係，有助於形成安全型依附。照顧者可以用嬰兒背帶背著嬰兒；經常抱著嬰兒，盡量避免分離；進行大量的眼神交流；和嬰兒一起睡覺。盡可能把握一切機會為嬰兒按摩：洗澡前後、洗澡時；換尿布期間；小睡之前；長途施行的休息時間；與嬰兒一起洗澡；給嬰兒一個依附物、一個可愛的名字、一條毯子或者毛絨絨的玩偶，當照顧者不能抱著他的時候，他就可以抱著依附物；依附物在給寶寶之前，先和媽媽一起睡覺，這樣便會有母親的氣味，有助於促進依附與連結。

　　較大月齡的嬰兒和兒童比新生兒經驗過更多的照顧關係，這些經驗可能包括創傷、虐待和忽視，這種類型的孩子需要別人引導以建立安全依附。媽媽以尊重孩子且安全的按摩手法，增進與寶寶的關係。建議：與孩子成功建立安全型依附之前，要經常抱著嬰兒，盡量避免分離；不要一下子給予孩子過多的撫觸，要慢慢來。尊重孩子的意願，給他說「不」的機會，但是不要停止按摩；在兄弟姊妹和其他家庭成員之間創建安全和合適的按摩；從腳部開始按摩是最安全無害的，按摩大月齡嬰兒從腳開始；如果可以的話，讓嬰兒與收養者一起睡覺。如果這樣對孩子太過親密，可以在睡前讀繪本唱歌給他聽，躺在床上陪伴孩子直到他睡著。或者可以嘗試和孩子一起看電視；多進行眼神交流，記得面帶微笑，笑容具有神奇的療效；適當回應寶寶突然的行為，不要忽視孩子的情緒；在嬰兒搖椅上輕輕搖動他；摸摸他的頭髮；一起游泳；跳舞。

3. 收養外國孩子

　　在美國，國際收養很流行，在2002年大約有2萬名國際兒童被美國公民收養。國際收養給予迫切需要家的孩子滿滿的愛，並且給收養者為人父母的機會。但是，在收養國際兒童時，依附關係將會面臨極大的挑戰。可能會遇到的一些問題，包括：父母與孩子說的語言可能不同；對孩子的背景和病史知道甚少，甚至一無所知；如果孩子過去已經被收養一段時間之後，再被收養家庭釋出，可能是有發展遲緩或其他身心障礙；如果收養比較大的兒童，過渡到家裡時可能需要更多的適應。在認知上，孩子可能沒有認識到他生活

在一個新的家庭裡；孩子來到收養家庭，一切事情都是新鮮的，他需要適應新的國家、文化、語言、食物和氣味。

在外國慈善機構成長的孩子一般都比較任性、比較缺乏感官接觸、可能比較消極。在部分西歐國家，孤兒院裡每50個嬰兒只有1位保姆照顧。大部分慈善機構裡的孩子都是因為家裡特別貧困，他們父母無法養活他們，才送去慈善機構。在孤兒院生活即使只住一段時間，都會對孩子的依附方式產生深刻的影響。然而，國際收養家庭也不要失望，很多生活在慈善機構的孩子，被有愛心的家庭收養後，都生活得很好。孩子需要時間來適應，他需要經由和父母在生理和心理上頻繁的交流，來建立彼此的關係。以下相關建議可讓孩子在過渡期會適應得更好：及時為孩子準備一個可愛的過渡物件，例如，毛毯或者絨毛的動物玩偶；剛開始的時候，可以嘗試和孩子睡在同一個房間，他可能會喜歡和一大堆孩子一起睡；收養者應該教導孩子按摩的知識；在帶孩子回家前，要先了解孩子對按摩的態度；注意不要過度刺激寶寶；時時陪伴孩子，避免分離；收養者應該了解，寶寶可能會由於不習慣感官刺激，一開始拒絕你的觸摸，不要沮喪或放棄；向孩子清楚說明常規，堅持按照常規生活，例如，吃東西之前要洗手，三餐要在餐桌上吃，不能一邊吃飯、一邊看電視等；使用具有不同質感和形狀的玩具和孩子一起玩，增進接觸的機會；一開始的時候，盡量讓自己或者伴侶成為孩子唯一的照顧者。

第三節　孕婦按摩與產後柔軟體操

一、孕婦按摩

孕婦可能會有各種生理和心理的不適，常見的症狀，包括：孕吐、失眠、血栓、下背痛、痔瘡、疲倦感、四肢水腫、腿抽筋、臀部肌肉拉傷等症狀，按摩可以舒緩這些身體的不適。孕婦血栓機率是平常人的5倍以上，易造成腦中風、心肌梗塞等危險，不可使用機械按摩設備或按摩椅進行按摩，須以專業孕婦按摩手法進行。由於晚婚與晚育的緣故，現在的孕婦年紀多數超過30歲，每週運動少於3小時，加上職業婦女等各種角色帶來的身心疲憊，壓力荷爾蒙會直接影響胎兒。因此，撫觸按摩可以幫助孕婦緩解身心壓力。實施孕婦按摩前應該特別注意，有以下情況的孕婦不可實施按摩：孕期

38週前有宮縮；頸椎突出；胎盤異狀（離子宮頸太近）；妊娠毒血症等。

孕婦按摩的好處，包括：讓孕婦習慣撫觸，增加親密感，有被愛與被支持的感覺；舒緩孕吐、失眠、下背痛、疲倦感、四肢水腫、腿抽筋、臀部肌肉拉傷等生理現象；幫助準媽媽和準爸爸以自信健康的身心迎接新生命；降低壓力荷爾蒙——可體松，並提高血清素分泌，幫助身心放鬆；增加胎盤營養、影響副交感神經系統運作，減少失眠、增加能量；透過撫觸刺激泌乳激素、雌激素、黃體素的分泌。

孕婦在孕期0-12週（第一期）時，胎兒身長約12公分長、體重約230公克。85%的流產發生在這個時期，可能伴隨孕吐、晨間不適（噁心）、暈眩、疲累等症狀。這期間不適合腹部按摩，可以靜置撫觸。孕婦在孕期16週（第二期）以後，肚子與腰圍變大，可能發生鼻塞或頭痛等症狀，開始感覺孩子的存在。胎盤輸送荷爾蒙到胚胎、血流量需求變大，孕婦血液濃度被稀釋，一點小事就不適。血液稀釋原因有二：其一是為了防止胎盤內形成「血栓」；另一個原因是生產時會大量失血，身體在預存即將流失的血量。孕婦孕期16週以後應該留意飲食，多攝取鐵質。這個期間可能伴隨手腳或子宮抽筋。這個時期孕婦必須側躺，以免壓迫到下背，阻礙養分的輸送。而且，此時孕婦血管脆弱，按摩時要注意，大腿內側不能按壓。孕婦在孕期27-40週（第三期）時，胎兒身長約30-45公分，體重約1.2公斤，大多數器官已完成生長，只有肺部還在發展中。胎兒慢慢向下降，寶寶最好的胎位是背朝外、頭朝下。在這個期間可以看到母親身體形態與走路姿勢都有明顯不同，可能伴隨呼吸急促，腳脹、失眠等症狀。母體大量分泌鬆弛素、黃體素開始減少、有子宮收縮的感覺。第三孕期血栓現象是平時5倍，特別是大腿內側的血管。內外腹直肌被拉長，水分絕對不可缺少。

孕婦按摩應準備的器材，包括：浴巾、冷壓植物油、枕頭，以及洗乾淨的手。按摩前應先徵詢孕婦的同意：「請讓我為妳按摩。」注意按摩手法，速度要緩慢而穩定，力道大小不是重點，然而也不適合太重的力道。施作者要隨時和孕婦交流「這樣的力度可以嗎？要重一點，還是輕一點？」另外，心理上的愛與支援可以視為按摩的一部分。孕婦按摩手法包括：頭部、臉部；肩膀／背中下、脊椎兩側；腹部／側躺；腹部／正躺；腿部。若是孕婦有緊張的症狀，可以按摩顴骨至耳（顳顎關節）。在實施按摩時，孕婦可以跟胎兒對話：「親愛的小寶貝，這段時間媽媽因為你，身體有些不舒服，但

是，我們都很期待你的到來，請你一定要用自己的力量，足月順產生出來，
祝福你。」筆者提醒準爸媽，實施孕婦按摩手法必須諮詢婦產科醫生，經過
受過訓練的持證講師，專業指導後再進行施作。

1. 按摩背部與身體側面

　　本節的孕婦按摩程序，基本上是採取瑞典式向心手法。首先讓孕婦側
躺，用一、兩個枕頭墊著頭和肚子，按摩者（準爸爸）站在孕婦側躺的背後
一側，一隻手對孕婦的肚子進行靜置撫觸、另一隻手在骶骨，請孕婦做深呼
吸。然後一隻手放在孕婦的肩膀三角肌的位置、另一隻手在髖骨，輕輕搖動
孕婦的身體。接著一隻手掌輕輕握著孕婦的枕骨、另一隻手在骶骨，請孕婦
做深呼吸，並在呼氣的時候雙手向兩端施力，以伸展孕婦的脊椎。一隻手繼
續放在孕婦的髖骨、另一隻手在腋下，同樣請孕婦做深呼吸，並在呼氣的時
候雙手向兩端施力，以伸展孕婦的脊椎。接著按摩者（準爸爸）用雙手手掌
輕輕撫按孕婦的整個背部，先從下到上，再從上到下，注意不要按壓脊椎。
繼續用稍強的力道撫按孕婦的肩部與胸部外側。以揉捏手法用雙手按摩斜方
肌上方肌肉，避免按壓膀胱位置身體中線（子午線）的穴道。接著用雙手手
掌從肩膀到臀部按摩孕婦的背部，手法是從脊椎往兩側撫按。然後用擰／捏
的手法按摩孕婦的身體側面，右側臥時按摩身體左側、左側臥時按摩身體右
側。接著用雙手拇指指腹輕壓孕婦的椎板溝，從腰椎往上按摩到頸椎下方。

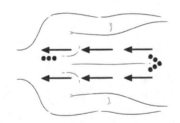

圖8-3-1　從腰椎往上按摩到頸椎下方

　　繼續用雙手拇指指腹畫圈圈按摩孕婦的豎脊肌，從中央往兩側畫圈，從
腰椎往上按摩到頸椎下方，然後再往下按摩到腰椎。接著提捏（此手法撫觸
深層的皮膚組織）三角肌，然後從胸骨往肩膀與上臂方向按摩胸肌。接著將
孕婦的手放在背後，右側臥時是左手、左側臥時是右手，按摩者以四指指腹
按壓肩胛骨的內側邊緣。然後手掌張開從肋間肌向上推按，此手法可以幫助
孕婦呼吸順暢。按摩者一手用掌面以逆時針畫圈圈按壓骶骨，另一隻手支撐

孕婦的肩膀，然後換手，順時針畫圈圈按壓骶骨。最後再用雙手手掌撫按孕婦的整個背部。

2. 按摩腹部

按摩者（準爸爸）繼續站在孕婦側躺的背後，用手掌輕輕撫按孕婦的腹部。然後用擰的手法輕輕按摩孕婦的腹部側面，右側臥時按摩腹部左側、左側臥時按摩腹部右側。

3. 按摩手部

按摩者（準爸爸）站在孕婦側躺的前面，用手掌輕輕撫按孕婦整個手部，右側臥時按摩左手、左側臥時按摩右手。先從手肘按摩到肩膀，再從手腕按摩到手肘。接著提捏下臂外側，然後再提捏上臂外側。繼續提捏下臂內側，然後再提捏上臂內側。接著用雙手拇指畫圈圈按摩手腕區域，手法是從中央向兩側畫圈。再用雙手拇指畫圈圈按摩手背與手掌區域，手法也是從中央向兩側畫圈。繼續用拇指畫圈圈按摩孕婦的掌骨，然後用手掌擠握孕婦的手指頭，並且轉一轉每一隻手指頭，最後轉一轉孕婦的手腕關節。

4. 按摩腳部

按摩者（準爸爸）站在孕婦側躺的前面，用手掌輕輕撫按孕婦整個腿部，右側臥時按摩左腿、左側臥時按摩右腿，從腳踝往上按摩。按摩者用手掌根部按摩孕婦的髂脛束，也就是大腿外側的肌肉，從膝蓋按摩到臀部下方，然後用擰的手法輕輕按摩孕婦的大腿。關於擰的手法，參考本書第三章手部擠轉式的手法。接著用撫按法，從腳踝到膝蓋按摩孕婦的小腿外側肌肉。然後用擰的手法輕輕按摩孕婦的小腿。接著用雙手拇指按摩腳背與腳掌區域，手法是從中央向兩側推按，注意不要直接按壓腳踝附近三陰交穴的位置，溫馨提示：大腿內側較多穴位點與婦科方面相關，應避免撫按。

5. 翻側面再做一次

按摩者（準爸爸）幫助孕婦坐起來，然後翻面側臥，同樣用枕頭墊著頭和肚子，原本左側臥的變成右側臥，反之亦然。然後按照前述方法按摩孕婦身體的另一側，完成之後幫忙孕婦坐起來，準備翻轉到仰臥的位置。

6. 按摩臉部

按照孕期調整不同數量的枕頭，讓孕婦的頭部墊高、上身傾斜，仰躺在

枕頭堆上。按摩者（準爸爸）將雙手放在孕婦的額頭，首先按照本書的眉心
分推法按摩孕婦的額頭。接著用鼻梁至頰骨滑推法按摩孕婦的鼻梁兩側，幫
助緩解鼻塞，接著用眼周旋推法按摩孕婦的眼睛周圍肌肉，再用雙手四指指
腹按壓孕婦整個頭皮做頭部按摩。然後用耳際後順頸線提下巴法按摩孕婦的
下巴，最後用前額開卷法按摩孕婦的額頭，結束臉部的按摩程序。

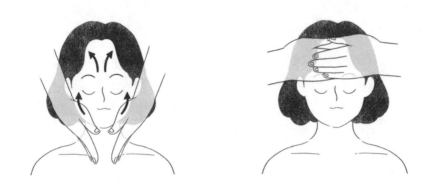

圖8-3-2　用耳際後順頸線提下巴法和前額開卷法按摩臉部

7. 按摩腹部

　　孕婦同樣頭部墊高、上身傾斜，仰躺在枕頭堆上。按摩者（準爸爸）將
雙手手掌放在孕婦的腹部兩側，兩手輪流撫觸整個腹部，先沿逆時針畫大圈
圈，然後再順時針畫大圈圈（圖8-3-3左）。然後按摩者（準爸爸）手掌從
孕婦的腹部上方，沿腹部兩側向下撫觸，接著雙手在孕婦的肚臍下面合併，
從腹部中央向上撫觸到胸骨下方（圖8-3-3右），撫觸時按摩者（準爸爸）
也可以在這個時候和寶寶說說話。

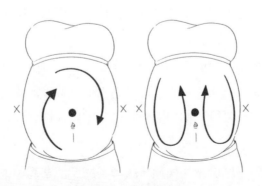

圖8-3-3　按摩腹部

8. 緩解腳部水腫（Oedema）

　　腳部水腫是孕期常見的問題，然而它也可能意味著有更嚴重的症狀，例如，子癇前症，又稱先兆子癇，過去稱為妊娠毒血症，是一種會發生在孕期的疾病，這種疾病可以用凹陷性水腫測試法（Pitting oedema test）測知。緩解腳部水腫的手法與腳部按摩類似，按摩者（準爸爸）站在孕婦側躺的前面，用手掌輕輕撫按孕婦整個大腿外側以及髂脛束，右側臥時按摩左腿、左側臥時按摩右腿，從膝蓋往上按摩到臀部下方，不要按摩大腿內側。然後用擰的手法輕輕按摩孕婦的大腿。接著用撫按法，從腳踝到膝蓋按摩孕婦的小腿外側肌肉。然後再從腳踝到大腿上方，撫按整個腿部。繼續用雙手拇指輕輕地按摩腳背與腳掌區域，請諮詢婦產科醫生或經專業講師指導後再施作。

9. 緩解噁心／暈眩

　　有三個穴道可以緩解噁心與一般的暈眩：內關穴（PC-6, Pericardium 6）、下脘穴（Ren-10, Conception Vessel 10）和公孫穴（SP-4, Spleen 4）。內關穴（PC-6）位於手腕內側向上三指寬的位置，例如，將左手食指、中指與無名指等，三指橫放在右手手腕內側，那麼左手食指右側，在右手手臂內側中央的點就是內關穴（PC-6, Pericardium 6）。下脘穴（Ren-10）位於肚臍向上二指寬的位置，就是食指、中指二指橫放在肚臍上方，食指上方沿身體中線的位置就是下脘穴。公孫穴（SP-4）位於腳掌內側，靠近第一蹠骨前端凹陷的點，結合腳部按摩按壓公孫穴約兩分鐘，即可緩解噁心與暈眩，請諮詢婦產科醫生或經專業講師指導後再施作。

10. 緩解呼吸困難與哮喘

　　緩解呼吸困難與哮喘可以涵蓋在身體按摩的主要程序中進行，後續的按摩程序在孕婦呼氣時實施。按摩者（準爸爸）站在孕婦側躺的背後一側，一隻手在孕婦的肚子，手指沿著肋軟骨（在腰部上方的肋骨下面）往劍突（在身體中線、胸骨下面）方向做按壓與放鬆的按摩。接著用雙手捧住孕婦的肩部，轉動肩胛帶。將孕婦的手抬高，手臂跨在她的頭上，按摩者（準爸爸）一手在孕婦抬高的手肘，另一手在孕婦的髖骨，然後向兩端施力，伸展她的身體。接著將孕婦的手放在她的背後，按摩者（準爸爸）一手在孕婦的肩胛骨內側邊緣，另一手輕輕將胸肌向上拉提。按摩者在肩胛骨的一手可以向菱

形肌（接近肩胛骨內側的肌肉）滑動按摩，以增進放鬆的效果。最後按摩者（準爸爸）站在孕婦側躺的前面一側，手掌張開，指腹沿肋間空間向脊椎方向按摩。

11. 緩解下背疼痛

由於孕婦體重的增加、體態與姿勢的改變，以及有助於分娩過程的鬆弛素等荷爾蒙的分泌，下背疼痛是孕婦常見的問題。最常牽涉到的肌肉就是腰方肌。按摩者（準爸爸）一手手掌輕輕按住腸骨脊（位於腸骨上緣，是腹肌群附著的位置），另一手以全手掌撫按孕婦的腰方肌。繼續一手手掌在腸骨棱，另一手手掌在孕婦的肋骨下方，雙手輕輕向兩端施力，伸展她的腰方肌。接著用手掌根部或手指指面按摩孕婦的骶骨，最後用撫按的手法，輕輕撫觸孕婦的臀肌。上述所有的按摩手法用於緩解下背疼痛，總共的時間約在5分鐘之內，可以融入整個背部按摩的程序中實施。實施緩解下背疼痛的按摩流程時必須時時注意，如果孕婦下背的疼痛增加，應該立即停止按摩，必要時應就醫。

12. 緩解腳抽筋

由於孕婦體重的增加、缺少運動、血管壓力增加，以及可能缺乏鈣質和鎂等問題，腳抽筋也是孕婦常見的問題，上述醫療相關的問題應就醫。有三個穴道可以緩解腳抽筋：委中穴（BL-40, Bladder 40）、承筋穴（BL-56, Bladder 56）、承山穴（BL-57, Bladder 57）。委中穴（BL-40）的位置在膝蓋的背後，腿部彎折處（Popliteal Crease）的中央位置，按壓著這個穴位大約一分鐘的時間。承筋穴（BL-56）的位置在小腿肚的中央位置，用手掌摩擦的手法按摩整個腓腸肌大約一分鐘的時間。承山穴（BL-57）的位置在腳後跟與委中穴中央的位置，按壓這個穴位大約一分鐘的時間。緩解腳部水腫的撫按以及提捏等手法都有助於緩解腳抽筋，最後將腳掌向上彎，進一步放鬆小腿的肌肉，完成按摩程序。

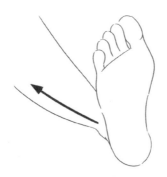

圖8-3-4 腳掌向上彎

13. 每日十分鐘的孕婦按摩程序

　　每日十分鐘的孕婦按摩程序，首先按摩臉部。用眉心分推法按摩額頭，用鼻梁至頰骨滑推法按摩鼻梁兩側，用眼周旋推法按摩孕婦的眼睛周圍的肌肉，用雙手四指指腹按壓孕婦整個頭皮，用耳際後順顎線提下巴法按摩孕婦的下巴，最後用前額開卷法按摩額頭。接著按摩肩膀、背部與脊椎兩側。用雙手拇指指腹畫圈圈按摩孕婦的豎脊肌、腰椎和頸椎下方，用提捏手法撫觸三角肌，然後按摩胸肌、肩膀與上臂，接著按壓肩胛骨的內側邊緣與肋間肌，繼續用畫圈圈按壓骶骨，再用手掌撫按孕婦的整個背部（脊椎的兩側）。最後按摩腹部，首先按摩腹部兩側，兩手輪流撫觸整個腹部，然後用手掌沿腹部兩側向下撫觸，雙手在孕婦的肚臍下合併，再向上撫觸到胸骨下方。

二、產後柔軟體操（Postnatal Yoga）

　　產婦在練習產後柔軟體操之前，要先確定骨盆已經復歸原位。雖然，柔軟體操也是對產後復元有幫助，但還是必須確定身體復原之後再做產後柔軟體操，這樣才能有強壯穩定的姿勢。這個柔軟體操課程是一個溫和的運動，產婦在產後如果能撥出一點時間獨處，對自己身心相當有益處。可以坐在一個舒適的墊子或毯子上，放鬆肩膀、閉上眼睛。閉目觀察自己的呼吸，審視自己身體各部位。如果因為生產身體某些部位有些緊繃，可以動一動雙肩，做環狀運動。規律地呼氣與吸氣，關注鼻子出入氣息。

　　在做強化腹肌的運動之前，要先做強化骨盆肌肉的運動。強化骨盆肌肉的練習：將骨盆肌肉收縮，像在憋住尿那樣的動作，骨盆肌肉收縮，然後放鬆。重複這樣做二十次。如果你是盤腿坐姿，做十次骨盆肌肉收縮運動之後，可以換腳再做十次。如果沒有力氣可以做到二十次，可以坐著休息一下，再繼續做。

　　接著做肩頸部伸展運動。首先做左側肩部的伸展，左手向下方伸出，輕觸軟墊，右手從上方置於頭部左上，並向右輕壓頭部、伸展肩膀左側，左手手指沿軟墊向左伸展。接著做右側肩部的伸展運動，右手向下方伸出，輕觸軟墊，左手從上方置於頭部右上，並向左輕壓頭部、伸展肩膀右側，右手手指沿體操墊向右伸展。然後做頸後伸展運動。雙手向外側下方伸展，下巴稍微前伸、頭部向前，伸展頸後肌肉。

　　接著做擴胸動作。雙手在背後十指交握，向下方伸展，下巴抬起，手從背後往上抬高，前額順勢向下靠向軟墊。如果你的雙手無法在背後伸直也沒關係，慢慢來，可以讓手肘稍微彎曲。產婦常常抱著嬰兒，前胸通常呈擠壓狀態。因此，擴胸動作對產婦很重要。

　　接著伸展上臂肌肉。首先做左手上臂伸展，左手伸直、手指張開，手臂從左側水平掃向右方。右手手掌壓住左手上臂外側，輕輕將左手「向內、向下」壓向胸前，以伸展左手上臂。然後做右手上臂伸展，右手伸直、手指張開，手臂從右側水平掃向左方。左手手掌壓住右手上臂外側，輕輕將右手「向內、向下」壓向胸前，以伸展右手上臂。

　　再來做脊椎伸展運動，首先做桌姿，簡單說就是「狗爬式」。桌姿步驟：雙手與肩同寬、手掌平貼軟墊，雙腳膝蓋著地、腳背平貼地面，身體軀幹與地面平行，臀部自然放鬆，頭部略微上抬、眼睛向前方平視。脊椎伸展運動步驟：吸氣時做牛姿、呼氣時做貓姿。牛姿：緩緩吸一口氣，腰部脊椎向地面方向伸展，臀部翹起，頭往上抬。貓姿：慢慢呼氣，腰部脊椎向天空方向拱起，臀部往下，頭向下彎。再做一輪牛姿與貓姿，然後回到桌姿。

　　接著做脊椎扭轉伸展。首先身體呈桌姿，脊椎扭轉伸展步驟：右手掌貼地面，左手向天空方向伸展並吸氣。接著把左手向下，從腹部下方伸向右側，使左肩與左耳著地，同時吐氣，左手臂外側貼地。然後左手向上伸展並吸氣，左手從上方繞過背後，置於右臀的右側。同時伸展左肩，眼睛朝左上方看，然後放鬆。換邊做一次。左手掌貼地面，右手朝天空方向伸展並吸

氣。接著把右手向下，從腹部下方伸向左側，使右肩與右耳著地，同時吐氣，右手臂外側貼地。然後右手向上伸展並吸氣，右手從上方繞過背後，置於左臀的左側。同時，伸展右肩，眼睛向右上方看，然後放鬆。最後回到桌姿。

接著做臀部伸展運動。首先呈跪姿，兩膝蓋張開與肩同寬，雙腳並攏，腳背平貼地面，腳拇趾靠在一起，臀部向下坐，輕觸腳後跟，雙手向前方外側伸展，前額著地。傾聽自己的呼吸，鼻子吸氣，然後輕鬆吐氣，試看看能否聽到自己輕輕的呼吸聲。在分娩之後，產婦往往持續感受到壓力。練習將呼吸緩和下來，讓自己呼吸規律，這樣能夠讓心情也平靜、放鬆下來，最後回到桌姿。

接著做腿部後方伸展運動。先回到金字塔式或稱下犬式。金字塔式步驟：雙腳伸直與肩同寬、腳掌平貼地面。雙手伸直，手掌平貼地面，自然向前、向外伸展。臀部抬高，因此身體呈一個金字塔的形狀（△）。

腿部後方伸展運動步驟：從金字塔式慢慢將臀部抬高，膝蓋離開軟墊，兩手兩腿伸直，身體呈弓形、手掌與腳掌貼地。此時如果感受兩腿後方伸展到緊繃，可以將膝蓋略微彎曲，腳後跟離開地面（踮腳尖），並將胸部向膝蓋方向下壓。這樣，頸部應該可以很放鬆做搖頭或轉頭的動作。接著做踩腳踏車的動作，前腳掌始終保持著地，右膝略彎、左膝伸直；然後左膝略彎、右膝伸直。此時，專注在當下，問問自己的身體，此刻需要什麼？再做幾次深呼吸。

兩手向前、向外自然伸展，手掌貼地。兩腳並攏，腳掌貼地。右腳向上提，讓臀部張開，腳向背後彎曲，伸展整個身體右側，將右膝蓋抬高，兩手平均負重，做幾次呼吸。最後將腳伸展放鬆，將臀部轉直，兩腳並攏，恢復金字塔式。然後換邊做一次。兩手向前、向外自然伸張、手掌貼地。兩腳並攏，腳掌貼地。左腳向上提，讓臀部張開，腳向背後彎曲，伸展整個身體左側，將左膝蓋抬高，兩手平均負重，做幾次呼吸。最後將腳伸展放鬆，將臀部轉直，兩腳並攏，恢復金字塔式。

手掌腳掌著地，手腳伸展放鬆，以四肢向前行，直到體操墊的前緣。雙腳並攏，膝蓋微彎，胸部緊貼腿部，兩手掌分別交握在另一手的手肘外側。手肘下垂，輕輕左右搖晃，可以左右腳分別彎曲伸直，逐漸做較大的搖晃。完成呼氣，將手鬆開下垂，逐漸站起來回到體操墊正面。

　　採取立姿，左手向上伸直，右手握住左手腕，身體慢慢向右側彎，左肩與左臀對齊，左手拇指向右側推，讓手部張力增加，繼續用鼻子做深呼吸。然後換邊做一次。右手向上伸直，左手握住右手腕，身體慢慢向左側彎，右肩與右臀對齊，右手拇指向左側推，讓手部張力增加。

　　繼續做胸部伸展，同時伸展手臂。兩手十指交握在尾椎骨後方，輕觸臀部。然後手從背後往上抬高，同時身體向下彎，頭部在膝蓋前方。微微將膝蓋彎曲，手從背後再往上抬高，進一步伸展手臂。如果想要進一步胸部伸展，可以將背後十指交握的兩手抓緊，讓手臂更加靠攏，同時胸部更加伸展。再做一次呼、吸氣。如果你的雙手無法在背後伸直也沒關係，慢慢來。慢慢恢復立姿，手指張開，雙手向上伸展。越過頭頂後，手肘向下移動，胸部與下顎向上抬，同時吸氣。手指向上伸展，雙手向胸口移動，兩手掌面相對，合掌閉眼，做合掌手印。然後做三次呼吸，感受你透過腳與地球產生連結。腳趾張開產生穩固的立姿：穩固、堅實、高挺、集中。再做一次呼吸，活在當下，張開眼睛。

　　接著做強化腿部與骨盆肌力的動作。首先呈現戰神二式的姿勢。戰神二式動作如下：採立姿，雙腳站在體操墊前方，左腳向後跨一步，腳掌貼地，左腳腳尖向左，膝蓋打直；右腳腳尖向前，腳掌貼地、略屈膝，臀部與肩膀朝向左方，身體直立，下巴朝向右側肩膀，目視前方，雙手水平向外伸展，右手向前、左手向後。保持這個姿勢，以強化腿部肌肉，將注意力放在骨盆部位，骨盆肌肉向上提，肚臍往脊椎方向收縮。目光透過指尖注視前方，眼神柔和且模糊。找到肢體的平衡，雙腳不動，放鬆臉部肌肉、放鬆呼吸。這個動作的目的是強化肌力，需要一些時間。如果做累了，可以活動一下，再回來做這個動作。最後再保持這個姿勢做三次呼吸，然後將手放下，收回左腳，活動一下雙腳，換邊做一次。保持這個姿勢，再做三次呼吸，將手放下，收回右腳，活動一下雙腳。在強化與放鬆、強度與舒適之間找到平衡，覺察腿部與手臂的感覺。放鬆臉部肌肉、放鬆呼吸、放鬆思緒。由於這個動作的目的在強化肢體，因此，盡量嘗試每次維持更長的時間，肢體自然會強化。

　　雙腳並攏，身體直立。深呼吸，雙手向上抬高，手肘向下移動，胸部與下顎向上抬、吸氣。呼氣時身體向下彎曲，膝蓋打直，手掌著地，置於雙腳前方。接著，兩腳向後跨一步，呈金字塔式。

接下來要做核心肌群的運動。如果你是剛生產完，建議等六週之後再做這些運動。如果是剖腹產，可能要等八週。我們先做緩和的骨盆肌肉群運動，首先仰臥躺下，雙手置於身體兩側的柔軟體操墊上，膝蓋彎曲，腳掌平貼地面，腳尖自然向前。吸氣時，將肚臍向脊椎骨方向縮，吐氣時，將骨盆向上提，吸氣放鬆恢復仰躺。繼續呼吸並上提骨盆、放鬆。這個動作會強化核心肌群，幫助你在生產後恢復力量，注意力可以放在核心肌群，再做五次。結束後平躺，腳張開與肩同寬，膝蓋並攏，腳底仍然平貼在柔軟體操墊上。膝蓋向上提，腳向上伸展，然後腳向下擺，身體坐起來。

接下來再做胸部與肩膀伸展運動。我們經常抱著嬰兒、餵食孩子，或者提著汽車用的嬰兒椅，也可能雙手分別抱著孩子並提著汽車的嬰兒椅，因此伸展身體非常重要。首先採取雙盤腿的蓮花坐姿，如果您要做額外的臀部伸展，先採取單盤腿的簡易坐姿（又稱簡單雙腿交叉式），並將左腳向右、右腳向左伸展，讓兩腿交纏、膝蓋上下重疊，大腿貼合在一起。右手向上伸、越過頭部向背後伸展。左手向下、向背後伸展，頭部與脊椎打直，尾椎骨接近坐墊。兩手手肘彎曲，使左右手手指互相勾住。如果您的手指無法互相勾到，可以用左手輕輕按壓右手手肘。或者拿一條帶子，兩手輕輕拉住，慢慢將兩手靠近。繼續呼吸，可以閉上眼睛。慢慢鬆開雙手，將左右腳上下交換，左右手也交換。左手向上伸、越過頭部向背後伸展。右手向下、向背後伸展。手指互相勾住，脊椎骨要打直，頭與脊椎對齊。如果做這個動作時脊椎向前彎曲，就得不到伸展胸部與肩膀的效果。可以閉上眼睛、放鬆下顎，再呼吸一次。慢慢鬆開雙手雙腳，睜開眼睛，形成蝴蝶姿。蝴蝶姿：先採取坐姿，兩腳掌對貼，膝蓋張開，腿部盡量貼在地面，背部打直。再來做臀部伸展運動。雙手握住腳踝，呈直立坐姿。保持脊椎伸直，身體向前傾，讓臀部伸展，回復坐直，鬆開雙腳。

介紹兩種躺臥的姿勢。一個是傳統的仰臥式，即屍首姿，也就是平躺，手腳放鬆伸展開來。如果你的肩、頸肌肉很緊繃，可以嘗試用一個方塊瑜珈磚等物體墊在背後，放在背後肩頰骨中間，這是第一種擴胸姿勢。如果您仰臥感覺頭暈，可以再拿一塊物體墊在頭部，這樣仍然可以將胸部與肩膀伸展開來。還有第二種仰臥式，作者強烈建議第二種擴胸姿勢，因為這個姿勢有助於放鬆肌肉，並且能幫助身體恢復。第二種姿勢即在仰臥時將雙腿抬起，如果睡前在床上做，可以將腿靠在牆上，這樣可以讓血液回流、使神經

系統安靜下來。也可以將軟墊移到牆壁旁邊，臀部靠近牆壁，將雙腳抬起，腳後跟輕輕頂住牆面，膝蓋也可以稍微彎曲，雙手放鬆張開。姿勢要做得非常舒適放鬆，也可以在臀部下面墊一個枕頭，更容易消除疲勞。如果產婦身體柔軟度非常好，可以將雙腳伸直張開，腳後跟同樣輕輕頂住牆面。張開腿的姿勢不是每個人都會覺得這個姿勢很舒服。如果做這個姿勢時感到壓力或緊繃，就不要這樣做，因為這個動作是為了消除疲勞，不是為了伸展。介紹這個張開腿姿勢的兩種方式，只是提供讀者另外的選擇。

在柔軟體操課程最後做仰臥式是為了放鬆、消除疲勞，不要再關注在呼吸上，主要是平躺放鬆休息、靜靜躺著，沒有任何事情要做，心裡不要想任何事情，盡量活在當下，用心觀察自己的身體、自己的能量。花一些時間給自己、伸展自己身體、強化自己身體，體驗身心的感受與能量。強烈建議您做7到10分鐘的臥姿。不過即使您只有做2分鐘、甚至30秒，那也沒關係。覺知自己持續練習的心意，花些時間在自己身上，多愛自己一些。

第四節　老人按摩

本書所介紹的嬰幼兒按摩手法，強調以家庭為中心，透過按摩促進家人之間的互動與情感，這些按摩手法也很適合應用在老人身上。在生理上，老人新陳代謝比較慢，在心理上，老人喜歡看見充滿生命活力的孩子。因此家庭中的撫觸按摩對老人身心健康有一定的幫助。老人與孩子一樣，身體較為脆弱，因此作者不建議用太多傳統的推拿，而是使用輕撫、揉捏與摩擦等較溫和的手法實施撫觸按摩。

本書中「老人按摩」是指按摩對象為65歲以上的人。90%的老人有慢性病，且他們使用的治療心臟病、抗血栓等藥物容易引起瘀青、肌肉高張、肌肉無力或關節疼痛，還有高血脂肪的副作用，需要找醫生做醫療諮詢。長期用藥的老人也有尿頻的問題，尿頻問題並不是醫療用藥的副作用，但是仍須醫生處理。需觀察及了解老人，是比較健壯或是比較脆弱，可以直接詢問老人關於他自己的生活情況，例如，疾病的狀況，以及是否經常運動。對於健壯的老人可以用稍微比較刺激的按摩動作，如果是比較脆弱的老人要用比較慢、比較輕、比較短的按摩時間。

幫老人做按摩，很重要的基本要點是，進行按摩的地點和時間要有彈

性。可以直接詢問照護人員，關於老人的特性及生活狀況要記錄下來。按摩時間的安排以白天爲宜。大部分老人不願意改變生活型態去做按摩活動，所以按摩的時間安排在白天爲宜。老人按摩的位置要安全，床的高度要矮，讓老人容易爬上去不會跌倒。擺位要注意盡量不要趴著，趴著不容易呼吸。按摩床的走道要清空，不要有阻礙物或堆積物品。老人按摩擺位，仰臥的姿勢，上半身要往上抬。如果沒有辦法在按摩床上進行按摩活動，也可以在家裡的床或沙發上按摩，更換姿勢1-2次，不要一直換姿勢。注意：不可以在地上對老人進行按摩。

使用按壓的力度要小一點，例如，向下按摩或滑動的力度都要小，因爲老人的皮膚比較脆弱。在幫助老人做伸展及搖動關節的動作，要避免任何激烈動作，特別是有關節炎或關節痛的老人。如果老人的身體較脆弱，按摩的時間要短一點，包含5分鐘的深呼吸及幫老人身體輕輕地搖擺。20分鐘集中地按摩，包括腳、大腿、背部、肩膀和脖子，由老人來決定重點加強的部位。老人經常會有腳部的問題，按摩腳之前要觀察及檢查老人的腳，老人穿著襪子或拖鞋時，要徵得老人同意把襪子或拖鞋脫下來，檢查結束要把襪子或拖鞋穿回去。避免去檢查老人是不是有病痛，只要是家屬或照護者會反感的檢查動作都不要做。老人容易冷，要用毯子包住身體，如果老人有穿衣服，請用毯子或被單包裹。如果有加熱的電毯可以躺，老人比較不會冷，電毯可以在按摩活動進行前30分鐘前打開預熱。

65以歲以上老人要避免跌倒，盡可能保持他不會跌倒，要保證其安全。有戴眼鏡的老人，有可能是視覺有問題，在按摩前的暖身伸展活動，如果幫老人把眼鏡拿下來，在按摩結束後，離開按摩床前要將老人的眼鏡戴回去，避免老人跌倒。按摩環境的安排，物品要有高度的差異，例如：床、地板、牆壁、按摩床等高度不同，顏色要是對比色，讓老人容易辨視看清楚。

按摩結束要離開房間前，給老人喝杯溫開水，同時叮嚀他，等一下要先坐一陣子再起身，起來的時候，要慢慢地站起來，也要問老人需不需要幫忙他站起來。對老人一定要尊敬，且要有耐心，尊重他們很慢的動作，不要不耐煩。老人脫衣服或穿衣服時，可能會因爲衣服多且厚重，動作可能會很慢，要尊敬、有耐心等待，不要催促，也不要不耐煩。在按摩過程中，可以和老人互動，聊聊他的事情，有可能老人會抱怨一些事情，有可能會哭，要讓老人可以講一些他想講的事情。按摩者對老人的關心是很重要的一部分，

按摩做的不是只有撫觸的工作，讓老人說說他想說的話，這些人際的連結對老人來說非常重要，不是只有人和人的接觸而已。

必須注意的是，按摩前要執行一個徹底的深呼吸。要檢查老人的身體是健壯或是脆弱。對於按摩的位置或是時間要有彈性。按摩床的安全、顏色、高度，毯子溫度都必須留意，把老人的眼鏡取下戴上，站起來或坐下都要注意其安全。降低按摩壓力，皮膚脆弱避免受傷，協助伸展時也要小心，因為關節比較脆弱。對於比較脆弱的老人，5分鐘的暖身，20分鐘的按摩，重點加強的部位由老人決定。注意溫度，不要讓老人跌倒。尊敬有耐性，老人穿很多衣服，要耐心協助。按摩過程中間要耐心傾聽，多注意老人心理上的感受。

國家圖書館出版品預行編目資料

嬰幼兒撫觸與按摩／王美玲著. -- 初版.
-- 臺北市：五南圖書出版股份有限公司,
2022.04
面；　公分
ISBN 978-626-317-601-0 (平裝)

1.CST: 育兒　2.CST: 按摩

428　　　　　　　　1011001204

5KOB

嬰幼兒撫觸與按摩

作　　者 ─ 王美玲（5.8）

發 行 人 ─ 楊榮川

總 經 理 ─ 楊士清

總 編 輯 ─ 楊秀麗

副總編輯 ─ 王俐文

責任編輯 ─ 金明芬

封面設計 ─ 姚孝慈

出 版 者 ─ 五南圖書出版股份有限公司

地　　址：106臺北市大安區和平東路二段339號4樓

電　　話：(02)2705-5066　　傳　真：(02)2706-6100

網　　址：https://www.wunan.com.tw

電子郵件：wunan@wunan.com.tw

劃撥帳號：01068953

戶　　名：五南圖書出版股份有限公司

法律顧問　林勝安律師事務所　林勝安律師

出版日期　2022年 4 月初版一刷
　　　　　2022年 9 月初版二刷

定　　價　新臺幣450元

※版權所有・欲利用本書內容，必須徵求本公司同意※

全新官方臉書

五南讀書趣

WUNAN Books since1966

Facebook 按讚

👍 1秒變文青

★ 專業實用有趣
★ 搶先書籍開箱
★ 獨家優惠好康

 五南讀書趣 Wunan Books 🔍

不定期舉辦抽獎
贈書活動喔！！！

經典永恆‧名著常在

五十週年的獻禮 —— 經典名著文庫

五南，五十年了，半個世紀，人生旅程的一大半，走過來了。

思索著，邁向百年的未來歷程，能為知識界、文化學術界作些什麼？

在速食文化的生態下，有什麼值得讓人雋永品味的？

歷代經典‧當今名著，經過時間的洗禮，千錘百鍊，流傳至今，光芒耀人；

不僅使我們能領悟前人的智慧，同時也增深加廣我們思考的深度與視野。

我們決心投入巨資，有計畫的系統梳選，成立「經典名著文庫」，

希望收入古今中外思想性的、充滿睿智與獨見的經典、名著。

這是一項理想性的、永續性的巨大出版工程。

不在意讀者的眾寡，只考慮它的學術價值，力求完整展現先哲思想的軌跡；

為知識界開啟一片智慧之窗，營造一座百花綻放的世界文明公園，

任君遨遊、取菁吸蜜、嘉惠學子！